普通高等教育"十一五"国家级规划教材

21世纪计算机科学与技术实践型教程

丛书主编 陈明

吴观茂　主编

李敬兆　张柱　张玉　韦忠亮　周庆松　赵宝　副主编

Visual FoxPro
程序设计及其应用

清华大学出版社

北京

内 容 简 介

本书是按照全国计算机等级考试大纲和安徽省计算机水平考试大纲组织编写的,全书共分 11 章,主要内容包括数据库基础知识、Visual FoxPro 6.0 基础知识、Visual FoxPro 6.0 表操作、Visual FoxPro 6.0 数据库操作、Visual FoxPro 6.0 程序设计基础、关系数据库结构化查询语言(SQL)、Visual FoxPro 6.0、表单设计与应用、菜单和工具栏设计与应用、报表设计与应用、应用程序的开发与生成。每章均安排了适当的习题和实验部分,以方便学生学习。

为了配合教学,本书配有电子课件及等级考试无纸化模拟试题。

本书适用于高等院校非计算机专业学生作教材使用,也可作为计算机二级 Visual FoxPro 等级考试培训教材和自学参考书。

图书在版编目(CIP)数据

Visual FoxPro 程序设计及其应用/吴观茂主编. 一北京:清华大学出版社,2015(2020.4 重印)
21 世纪计算机科学与技术实践型教程
ISBN 978-7-302-38989-7

Ⅰ. ①V… Ⅱ. ①吴… Ⅲ. ①关系数据库系统-程序设计-高等学校-教材 Ⅳ. ①TP311.138

中国版本图书馆 CIP 数据核字(2015)第 008679 号

责任编辑:谢 琛 薛 阳
封面设计:何凤霞
责任校对:焦丽丽
责任印制:杨 艳

出版发行:清华大学出版社
　　　　　网　　　址:http://www.tup.com.cn,http://www.wqbook.com
　　　　　地　　　址:北京清华大学学研大厦 A 座　　　邮　　编:100084
　　　　　社 总 机:010-62770175　　　　　　　　　　邮　　购:010-62786544
　　　　　投稿与读者服务:010-62776969,c-service@tup.tsinghua.edu.cn
　　　　　质量反馈:010-62772015,zhiliang@tup.tsinghua.edu.cn
　　　　　课件下载:http://www.tup.com.cn,010-83470236
印 装 者:北京建宏印刷有限公司
经　　销:全国新华书店
开　　本:185mm×260mm　　　　印　　张:24.75　　　　字　　数:565 千字
版　　次:2015 年 4 月第 1 版　　　　　　　　　　　　印　　次:2020 年 4 月第 5 次印刷
印　　数:5501～5800
定　　价:39.50 元

产品编号:061578-02

《21 世纪计算机科学与技术实践型教程》

序

21 世纪影响世界的三大关键技术是：以计算机和网络为代表的信息技术；以基因工程为代表的生命科学和生物技术；以纳米技术为代表的新型材料技术。信息技术居三大关键技术之首。国民经济的发展采取信息化带动现代化的方针，要求在所有领域中迅速推广信息技术，导致需要大量的计算机科学与技术领域的优秀人才。

计算机科学与技术的广泛应用是计算机学科发展的原动力，计算机科学是一门应用科学。因此，计算机学科的优秀人才不仅应具有坚实的科学理论基础，而且更重要的是能将理论与实践相结合，并具有解决实际问题的能力。培养计算机科学与技术的优秀人才是社会的需要、国民经济发展的需要。

制定科学的教学计划对于培养计算机科学与技术人才十分重要，而教材的选择是实施教学计划的一个重要组成部分，《21 世纪计算机科学与技术实践型教程》主要考虑了下述两方面。

一方面，高等学校的计算机科学与技术专业的学生，在学习了基本的必修课和部分选修课程之后，立刻进行计算机应用系统的软件和硬件开发与应用尚存在一些困难，而《21 世纪计算机科学与技术实践型教程》就是为了填补这部分鸿沟。将理论与实际联系起来，结合起来，使学生不仅学会了计算机科学理论，而且也学会应用这些理论解决实际问题。

另一方面，计算机科学与技术专业的课程内容需要经过实践练习，才能深刻理解和掌握。因此，本套教材增强了实践性、应用性和可理解性，并在体例上做了改进——使用案例说明。

实践型教学占有重要的位置，不仅体现了理论和实践紧密结合的学科特征，而且对于提高学生的综合素质，培养学生的创新精神与实践能力有特殊的作用。因此，研究和撰写实践型教材是必需的，也是十分重要的任务。优秀的教材是保证高水平教学的重要因素，选择水平高、内容新、实践性强的教材可以促进课堂教学质量的快速提升。在教学中，应用实践型教材可以增强学生的认知能力、创新能力、实践能力以及团队协作和交流表达能力。

实践型教材应由教学经验丰富、实际应用经验丰富的教师撰写。此系列教材的作者不但从事多年的计算机教学，而且参加并完成了多项计算机类的科研项目，把他们积累的经验、知识、智慧、素质融合于教材中，奉献给计算机科学与技术的教学。

我们在组织本系列教材过程中，虽然经过了详细的思考和讨论，但毕竟是初步的尝试，不完善甚至缺陷不可避免，敬请读者指正。

本系列教材主编　陈明

2005 年 1 月于北京

前　言

　　"Visual FoxPro 程序设计"是高等院校开设范围最广的一门程序设计语言课程,因为它易学易用,同时也是教育部考试中心指定的二级考试科目之一。很多学校把通过计算机等级考试作为评价学生学士学位合格的条件之一。因此,编写一本既适合高校教学需要又能方便学生复习以迎考全国计算机等级考试的 Visual FoxPro 数据库设计教材是一件非常有意义的工作。本书实例丰富,应用性强,以"基础理论→案例分析→上机实验操作→习题"为主线组织编写,以方便学生学习和实践。

　　全书共分为 11 章,主要内容包括数据库基础知识、Visual FoxPro 6.0 基础知识、Visual FoxPro 6.0 表操作、Visual FoxPro 6.0 数据库操作、Visual FoxPro 6.0 程序设计基础、关系数据库结构化查询语言(SQL)、Visual FoxPro 6.0、表单设计与应用、菜单和工具栏设计与应用、报表设计与应用、应用程序的开发与生成。本书内容上注重将所学理论转化为技能,旨在培养计算机基本功扎实、操作能力强并具有创新精神的人才。

　　本书深入浅出、通俗易懂、重点突出、图文并茂,既讲述必要的理论基础,也从应用的角度,结合具体的实践加以讲述,做到知识性、实用性相结合,适合作为非计算机类大学本科计算机程序设计的基础教材,也可作为等级考试培训教材和自学参考书。

　　本书由吴观茂任主编,李敬兆、张玉、周强、周庆松、张柱、韦忠亮任副主编。本书在编写的过程中参考了国内外一些文献,在此向文献的作者表示感谢。

　　为了方便教学,本书配有电子课件、等级考试系统与试题库。

　　限于作者水平,书中难免存在不当之处,恳请广大读者批评指正。

编　者

2014 年 7 月

目　　录

第1章 数据库基础知识

数据库是数据管理的最新技术,是信息时代处理急剧膨胀的信息资源的最佳途径。随着网络世界的飞速发展,数据库技术在现代企业、政府事务管理以及国民经济各领域都得到了广泛的应用。

本章讲解数据库系统的基础知识,其中包括数据库系统的组成、数据模型和数据库设计三方面的内容。通过本章的学习,读者应该了解及掌握以下内容。

- 了解数据库系统的组成。
- 掌握数据库的网状模型、层次模型和关系模型。
- 掌握数据模型的三要素及概念模型的建立。
- 掌握关系的性质和关系的完整性。
- 了解关系模式规范化理论中的函数依赖和范式。
- 了解数据库设计的 6 大步骤及方法。

1.1 数据库系统的组成及数据模型分类

1.1.1 数据库系统的组成概述

为了更好地理解数据库系统,需要知道数据库常用的术语和概念。

(1) 数据(Data):数据是描述客观事物的符号。数据有多种形式,可以是数字,也可以是文本、图形、图像、音频和视频。

(2) 信息(Information):信息是有一定含义的、已经被加工并有意义的数据。

(3) 数据库(Database,DB):数据库是存储数据的仓库。采用数据库存储数据可以使数据管理更方便、易扩展、易共享。

(4) 数据库管理系统(Database Management System,DBMS):数据库管理系统是运行于操作系统上的数据库管理软件,用于实现数据库的定义、操纵、管理和维护功能,是数据库系统的核心。常见的数据库管理系统有 Visual FoxPro、SQL Server、Oracle、Access 等。

(5) 数据库应用系统(Database Application System,DBAS):数据库应用系统是在DBMS 的支持下针对各种具体的应用领域开发出的数据库应用软件,完成对数据的组织、存储和管理。例如,高校的"学生学籍管理系统"等。

（6）数据库系统（Database System，DBS）：组成要件是所有与数据库管理系统有关的部分。例如，数据库管理员和用户以及数据库软件和操作系统，如图 1-1 所示。

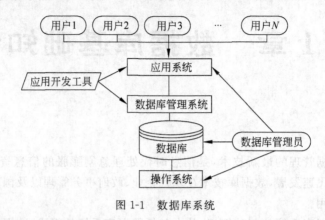

图 1-1   数据库系统

1.1.2   数据管理的发展阶段

计算机用于数据管理，主要是通过对数据进行分类、编码、存储、检索和维护来完成的。随着计算机硬件及软件技术的发展，数据管理技术也从人工管理阶段逐步发展到文件管理阶段、数据库系统阶段，这三个发展阶段的特点参见表 1-1。

表 1-1   数据管理三个发展阶段的特点

	特　点	人工管理阶段	文件管理阶段	数据库系统阶段
背景	应用背景	科学计算	科学计算、数据管理	大规模数据管理
	硬件背景	无存储设备	磁盘、磁鼓	大容量磁盘
	软件背景	无操作系统	仅有文件系统	数据库管理系统
	处理方式	批处理	联机实时处理、批处理	联机实时处理、批处理
特点	数据的管理者	用户自己管理	文件系统	数据管理系统
	数据面向的对象	应用程序	应用程序	现实世界
	数据共享	无共享，冗余度极大	共享性差，冗余度大	共享性高、冗余度小
	数据独立性	不独立，完整依赖程序	独立性差	数据独立性高
	数据结构化	无结构	记录内有结构、整体无结构	整体结构化高
	数据控制方法	应用程序自己控制	应用程序自己控制	由数据库管理系统控制

（1）人工管理阶段（20 世纪 50 年代中期以前）。

在人工管理阶段，应用程序直接对应于数据，数据无结构、不独立，且不能被其他程序共享，程序员只能编写特定的程序来处理某些数据，计算机主要用于科学计算。

（2）文件管理阶段（20 世纪 50—60 年代）。

在文件管理阶段，数据被组织成许多相互独立的数据文件，对这些文件进行读写、删改、运算等操作的基本方法是"按文件名访问"。由于有了磁盘存储系统,数据的处理实现了随机存取方式,管理效率大大提高。文件系统仍然存在着数据共享性差,相同数据的重复存储、各自管理,数据冗余度大的问题。

(3) 数据库系统阶段(20世纪60年代以后)。

自20世纪60年代后期以来,世界逐步进入信息化时代。航空、航天及地球资源勘探以及国民经济各领域的数据量剧增,各种应用对数据的共享要求更为迫切,同时在计算机硬件方面也有了大容量的磁盘存储器,于是出现了数据库系统。数据库系统可以对所有的数据实行统一的、集中的管理,使数据存储真正独立于使用数据的程序,实现数据共享。

在数据库管理阶段,应用程序是通过数据库管理系统与存储于数据库中的数据建立关系的,如图1-2所示。

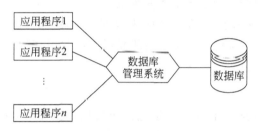

图1-2 数据库系统阶段应用程序与数据之间的关系

采用了数据库存储数据,实现了数据最小冗余度和较高的数据独立性。在数据库的基础上建立DBMS,实现对数据库统一管理、控制,保证了数据的完整性、安全性及并发控制,当数据库发生故障后,还可以对数据库进行恢复。

数据库技术的应用与发展。随着计算机技术和互联网技术的快速发展,数据库技术综合各种新技术在国民经济各个领域得到广泛的发展和更有特色的应用,如图1-3所示。

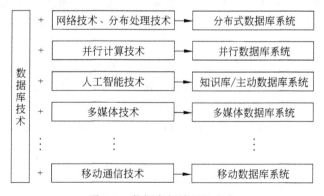

图1-3 数据库领域新的分支

在图1-3中可以看到数据库技术应用与发展:

(1) 数据库技术与网络技术和分布处理技术相结合,发展成为分布式数据库系统;

(2) 数据库技术与并行计算技术相结合,发展成为并行数据库系统;

(3) 数据库技术与人工智能技术相结合,发展成为知识库系统或主动数据库系统;

（4）数据库技术与多媒体技术相结合，发展成为多媒体数据库系统；

（5）数据库技术与移动通信技术相结合，发展成为移动数据库系统。

数据库技术与新技术结合还有很多发展分支，例如，数据库技术与地理信息系统（Geographic Information System，GIS）结合，发展成为空间数据库系统等。

1.1.3 数据模型的三要素

数据模型是数据库结构的基础，是用来描述数据的一组概念和定义。数据模型的三要素是指数据结构、数据操作和数据完整性约束条件。

1. 数据结构

数据结构从以下两个方面描述了数据对象。

（1）确定该数据对象是怎样的。例如，数据对象的域、属性。

（2）确定该数据对象与其他对象之间的联系方式是怎样的。例如，构成方式是网状模型、层次模型还是关系模型。

2. 数据操作

数据操作是指对数据库中各种对象允许执行操作的集合，包括操作及有关的操作规则。

数据库主要有查询和更新（包括插入、删除、修改）两大类操作。数据模型必须定义这些操作的确切含义、操作符号、操作规则（如优先级）以及实现操作的语言。

数据操作描述了数据库系统的动态特性，体现了数据库的通用性、规范性、灵活性、安全性和强大功能。

3. 数据的完整性约束条件

数据的完整性约束条件是一组完整性规则。该规则对数据模型中的数据及其联系进行了必要的制约，以此限定符合数据模型的数据库状态以及状态的变化，保证数据的正确性、有效性和类型相容性。

数据模型应该反映和规定本数据模型必须遵守的完整性约束条件。例如，在关系模型中，任何关系都必须满足实体完整性和参照完整性两个约束条件。

此外，数据模型还应该提供定义完整性约束条件的机制，以反映具体应用所涉及的数据必须遵守的特定的语义约束条件。例如，在人事管理中必须遵守设定的男、女职工退休年龄的约束条件。

1.1.4 概念模型

利用计算机帮助人们处理各种问题，必须把现实世界中的事物及其活动抽象为数据，然后把针对某一方面应用的相关数据按照一定的数据结构形式组织起来才能更好地使用。概念模型的任务就是把现实世界的对象对应到实体、属性、联系，概念模型的作用就是为信息世界建模。

1. 概念模型中的几个基本概念

在建立概念模型之前,需要明确概念模型的几个基本定义。

(1) 实体(Entity):客观存在并可以相互区分的事物称为实体,实体可以是具体的人、事、物,也可以是抽象的概念或联系。实体可以用若干个属性的属性值组成的集合来表示。例如,一个学生可以用学号、姓名、性别、出生日期、籍贯等属性来表示。

(2) 属性(Attribute):实体所具有的某一特征称为属性,实体用若干个属性来描述。它是事物某一方面的特征的抽象描述。学生姓名、学号、性别、出生日期就是该学生对象的属性。根据不同的属性值可以区别不同的对象,例如学生姓名为李玉龙,学号为200524205,性别为男,出生日期为1988年5月1日。

(3) 域(Domain):在实际应用中,属性值都有一定的值域,也称为取值范围,可以对值域进行必要的定义,例如,性别的域为(男、女)。

(4) 码(Key):唯一标识实体的属性集称为码(或关键字),例如学号是学生实体的码。

(5) 实体型(Entity Type):具有相同属性的实体必然具有共同的特征和性质,可以用实体名及其属性名来抽象出同类实体,称为实体型。例如,学生(学号、姓名、性别、出生年月、所在院系、年级)是一个实体型。

(6) 实体集(Entity Set):同一类型实体的集合称为实体集。例如,全体学生就是一个实体集。

(7) 联系(Relationship):在现实世界中,事物内部以及事物之间是有联系的,这些联系在信息世界中反映为实体内部的联系和实体之间的联系。

2. 用 E-R 图表示概念模型

表示概念模型最常用的方法是实体-联系图方法(Entity-Relationship Approach,E-R图)。用矩形框表示实体、用菱形表示实体之间的联系,可以把现实世界需要处理的对象对应到概念世界中。

1) 两个实体之间的联系

实体内部的联系通常是指实体中各属性之间的联系,而两个实体型之间的联系可以分为三类。

(1) 一对一联系(1:1)。对于实体集 A 中的每一个实体,实体集 B 中至多有一个实体与之联系,反之亦然,则称实体集 A 与实体集 B 具有一对一联系,记为 1:1。例如,一个班级只有一个班长,班长只在一个班中任职,班级与班长之间具有一对一联系。

(2) 一对多联系(1:n)。对于实体集 A 中的每一个实体,实体集 B 中有 n 个实体($n \geq 0$)与之联系,反之,对于实体集 B 中的每一个实体,实体集 A 中至多只有一个实体与之联系,则称实体集 A 与实体集 B 有一对多联系,记为 1:n。例如,一个班级中有若干名学生,而每个学生只在一个班级中学习,则班级与学生之间具有一对多联系。

(3) 多对多联系(m:n)。对于实体集 A 中的每一个实体,实体集 B 中有 n 个实体($n \geq 0$)与之联系,反之,对于实体集 B 中的每一个实体,实体集 A 中也有 m 个实体($m \geq 0$)与之联系,则称实体集 A 与实体集 B 具有多对多联系,记为 m:n。例如,一个学生可以同时选修多门课程,一门课程可以被多个同学选修,学生与课程之间具有多对多联系。

综合两个实体之间的三类联系方式的特点,可以归纳出:一对一联系是一对多联系的特例,而一对多联系又是多对多联系的特例。

两个实体型之间的三类联系方式如图1-4所示。

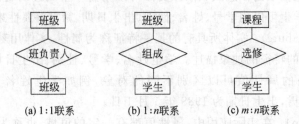

(a) 1:1联系   (b) 1:n联系   (c) m:n联系

图1-4 两个实体型之间的三类联系方式

2) 两个以上实体型之间的联系

两个以上实体型之间的联系与两个实体型之间的联系情况相似,也同样存在着一对一、一对多、多对多的联系。只不过在多个实体型之间的联系中,要注意归纳出各实体型之间相同的联系,把相同或相关的联系组合在一起。例如,对于课程、教师与参考书这三个实体型,一门课程与教师构成一对多的讲授联系、一门课程与参考书也构成了一对多的联系、多名教师与多本参考书构成了多对多的联系。三个实体型都是通过相同的联系名"授课",建立多实体型之间的联系的,如图1-5所示。

3) 单个实体型内的联系

学生是一个实体型,在学生实体型内部,每个学生都与班长构成一对一联系,班长与其他学生构成一对多联系,如图1-6所示。

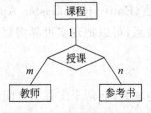

图1-5 三个实体型间的联系   图1-6 单个实体型内的联系

1.1.5 数据模型的分类

在数据库领域中有网状模型(Network Model)、层次模型(Hierarchical Model)和关系模型(Relational Model),其中最常用的是关系模型,按照这三种模型建立的数据库系统分别称为网状数据库系统、层次数据库系统和关系数据库系统。

1. 网状模型

1) 网状模型的基本概念

网状模型是数据库系统中最先出现的数据模型,1961年美国通用电气公司(General Electric Co.)的Bachman开发出世界上第一个网状数据库管理系统(DBMS),奠定了网状数据库的基础,并获得了图灵奖。网状数据库由于能比较自然地对管理和处理事务进行自然的模拟,因此在关系数据库出现之前,网状数据库管理系统要比层次数据库管理系统用得普遍。

2)网状数据模型的数据结构

网状数据模型允许多个节点没有双亲节点,允许节点有多个双亲节点。同时,网状数据模型还允许两个节点之间有多种联系(称之为复合联系)。因此,网状模型可以更直接地去描述现实世界。

2. 层次模型

1)层次模型的基本概念

层次模型也是在数据库系统中较早出现的数据模型,1968年美国IBM公司开发了层次型数据库管理系统(Information Management System,IMS)。

层次模型用树状结构来表示各类实体以及实体间的联系。由于在现实世界中许多实体之间的联系本来就呈现这种层次关系而应用得非常顺畅,例如家族关系,国家机关中的行政管理体系,大学的校、院、系、教研室等。

2)层次数据模型的数据结构

(1)只有一个节点没有双亲节点,这个节点称为根节点。

(2)根节点以外的其他节点有且只有一个双亲节点。

在层次数据模型中,每个节点表示一个记录类型,节点之间的连线表示记录类型间的联系,这种联系是父子之间一对多的联系。因此,层次型数据库系统智能处理一对多的实体联系。对于多对多的联系可以先将其分解成一对多联系,然后再用多个一对多联系来表示多对多联系。

3. 关系模型

关系模型是目前最重要和最常用的一种数据模型。1970年由美国IBM公司E.F.Codd首次提出了关系模型的概念,从而奠定了关系模型的理论基础。

20世纪80年代以来,各计算机软件厂商推出的数据库管理系统几乎都支持关系模型,例如,早期的dBase Ⅱ、dBase Ⅲ、dBase Ⅳ、FoxBase、FoxPro以及目前还在使用的Visual FoxPro、MySQL、SQL Server、DB2和Oracle都是关系型数据库系统。

1)关系数据模型的数据结构

关系模型的数据结构对应一张规范化的二维表,它由记录行和属性列组成。关系模型要求关系必须是规范化的,最基本的要求是,关系的每一个分量必须是一个不可再分的数据项,也就是说,不允许表中还有表。

2)关系模型对应于关系数据库的一些术语

- 关系(Relation):关系对应于数据库中的数据表,如表1-2所示。该表呈现了关系模型的数据结构,是一个规范的二维表,内容是学生信息。每个关系有一个关系名,关系名就是表名。
- 元组(Tuple):对应于数据表中的一行记录,一行为一个元组;例如,孙锦同学所在的记录行。

表 1-2　学生信息

学　号	姓　名	性别	出生日期	所在院系	专　业	年级
200814485	孙　锦	女	19890513	计算机	信息安全	2008
200814493	张敏华	男	19880320	计算机	信息安全	2008
200814458	李明伟	男	19900917	计算机	计算机科学	2008
⋮	⋮	⋮	⋮	⋮	⋮	⋮
200814510	王　桦	男	19910710	计算机	信息安全	2008

- 属性(Attribute)：对应于数据表中的一列，即属性列。每列有一个属性名。例如，属性列 1 的名称是学号、属性列 2 的名称是姓名等。
- 码(Key)：也称为主关键字。属性或属性组合，它可以唯一确定一个元组。
- 外码(Foreign Key)：也称为外关键字。如果一个关系中的属性或属性组不是本关系的关键字，但它们是另外一个关系的关键字，则称其为本关系的外关键字。
- 域(Domain)：属性的取值范围，例如性别的域是(男,女)，系名的域是一个学校所有系名的集合。

关系模式与关系文件结构的对应关系，如图 1-7 所示。

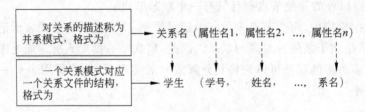

图 1-7　关系模式与关系文件结构

有了以上关系模型的这些术语，就可以清楚地把关系模型中的实体及实体间的关系与一般表格中的术语对应起来了，参见表 1-3。

表 1-3　关系术语与表格术语对应

关系术语	一般表格的术语	关系术语	一般表格的术语
关系名	表名	属性名	列名
关系模式	表头	属性值	列值
关系	二维表	分量	列值
元组	记录行	非规范关系	表中嵌套表
属性	列		

3) 关系的性质

关系是用集合代数的笛卡儿积定义的，关系是元组的集合，具有以下性质。

- 列是同质的，每一列是同类型的数据，来自同一域。

- 每一列称为属性,属性名必须不同。
- 关系中没有重复元组,每个元组在关系中必须唯一。
- 元组的顺序可以任意交换。
- 属性的顺序可以是非排序的。
- 所有属性值都是不可再分的,不允许属性又是一个二维关系。

4) 关系数据模型的操纵和完整性约束条件

关系数据模型的操作主要有查询、插入、删除和更新。

操作时需要遵守三大类关系的完整性约束条件。

(1) 实体完整性(Entity Integrity)。实体完整性规则是:关系中主关键字的值不能为空。

(2) 参照完整性(Referential Integrity)。参照完整性规则是:如果关系 $R2$ 的外码 X 与关系 $R1$ 的主码相同,则外码 X 的每个值必须与关系 $R1$ 中主码的值相同,或者为空值。

下面用实例说明参照完整性约束。

例 1-1　确定以下学生实体和专业实体的主码,通过外码建立两个实体之间的联系。实体可以用下面的关系来表示,主码用下划线标识:

学生(学号,姓名,性别,专业号)

专业(专业号,专业名)

学生实体的主码是学号,因此,给学号加上下划线。专业实体的主码是专业号,也给专业号加上下划线。为了减少冗余,在这两个关系之间通过外码建立属性的引用,即学生关系中的专业号是外码,引用了专业关系的主码,与主码专业号构成了参照关系。同样,专业关系中的主码专业号被学生关系中的外码专业号引用,构成了被参照关系。

根据参照完整性的规则,学生关系中每个元组的"专业号"属性只能是下面两类值:

- 空值,表示该学生未分配专业。
- 非空值,该值必须与被参照关系中的专业相对应,使得参照关系的外码等于被参照关系的主码。这时,该学生专业号一定能与专业关系中的主码专业号中的值相对应,找到一个确实存在的专业号。否则就不符合参照完整性要求,参照与被参照关系产生错误。

(3) 用户定义的完整性(User-defined Integrity)。目前常用的关系数据库系统都支持实体完整性和参照完整性,系统可以自动检测是否符合实体完整性要求。另外,系统允许用户自己定义一些特殊的约束条件,更加灵活地掌控关系数据库的操纵。例如,某个属性必须取唯一值、某些属性值之间应满足一定的函数关系、限制某个属性的取值范围在正数的某个区间内等。用户定义的完整性的好处是,系统根据这些约束统一进行管理,而不由应用程序承担这一功能,使应用程序编制更加高效、更加安全。

5) 关系数据模型的优缺点

关系数据模型的优点主要有以下两点:

(1) 关系模型的数据结构非常简单,数据的逻辑结构就是一张二维表。现实世界中的实体、实体间的联系都可以用关系来表示,对关系的全部运算操作(查询、删除、修改等),均可直接在二维表中完成,非常方便。

(2)关系模型存取路径对用户透明,具有更高的数据独立性和安全保密性,使数据库应用程序管理和存储数据比较简单。

关系数据模型的缺点主要有以下两点:

(1)数据查询效率往往不如非关系数据模型。

(2)用户的查询请求需要进行优化,否则既增加了数据库管理系统的负担,也降低了数据库的性能,使运行效率受到影响。

1.1.6　数据库系统结构

数据库系统的构建类似建筑一样,也是分层的。只不过数据库系统是用模式来分层的,模式是什么?模式是用数据描述语言定义全体数据的全局逻辑结构和特征的语句,也可把模式简单理解为数据格式。

1. 数据库系统的三级模式结构

数据库系统通常采用三级模式结构,即由外模式、模式和内模式三级构成。三级模式结构分别属于三层:外层、概念层和内层,即外模式属于外层、模式属于概念层、内模式属于内层。

各模式说明如下。

(1)外模式(又称子模式)是用户使用的局部数据的逻辑结构描述。

(2)概念模式(又称模式)是数据库概念模型的逻辑结构描述。

(3)内模式(又称存储模式、物理模式)是存储使用的数据物理结构和存储方式的描述。

2. 数据库的二级映像功能

数据库系统的三级模式结构中还建立了两层映像,其好处是使用户能逻辑地、抽象地处理外模式数据,不用关心概念层和物理层的细节,既方便了使用,又保证了数据存储的安全。

1)外模式-模式映像

定义了外模式与模式之间的映射关系。当系统需要改变模式时,可以改变映射关系而保持外模式不变。这种用户数据独立于系统的逻辑数据特性,称为逻辑数据独立性。

2)模式-内模式映像

定义了模式与内模式(物理模式)之间的映射关系。当系统需要改变物理模式时,可以改变映射关系而保持概念模式和子模式不变,这种逻辑数据独立于物理数据的特性,称为物理数据独立性。

数据库系统的三级模式结构和二级映像功能说明,如图 1-8 所示。

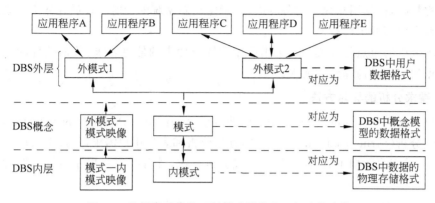

图 1-8 数据库系统的三级模式结构和二级映像功能

1.2 数据库设计

数据库设计的任务是对于一个给定的数据库应用环境,如何构造和确定一个最优的数据库模式,使其能够有效地存储数据,进而开发出能满足各种用户需求的数据库管理系统。为了使设计理念更加清晰,通常把数据库设计及其应用系统开发的全过程分为 6 个阶段来完成,如图 1-9 所示。

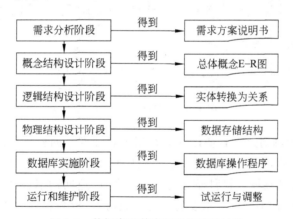

图 1-9 数据库及其应用系统开发过程

1.2.1 需求分析

需求分析的主要目标是画出数据流图,建立数据字典和编写系统需求方案说明书。

为了完成这些目标,需求分析需要明确用户的需要和要求、分析数据的特点、处理的方法等,为总体设计打下良好的基础。

1. 需求分析的任务

需求分析的任务是通过详细调查现实世界要处理的对象(例如企业、学校、部门等)业务的流程状况,根据用户提出的各种需求,确定出新系统的功能。在设计方案及系统指标上需要留有更多的扩展空间。

需求分析的重点是收集和确定用户在数据管理中的信息要求、数据处理的方法及结果和数据的安全性与完整性要求。

2. 需求分析的具体方法

可以采用跟班作业的方法,详细了解业务活动的细节。分析用户的需求以后,可以采用结构化分析(Structured Analysis,SA)方法分析和表达用户需求,从最上层的系统组织机构入手,采用自顶向下、逐层分解的方式分析系统,并且把每一层用数据流图和数据字典描述。

3. 数据流图

数据流图就是数据处理流程图,是描述实际业务管理系统工作流程的一种图形表示法,用矩形框表示对象实体,用圆圈表示数据处理的环节,用有向线段表示数据的流动路径,数据流图表达了数据和处理过程的关系。例如,高校教材征订发放活动的数据流图如图 1-10 所示。

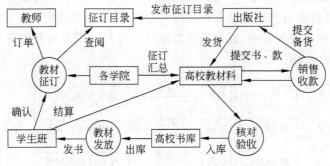

图 1-10　高校教材数据流图

在图 1-10 中,教师通过教材征订环节查阅出版社发布的教材目录,把征订单提交到学院;经过学生确认后,各学院把本学院教材征订目录汇总到校教材科。在销售收款环节,出版社销售部收到高校教材科提交的书单和书款,返回购书凭证,同时向出版社发出备货信息。出版社按购书合同要求发货给高校教材科,教材科验收入库。在教材发放环节,学生领取教材,并按规定的方法与高校教材科进行结算。

在数据库管理系统中,有各种数据、数据结构和数据流图需要描述,这就需要使用数据字典来完成这个任务。

4. 数据字典

数据字典(Data Dictionary,DD)是一种用户可以访问的记录规则库和应用程序元数据的目录。数据字典是各类数据描述信息和控制信息的集合,其内容来自数据收集和数据分析所获得的主要内容。数据字典通常包括数据项、数据结构、数据流、数据存储和处理过程 5 部分,如图 1-11 所示。

在图 1-11 中,数据字典涵盖五部分的内容:

（1）数据项。数据项是不可再分的数据单位。

（2）数据结构。数据结构反映了数据之间的组合关系。

（3）数据流。数据流是数据结构在系统内传输的路径。

（4）数据存储。数据存储是数据结构停留或保存的地方，也是数据流的来源和去向之一。

（5）处理过程。处理过程的具体处理逻辑一般用判定表或判定树来描述。

总之，数据字典是关于数据库中数据的描述，并不是数据本身。数据字典为程序设计人员和数据库管理员在数据库设计、实现和运行阶段控制有关数据提供依据。

在图 1-11 中，通过简单的说明给出了建立数据字典的方法，其他数据字典的编制，可以参照上述方法完成。

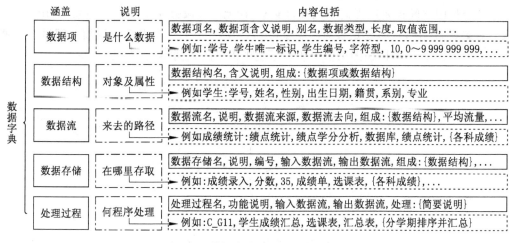

图 1-11　数据字典涵盖的内容及说明

5．需求说明书

在需求分析阶段后期，要总结并提交出一个系统需求方案说明书。内容包括：用户需求文字说明、数据对象分析、系统功能简介、技术指标、数据流图、数据字典等。为用户、数据库设计人员和软件测试人员提供相互理解、相互交流的基础。

需求方案说明书一旦得到双方的确认，就成为技术开发合同，也是系统验收的主要依据。

1.2.2　概念结构设计

概念设计阶段是数据库设计的第二阶段，概念设计的主要目标是建立 E-R 模型，画出总体概念 E-R 图。

为了完成这个目标，选用 E-R 图方法描述概念世界，然后再把 E-R 图转换成任何一种 DBMS 支持的数据模型，为逻辑设计（第三阶段）做准备。

E-R 图描述的概念模型易于理解，设计简单，便于和不熟悉计算机的用户交换意见。当用户需求改变时，使用概念结构很容易做相应的调整。因此，概念结构设计中画出 E-R

图是整个数据库设计的关键内容。

1. 建立 E-R 图

E-R 图即实体联系图,实质就是把数据字典中的实体部分内容用图的形式表现出来,E-R 图是对现实世界对象和操作的高度抽象。在数据字典中,数据结构其实就是现实世界对象属性特性的抽取。只不过用 E-R 图的形式,把实体(即对象)画成方框图来描述、属性用椭圆形来描述,实体之间的联系或操作用菱形框来描述,并在框内标注联系名称。E-R 图的三要素为

(1) 实体:用矩形框表示,框内标注实体名称。

(2) 属性:用椭圆形表示,框内标注属性名称。

(3) 实体之间的联系:用菱形框表示,框内标注联系名称。

各个框图之间还要用无向线段连接起来,在无向线段旁注明是一对一联系(用 1∶1)或一对多联系(用 1∶n)还是多对多联系(用 m∶n)。1.1.4 节中已经详细介绍过这些概念。下面使用 E-R 图描述图书信息管理系统中借书的数据模型,参见图 1-12。

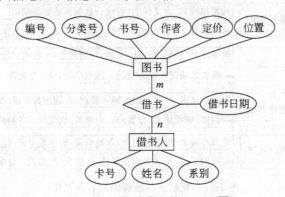

图 1-12　图书馆借书管理 E-R 图

从图 1-12 中可以看到,借书管理 E-R 图中有借书人和图书两个实体集,借书人实体拥有的属性是卡号、姓名、系别。图书实体拥有的属性是编号、分类号、书号、作者、定价、位置等。借书人实体与图书实体通过借书操作建立联系,这种联系是多对多的联系($m∶n$)。另外,借书联系也可以看作实体,在操作过程中,产生了联系的属性,即借书日期。

2. 建立局部 E-R 模型

建立 E-R 模型的步骤有 4 类方法:自顶向下、自底向上、逐步扩张、混合策略。在 UML 与软件工程基础的课程中我们已经详细介绍过这些内容。在数据库设计中,建立 E-R 模型主要采用的是自底向上的方法。

利用系统需求分析阶段得到的数据流图、数据字典和系统需求方案说明书,首先画出系统中每个子系统中包含的实体图、建立实体图之间的联系,然后给每个实体添加必要的属性名,建立局部 E-R 模型(图)。

3. 建立总体概念 E-R 模型

把各部门的局部 E-R 图综合起来,就是总体概念 E-R 模型(图)。在综合的过程中,

一般采用以下步骤：

首先，合并各局部 E-R 图，并注意解决因合并带来的属性冲突、命名冲突和结构冲突三类问题。

(1) 属性域冲突，指的是属性值的类型、取值范围或取值集合不同，需要改正。

(2) 命名冲突，指的是同名异义或异名同义，需要统一改正。

(3) 结构冲突，指的是同一对象在不同 E-R 图中具有不同的抽象。在一个局部 E-R 图中被当作实体，而在另一局部 E-R 图中被当作属性；或者同一实体在两个局部 E-R 图中，属性的排列次序不完全相同，也需要统一改正。

其次，修改与重构，消除不必要的冗余。局部 E-R 图经过合并后，要消除可能存在冗余的数据和冗余的实体间的联系。避免冗余数据和冗余联系破坏数据库的完整性，给数据库维护增加困难。

(1) 修改，指的是修改冗余的属性和实体间冗余的联系。

(2) 重构，指的是删除 E-R 图中错误的部分，重构成无冗余的总体 E-R 图。

为了使 E-R 图更为清晰，总体概念 E-R 图允许只画出实体和实体之间的联系以及联系方式($1:1$、$1:n$、$m:n$)，而不必画出实体的众多属性。下面看一个 E-R 图设计实例：

例 1-2 设计教学管理系统的总体概念 E-R 图。

该系统的实体有：

- 学生。学号、单位名、姓名、性别、出生年月、选修课程。
- 课程。课程编号、课程名称、开课单位、任课教师。
- 教师。教师号、姓名、性别、职称、讲授课程编号。
- 单位。单位名称、电话、教师编号、教师姓名。

实体之间的联系方式有：

- 选课联系。一个学生可以选修多门课程，一门课程可为多个学生选修。
- 讲授联系。一个教师可以讲授多门课程，一门课程可为多个教师讲授。
- 所属联系。一个单位可以有多个教师，一个教师只能属于一个单位。

设计任务有：

- 设计学生选课局部 E-R 图。
- 设计教师任课局部 E-R 图。
- 把两个局部 E-R 图合并为总体概念 E-R 图。

设计过程如下：

(1) 首先画出学生选课子系统中的实体框图，相关的实体框图之间用菱形关系图连接起来，然后给实体添加属性，建立学生选课局部 E-R 模型，如图 1-13 所示。

(2) 画出教师任课子系统中的实体框图，相关的实体框图之间用菱形关系图连接起来，然后给实体添加属性，建立教师任课局部 E-R 模型，如图 1-14 所示。

(3) 把两个局部 E-R 图合并起来，删去冗余实体，然后检查实体关系是否有异义或重复，省略各实体的属性。修改和重构后的教学管理系统的总体概念 E-R 图，如图 1-15 所示。

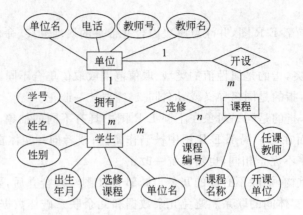

图 1-13   学生选课局部 E-R 图

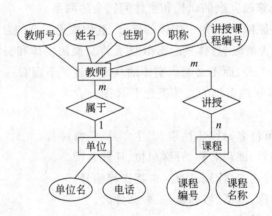

图 1-14   教师授课局部 E-R 图

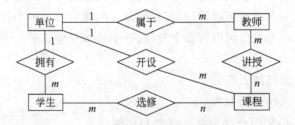

图 1-15   合并的总体概念 E-R 图

1.2.3   逻辑结构设计

逻辑结构设计任务就是把概念结构设计阶段设计好的总体概念 E-R 图转换成为
DBMS 所支持的数据模型,主要讨论关系模型。通过两个步骤可以完成这个任务:首先,
E-R 图中的每一个实体转换为一个关系模式;其次,E-R 图中的每一个联系也转换为关系
模式。

1. 实体转换为关系模式

E-R 图向关系模型的转换要解决的问题是如何将实体型和实体间的联系转换为关系模式,如何确定这些关系模式的属性和码。

关系模型的逻辑结构是一组关系模式的集合。E-R 图则是由实体型、实体的属性和实体型之间的联系三个要素组成的。所以将 E-R 图转换为关系模型实际上就是将实体型、实体的属性和实体型之间的联系转换为关系模式。

E-R 图中一个实体转换为一个关系模式。实体的属性就是关系的属性,实体的码,例如"学号"就是关系的码。转换过程参见图 1-16。

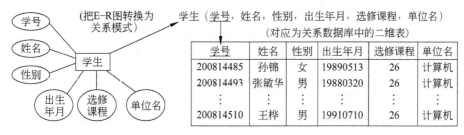

图 1-16　E-R 图实体转换为关系模式及二维表

2. 联系转换为关系模式

E-R 图中的联系也可以转换为一个关系模式。联系的属性就是相关实体的属性,对于 $m:n$、$1:1$、$1:n$ 三种联系,转换时有不同的处理方法。

1) $m:n$ 联系转换为关系模式。

与 $m:n$ 联系相连的实体的关键字以及联系本身的属性均转换为关系的属性。关系的关键字为各实体关键字的组合。

例如,"选课"联系是一个 $m:n$ 联系,可以转换为:选课(学号,课程编号,课程名称,开课单位)的关系模式,其中关系的关键字是学号与课程编号的组合,参见图 1-17。

2) $1:n$ 联系转换为关系模式

$1:n$ 联系可以转换为一个独立的关系模式,也可以与 n 端对应的关系模式合并。如果转换为一个独立的关系模式,则与该联系相连的各实体的关键字以及联系本身的属性均转换为关系的属性,关系的关键字为 n 端实体的关键字。为了减少系统中的关系个数,一般情况下采用合并的方法。

3) $1:1$ 联系转换为关系模式

$1:1$ 联系可以转换为一个独立的关系模式,也可以与任意一端对应的关系模型合并。如果转换为一个独立的关系模式,则与该联系相连的各实体的关键字以及联系本身的属性均转换为关系的属性,每个实体的关键字均是该关系的候选关键字。如果与某一端实体对应的关系模式合并,则需要在该关系模式的属性中加入另一个关系模型的关键字和联系本身的属性。

4) 三个或三个以上实体间的多元联系转换为关系模式

三个或三个以上实体间的多元联系转换为关系模式的方法,与 $m:n$ 联系转换为关

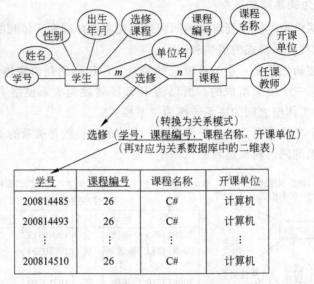

图 1-17   E-R 图中选修联系($m:n$)转换为关系模式及二维表

系模式的方法类似。

5）相同关键字的关系模式可合并

为了减少系统中的关系个数，如果两个关系模式具有相同的主关键字，可以将它们合并为一个关系模式。合并方法是将其中一个关系模式的全部属性加入另一个关系模式中，然后去掉其中的同义属性，并适当调整属性的次序。

1.2.4   数据库物理设计

数据库在物理设备上的存储结构与存取方法称为数据库的物理结构，不同的数据库有不同的物理结构。当确定了数据库系统及给定了逻辑数据模型后，就可以选取一个最适合应用要求的物理结构，这个过程就是数据库的物理设计。

数据库的物理设计通常分为下面两个过程：

（1）确定数据库的物理结构，包括关系数据库中的存取方法和存储结构。

（2）对物理结构进行评价，评价的重点是存取时间和空间效率。

反复执行这两个过程并加以调整，直至满足原设计要求。

1. 数据存取方法的选择

为了快速存取数据库中的数据，Oracle 数据库管理系统提供了多种方法。

常用的存取方法主要分为两大类：

（1）以加快速度为目的，采用索引方法。

（2）以方便管理为目的，采用分区方法。

2. 数据库存储结构的选择

确定数据库数据的存储结构要综合考虑存取时间、存储空间利用率和维护代价三方面的因素,权衡利弊,确定一个最佳方案。

1.2.5 建立数据库

1. 定义数据库结构

确定了数据库的逻辑结构与物理结构后,就可以用选用的 DBMS 提供的数据定义语言(DDL)来严格描述数据库结构,成为 DBMS 可以接受的源代码,建立数据库。

2. 数据装载

数据库结构建立好之后,就可以向数据库中装载数据了。数据入库是数据库实施阶段最主要的工作。在试运行阶段,各个数据库中可以录入较少的数据,而在正式投入运行阶段,数据库应该满载运行。录入数据时,可以根据数据库系统数据量的大小采用不同的方法。一般小型或中型的数据量,可以用人工方式完成数据的录入,其步骤为:

(1) 筛选数据。数据库中的数据通常来自于各个部门的数据文件或原始凭证、账册中,所以首先必须对这些数据按数据库设计的要求筛选、整理。保存筛选后的原始数据以备录入;账册中由原始数据运算产生的中间数据、结果数据可以录入测试数据库,与数据库试运行期间的原始数据运算结果做比对,以便发现数据录入错误或程序设计错误。

(2) 转换数据格式。筛选出来的数据,如果格式不符合数据库的设计要求,必须进行格式转换。如果数据的格式比较复杂,例如是字符+数字+时间的复杂结构体,最好采用程序转换的方法来完成,以免手工转换出错。

(3) 输入数据。将转换好的数据录入数据库中。

(4) 校验数据。检查输入的数据是否有误。

对于大型系统,由于数据量极大,用人工方式组织数据入库很难保证数据的正确性。因此应该设计一个数据输入子系统由计算机辅助数据的入库工作。

3. 编写应用程序

数据库应用程序的设计应该与数据库设计并行进行。在数据库设计阶段,当数据库结构建立好之后,就可以根据数据字典开始编制与调试数据库的应用程序了。编制应用程序与调试程序是与数据入库同步进行的。在编制应用程序期间,数据库中往往只是部分模拟数据。

4. 数据库试运行

应用程序编写、调试完成,可以开始数据库的试运行。在此期间,完成对数据库系统的各个功能进行测试,对数据库的性能指标进行评价。

(1) 功能测试。运行编写好的应用程序,执行对数据库的各种操作,测试数据库系统设计要求完成的各种功能是否正常。

(2) 性能测试。即测量数据库系统的性能指标,分析是否符合设计目标。数据库系统的性能测试应该以数据库数据满载时的测试为准,当数据库数据量非常大时,如果性能测试指标不高,应该改进设计方案或改进参数设置,最终达到满足大数据量运算及多并发操作事务量的高性能指标。

1.2.6 数据库运行与维护

数据库试运行合格后,数据库即可投入实际运行。由于应用环境的不断变化、数据量不断增加,数据库运行过程中物理存储也会不断变化,因此需要不断地对数据库进行评价、调整、修改等维护工作。这是一个长期的任务,通常由 DBA 来完成,这些工作构成了数据库维护工作阶段的主要内容,归纳为以下几个方面内容。

1. 数据库系统初始化参数调整

在数据库投入正常运行、进入维护工作阶段,数据库管理员要使用初始化参数文件优化内存结构,调整数据库数据缓冲区、共享池的大小、重做日志缓冲区大小、排序区大小、并发进程数、设置数据库限制等操作。通过合理地配置,使数据库系统性能得到优化。

2. 数据库的备份和恢复

定期对数据库和日志文件进行备份,物理文件主要包括初始化参数文件、控制文件、数据文件、联机重做日志文件和归档日志文件等。物理备份包括完全数据库脱机备份、部分数据库联机备份、部分数据库脱机备份和控制文件在线备份。数据库一旦发生故障,能利用数据库备份及日志文件,尽快以正确的顺序恢复数据库事务,使数据库受到的破坏最小。

3. 数据库的安全性、完整性控制

DBA 必须对数据库安全性和完整性控制负起责任。根据用户的实际需要授予不同级别的操作权限。另外,由于应用环境的变化,数据库的完整性约束条件也会变化,也需要 DBA 不断修正,以满足用户的要求。

4. 数据库的重组织

数据库长时间运行后,由于记录的不断增加、删除以及修改,会使数据库的物理存储变坏,从而降低数据库存储空间的利用率和数据的存取效率,使数据库的性能下降。这时 DBA 就要对数据库进行重组织,或部分重组织(只对频繁增、删的表进行重组织)。数据库的重组织不会改变原设计的数据逻辑结构和物理结构,只是按原设计要求重新安排存储位置,提高系统性能。DBMS 一般都提供了重组织数据库的实用程序,帮助 DBA 重新组织数据库。

5. 数据库的重构造

当数据库应用环境发生变化时,会导致实体及实体间的联系也发生相应的变化,使原有的数据库设计不能很好地满足新的需求,从而不得不适当调整数据库的模式和内模式,这就是数据库的重构造。DBMS 一般都提供了修改数据库结构的功能。

重构造数据库的程度是有限的。若应用变化太大,例如需要处理新的项目、新的实体,就很难通过重构数据库来满足新的需求。尤其是当操作系统更新换代后,有些数据库也需要更新,此时应该在原有应用数据库系统的基础上,重新设计功能更新、更强的数据库系统。

本 章 小 结

本章对数据库系统的组成做了概要介绍,给出了数据管理三个发展阶段的背景和特点。介绍和归纳了组成数据模型的三个要素,明确了数据结构、数据操作和数据的完整性约束条件的内容。本章还介绍了概念模型中的一些基本定义,使用概念模型知识和 E-R 图可以方便地把现实世界中需要计算机处理的对象在信息世界中建模。本章还简要介绍了网状模型、层次模型和关系模型数据库的特点和优缺点,介绍了关系数据库中实体之间一对一、一对多和多对多联系等概念。

本章作为各章的基础,还简明扼要地介绍了数据库设计的主要内容,在数据库设计各个阶段中,按照边学习、边思考、边设计的思路,给出设计目标、遵循原则、存在问题、解决方法,其中的重点是概念结构设计和逻辑结构设计。

习 题

一、选择题

1. 数据是信息的载体,信息是数据的( )。

    A) 符号化表示   B) 载体   C) 内涵   D) 抽象

2. 数据库系统(DBS)、数据库管理系统(DBMS)和数据库(DB)三者之间的关系是( )。

    A) DBMS 包含 DB 和 DBS   B) DB 包含 DBS 和 DBMS

    C) DBS 包含 DB 和 DBMS   D) 三者都不对

3. 数据库类型是根据( )划分的。

    A) 文件形式   B) 记录形式

    C) 数据模型   D) 存取数据的方式

4. BS 是采用了数据库技术的计算机系统。DBS 是一个集合体,包含数据库、计算机硬件、软件和( )。

    A) 系统分析员   B) 程序员   C) 数据库管理员   D) 操作员

5. DBMS 是( )。

    A) 应用程序   B) 数据库管理系统

    C) 操作系统   D) 在操作系统支持下的系统软件

6. 数据库管理系统实现对数据库中的数据的插入、删除、修改等操作,这类功能是( )。

    A) 数据操纵功能   B) 数据定义功能   C) 数据控制功能   D) 数据管理功能

7. 数据库三级模式的划分有利于保持数据库的( )。

    A) 数据独立性   B) 结构规范性   C) 数据安全性   D) 数据可操作性

8. 下列三个模式之间存在的映像关系正确的是( )。

A) 外模式/内模式   B) 外模式/模式

C) 模式/外模式   D) 内模式/外模式

9. 在数据库的三级模式结构中,描述数据库全局逻辑模式和特性的是(   )。

A) 外模式   B) 内模式   C) 存储模式   D) 模式

10. 在数据库的体系结构中,数据库存储的改变会引起(   )的改变。

A) 外模式   B) 内模式   C) 存储模式   D) 模式

11. 为了使数据库的模式保持不变,从而不必修改应用程序,必须通过改变模式与内模式之间的映像来实现,使数据库具有(   )。

A) 数据独立性   B) 逻辑独立性   C) 物理独立性   D) 操作独立性

12. 模型是对现实世界的抽象。在数据库技术中,用模型的概念描述数据库的结构与语义,对现实世界进行抽象。表示实体类型及实体间联系的模型称为(   )。

A) 数据模型   B) 概念模型   C) 逻辑模型   D) 物理模型

13. 概念模型独立于(   )。

A) E-R 模型   B) 硬件设备和 DBMS

C) 操作系统和 DBMS   D) DBMS

14. 数据模型是(   )。

A) 文件的集合   B) 数据的集合

C) 记录的集合   D) 记录及其联系的集合

15. E-R 图中的实体、属性、联系通常用(   )表示。

A) 矩形、椭圆形、菱形   B) 椭圆形、矩形、菱形

C) 椭圆形、菱形、矩形   D) 矩形、菱形、椭圆形

16. 实体之间的联系有(   )种。

A) 0   B) 1   C) 2   D) 3

17. 不能描述多对多联系的数据模型是(   )。

A) 网状模型   B) 层状模型

C) 关系模型   D) 网状模型和关系模型

18. 网状模型用(   )来实现数据之间的联系。

A) 表   B) 实体所处的层次

C) 地址指针   D) 关系

19. 关系模型是(   )。

A) 用关系表示实体   B) 用关系表示属性

C) 用关系表示联系   D) 用关系表示实体及其联系

20. 在关系数据库系统中,一个关系相当于(   )。

A) 一个数据库文件   B) 一张二维表

C) 一条记录   D) 一个指针

21. 关系规范化中的删除操作异常是指(   ),插入操作异常是指(   )。

A) 不该删除的数据被删除   B) 不该插入的数据被插入

C) 应该删除的数据没有被删除   D) 应该插入的数据没有被插入

22. 关系模式中下列各级模式由低到高分别为( )。

    A) 3NF、2NF、1NF   B) 3NF、1NF、2NF

    C) 1NF、2NF、3NF   D) 2NF、1NF、3NF

23. 关系模式中 R 的属性全部是主属性,则 R 的最高范式是( )。

    A) 1NF   B) 2NF   C) 3NF   D) 以上都不是

24. 在关系数据库设计中,设计关系模式是( )的任务。

    A) 需求分析   B) 概念结构设计   C) 逻辑设计   D) 物理设计

25. 主键是( )。

    A) 对表进行关联的唯一标识符   B) 辅助键

    C) 验证数据库的密码   D) 可有可无的属性

二、填空题

1. 数据模型通常由_____、_____和_____三部分组成。

2. 概念数据模型,是对_____的抽象,与硬件、DBMS 无关,主要有_____。

3. 结构数据模型,是对_____抽象,与硬件、DBMS 有关,主要有_____ 4 种数据模型。

4. 三级模式结构是_____、_____和_____,其中,

    _____是局部数据的逻辑结构和特征的描述,是数据库用户的数据视图,是与某一应用有关的数据的逻辑表示。

    _____是数据库中全体数据的逻辑结构和特征的描述,是所有用户的公共数据视图。

    _____是数据物理结构和存储方式的描述,是数据在数据库内部的表示方式。

5. 在三级模式结构之间存在差异,需要二级映像来对应,即_____、_____。

6. 二级映像体现了 DBS 的两级独立性:_____数据独立性和_____数据独立性。

在 DB 的_____发生变化时,不影响应用程序,称为_____数据独立性。

在 DB 的_____发生变化时,不影响应用程序,称为_____数据独立性。

三、简答题

1. 使用数据库系统有什么好处?

2. 文件系统与数据库系统的区别和联系是什么?

3. 数据库管理系统的主要功能有哪些?

4. 试述概念模型的作用。

5. DDL 和 DML 是什么?

6. 给出以下术语的定义:

(1)关系;(2)属性;(3)域;(4)元组;(5)主码;(6)关系模式。

第 2 章　Visual FoxPro 6.0 基础知识

Visual FoxPro 6.0 中文版是微软公司 1998 年发布的可视化编程工具 Visual Studio 6.0 中的一员，是可以运行在 Windows 操作系统中的 32 位数据库开发系统。Visual FoxPro 是一个关系型数据库管理系统，具有界面友好、编程工具丰富等优点，在数据库操作与管理、可视化应用系统开发、面向对象编程等方面有较强的功能，其主要特点有以下几个方面：

(1) 提供快速开发工具。

Visual FoxPro 提供了大量可视化界面操作工具，如各类向导、设计器和生成器，共有四十多种。在 Visual FoxPro 中增强了表单设计功能，提供了高效的程序调试工具。Visual FoxPro 还提供了"项目管理器"和"组件管理器"，可对用户开发的数据库应用系统中的数据表、文档、程序等资源进行统一管理、能将类库、表单、按钮等对象进行分组并组成对象、项目、应用程序或其他分组。

(2) 支持面向对象的程序设计。

Visual FoxPro 支持面向对象的程序设计，可以使用系统已定义的基类快速进行程序设计，也可以在基类基础上定义用户的类和子类。

(3) 快速的查询和视图设计功能。

Visual FoxPro 提供了近 500 条命令，200 多种函数，编程功能强大，还提供了 rushmore 数据访问技术，采用这种技术可以快速从众多的记录中选择出满足条件的记录，对一些复杂的表操作比不使用这项技术要快上千倍。

(4) 提供了对 SQL 的支持。

结构化查询语言(Structured Query Language)简称 SQL，是一种数据库查询和程序设计语言，用于存取数据以及查询、更新和管理关系数据库系统。

(5) 增强了 OLE 拖放与 ActiveX 插件的集成。

OLE(Object Linking and Embedding)技术是微软公司提供的重要技术，它允许在所有支持 OLE 拖放的应用程序之间共享数据和交互操作。ActiveX 技术主要提供 OLE 控件或 OCX 控件，使开发应用系统可以使用组件方式集成第三方软件，扩展数据库应用系统的软件功能。

2.1　Visual FoxPro 6.0 的安装、启动与退出

2.1.1　Visual FoxPro 6.0 的安装

1. 安装与运行环境要求

Visual FoxPro 的软件环境：必须运行在 Windows 95/98/NT 及以上环境中。

硬件最低要求为

（1）CPU：80486/50MHz 或更高的微处理器，并与 IBM-PC 兼容。

（2）内存：16MB 以上。

（3）显示器：VGA 或更高分辨率的显示器。

（4）硬盘空间：典型安装，至少 100MB。完全安装（包括所有联机文档）需要 240MB。

（5）网络操作：与 Windows 兼容的网络和网络服务器。

2. Visual FoxPro 的安装

安装 Visual FoxPro 6.0 的过程如下：

1）运行安装程序

在 Windows 操作系统环境中，使用文件管理器，选择 CD-ROM 光盘中的 SETUP.EXE 安装程序，双击该文件名即可运行安装程序，安装程序向导如图 2-1 所示。

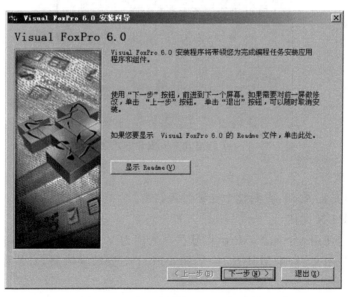

图 2-1　Visual FoxPro 6.0 安装向导

2）输入产品序列号和用户名

输入光盘中提供的序列号和用户名后，进入安装程序界面，如图 2-2 所示。

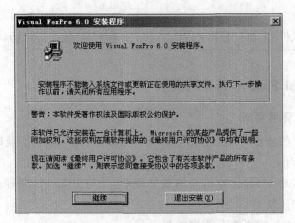

图 2-2　Visual FoxPro 6.0 安装程序界面

3) 安装方式的确定

在安装过程中,可以灵活地确定 Visual FoxPro 6.0 安装在硬盘中的具体路径。然后选择"典型安装"方式或"自定义"安装方式进行系统安装。"典型安装"方式默认安装所有的辅助组件,适用于初级用户;自定义安装允许用户自行选择需要的组件。安装方式选择对话框如图 2-3 所示。

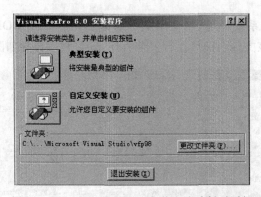

图 2-3　Visual FoxPro 6.0 安装方式选择对话框

4) 开始安装

单击"典型安装"按钮,直到整个安装过程结束。

5) 安装 MSDN 文档

为了更好地使用 Visual FoxPro,微软公司专门为 Visual Studio 6.0 配备了应用开发所需要的全部技术文档,即 MSDN,当 Visual FoxPro 安装完成后,安装程序会提示用户安装 MSDN,如图 2-4 所示。

由于 MSDN 主要为开发时所用,不安装 MSDN 不会影响 Visual FoxPro 6.0 的正常使用,单击"退出"按钮,完成全部安装过程。

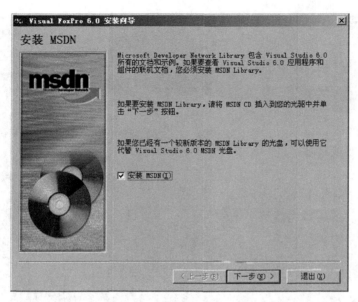

图 2-4　MSDN 的安装界面

2.1.2　Visual FoxPro 6.0 的启动

启动 Visual FoxPro 的方式有两种。

1. 从桌面"开始"菜单启动

选择"开始"→"所有程序"→Microsoft Visual FoxPro 6.0 命令即可。

2. 从程序"快捷方式"启动

可先将 Microsoft Visual FoxPro 6.0 启动程序图标发送到桌面快捷方式,以后只需鼠标双击即可启动 Visual FoxPro。

启动后的 Visual FoxPro 将出现欢迎界面,如图 2-5 所示。

在欢迎界面中可以完成以下任务。

(1) 可以打开和管理 Visual FoxPro 组件。

(2) 可以为编程查找示例程序和解决方案。

(3) 可以创建新的应用程序。

(4) 可以打开一个已存在的项目。

如果选择"关闭此屏"复选框,则下一次启动时仍然会出现欢迎界面。如果选择"以后不再显示此屏"复选框,则下一次启动时不会出现欢迎界面,而直接进入 Visual FoxPro 的用户界面,如图 2-6 所示。

2.1.3　Visual FoxPro 6.0 的退出

通常,退出 Visual FoxPro 系统有以下 4 种方法:

(1) 在 Visual FoxPro 主窗口中,选择"文件"菜单中的"退出"命令即可。

图 2-5   Visual FoxPro 6.0 的欢迎界面

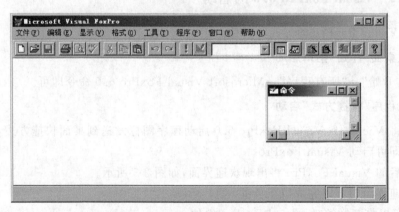

图 2-6   Visual FoxPro 的用户界面

(2) 单击 Visual FoxPro 主窗口右上角的"关闭"按钮。

(3) 在"命令"窗口输入 QUIT 命令并按 Enter 键,即可退出 Visual FoxPro。

(4) 按下组合键 Alt+F4 退出 Visual FoxPro。

2.2　Visual FoxPro 的界面

启动 Visual FoxPro 后,即可进入 Visual FoxPro 主窗口。在此界面中,软件提供给用户大量用于控制和操作数据库的各种命令功能及窗口、工具栏、对话框。

2.2.1　Visual FoxPro 6.0 的用户界面及操作方式

1. Visual FoxPro 6.0 的用户界面

启动后的 Visual FoxPro 主界面是一个标准的 Windows 应用程序窗口,界面由标题栏、菜单栏、工具栏、主窗口工作区、命令窗口和状态栏组成,如图 2-7 所示。

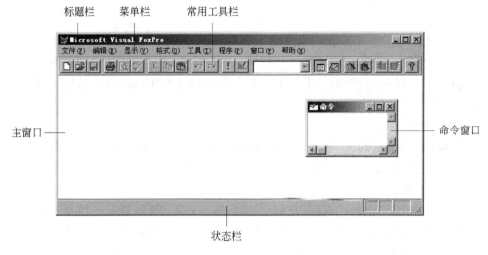

图 2-7　Visual FoxPro 的界面组成

1) 标题栏

标题栏提供了 Visual FoxPro 6.0 的系统名称、主窗口控制菜单和最小化、最大化及退出按钮。

2) 主菜单栏

主菜单栏位于标题栏下方,横向排列、纵向展开,在 Visual FoxPro 中又称为条形菜单,其中包括 Visual FoxPro 各种操作命令的分类组合及软件系统设置等,有文件、编辑、显示、格式、工具、程序、窗口、帮助多个菜单项。

3) 常用工具栏

常用工具栏以命令的形式给出了常用的菜单命令。

另外,Visual FoxPro 工具栏还可以通过"工具栏"对话框中的 11 个工具栏选择设置,也可以通过自定义来定制特别的工具栏,以方便编程操作。"工具栏"对话框的设置方法是:单击"显示"按钮,选择"工具栏"命令,打开"工具栏"对话框,如图 2-8 所示。

用鼠标选择工具栏窗口中的栏目复选框,例如:

* 用☒可以打开某栏目工具栏;

图 2-8　定制"工具栏"对话框

- 用☒可以关闭某栏目工具栏；
- 单击"新建"按钮，可以创建一个新的工具栏；
- 单击"定制"按钮，可以修改已有的工具栏；
- 单击"重置"按钮，系统将恢复默认的工具栏。

在工具栏按钮上均有文本提示功能，当鼠标在某个工具栏图标上悬停时，屏幕上将弹出小文本框显示其功能。

4) 主窗口

主窗口又称为主窗口工作区，用来显示打开的各种窗口或对话框，系统默认显示"命令"窗口；在主窗口中还可以显示命令及程序的执行结果，当显示的内容超出窗口范围时，窗口的内容会自动向上滚动。用户可以在命令窗口使用 Clear 命令清除主窗口中的内容。

5) 命令窗口

命令窗口的作用是显示、输入、编辑人机交互式命令。当用户输入一条命令后，必须按回车键 Visual FoxPro 才能执行该命令。例如，输入 QUIT，按 Enter 键，即可退出 Visual FoxPro 系统。

在命令窗口中，可以利用鼠标、光标移动键、Backspace 键和 Delete 键及其他复制、粘贴等文本编辑功能编辑命令。当需要重复执行命令时，只要将光标移动到该命令处按 Enter 键即可执行该命令语句。当命令语句较长时，可以在行尾加入续行符";"，然后另起一行，继续输入命令的其他部分。右击命令窗口的空白处，可以弹出快捷菜单，单击"清除"栏，可以清除命令按钮信息；单击"属性"栏，可以设置命令窗口的字体、文字大小等"编辑属性"。

命令窗口的打开有三种方法。

(1) 单击命令窗口的关闭按钮(☒)可关闭命令窗口，选择"窗口"菜单中的"命令窗口"可打开命令窗口。

(2) 反复单击工具栏中的命令窗口图标(▦)可关闭或打开命令窗口。

(3) 按 Ctrl＋F4 键可关闭命令窗口；按 Ctrl＋F2 键可打开命令按钮。

6) 状态栏

用于显示运行和操作中的各种状态信息。

2. Visual FoxPro 6.0 的操作方式

Visual FoxPro 的工作方式有三种：命令方式、菜单方式和程序方式，其中命令方式和菜单方式属于人机交互方式，程序操作方式属于非人机交互方式。

1) 命令操作方式

命令操作方式是在命令窗口中通过输入 Visual FoxPro 各种命令语句加 Enter 键，实现对数据表、数据库运算、控制的一种操作方式。

2) 菜单操作方式

菜单是可用命令的集合。菜单操作方式使用户操作数据表、数据库更加简便。在菜单操作方式中，用户不需要考虑命令的细节和语法规则，只要通过相关的向导、生成器、设计器即可完成数据库的操作与管理,非常方便。在使用菜单项的同时,在命令窗口中还将自动出现相应的命令,用户可以明确每一个菜单对应的命令语句,在熟练使用菜单操作的同时也可对照学习命令语句格式及命令操作。

3) 程序操作方式

程序操作方式就是 Visual FoxPro 程序运行方式,这种方式需要先建立 Visual FoxPro 命令序列,也称为命令文件。以命令文件的方式操作数据表和数据库能实现复杂的操作,工作效率非常高并且可以重复运行。编写命令文件,需要熟练掌握与使用 Visual FoxPro 命令、函数等编程知识。

2.2.2　Visual FoxPro 中的文件类型

Visual FoxPro 6.0 对数据的管理是以文件方式进行的,不同类型的数据,存储在不同的文件中,用文件名后缀来区分。文件类型有近 50 种,常用的文件类型有 12 类,如表 2-1 所示。

表 2-1　Visual FoxPro 6.0 文件类型及文件扩展名

类　　型	扩　展　名
(1) 项目文件	PJX(项目文件)、PJT(项目备注)
(2) 数据库文件	DBC(数据库文件)、DCT(数据库备注文件)
(3) 数据表文件	DBF(表文件)、FPT(表备注文件)
(4) 程序文件	PRG(源程序)、FXP(编译后的程序文件)
(5) 索引文件	IDX(索引文件)、CDX(复合索引文件)
(6) 内存变量文件	MEM(内存变量保存)
(7) 屏幕格式文件	FMT(屏幕格式保存)
(8) 报表格式文件	FRX(报表文件)、FRT(报表备注文件)
(9) 标签文件	LBX(标签文件)、LBT(标签备注文件)
(10) 菜单文件	MNX(菜单)、MNT(菜单备注文件)、MPR(菜单程序文件)、MPX(编译后的菜单程序)
(11) 文本文件	TXT(文本)
(12) 表单文件	SCX(表单)、SCT(表单备注文件)

文件扩展名中,以 X 结尾的通常是供设计器用的图形化方式编辑的文件,以 T 结尾的是其备注文件。

2.3　Visual FoxPro 的可视化设计工具

为了帮助用户方便、快捷地完成数据库操作及编程任务,Visual FoxPro 系统为用户提供了各种面向对象操作的可视化向导工具、对象设计器、应用程序生成器,下面对这些可视化设计工具做个扼要的介绍。

2.3.1　Visual FoxPro 向导

向导是一个交互式的可视化的设计工具,通过向导可以帮助用户方便、快捷地完成很多操作。例如,创建表、建立表单、设计数据查询等。每个向导都是由一系列对话框组成的,用户根据每个对话框提出的问题输入正确的信息后,向导就会自动生成文件或执行任务。

1. 向导的种类与功能

Visual FoxPro 6.0 提供 20 类可视化向导,向导种类及功能如表 2-2 所示。

表 2-2　Visual FoxPro 6.0 向导名称和主要功能

向 导 名 称	主 要 用 途
(1) 表向导	在 Visual FoxPro 样表基础上建立表
(2) 本地视图向导	用本地数据创建视图
(3) 查询向导	用一个或多个表创建一个 SQL 查询
(4) 交叉表向导	以电子数据表的格式显示查询数据
(5) 图形向导	在 Microsoft Graph 中创建显示 Visual FoxPro 表数据的图形
(6) 远程视图向导	用远程数据创建视图
(7) 表单向导	利用单个表中的数据创建表单
(8) 一对多表单向导	利用两个相关表中的数据来创建表单
(9) 报表向导	用单表中的数据建立报表
(10) 一对多报表向导	利用两个相关表中的数据建立报表
(11) 标签向导	利用数据表建立标签
(12) 邮件合并向导	建立 Visual FoxPro 数据源文件,进行邮件合并
(13) 数据透视表向导	创建数据透视表,从 Visual FoxPro 向 Excel 透视表传送数据
(14) 导入向导	把其他文件格式的数据导入 Visual FoxPro 表中
(15) 文档向导	从项目文件和程序文件的代码中产生格式化的文本文件
(16) 安装向导	帮助用户打包应用程序及创建安装程序
(17) 升迁向导	创建 Visual FoxPro 数据库的 Oracle 版本及 SQL Server 版本
(18) 应用程序向导	创建一个具有各种功能的应用程序
(19) 数据库向导	创建包含指定表和视图的数据库
(20) Web 发布向导	创建一个 Web 页,使 Web 页的访问者可以搜索和检索数据

2. 向导启动方法

Visual FoxPro 向导可以通过以下三种方法启动。

- 单击"工具"菜单的"向导"子菜单,即可启动各类向导。

- 在"项目管理器"或"文件"菜单中创建文件,在"新建"对话框中单击"向导"按钮。
- 单击工具栏中定制的"向导"图标,可以启动定制的向导。

3. 向导的使用方法

启动向导后,要依次回答每一个屏幕中提出的问题或选择对话框中的栏目,准备好后可通过"下一步"按钮进入新的对话框。还可以通过"上一步"按钮返回先前对话框进行修改,按照对话框的指引,可以逐步完成设计。当熟练以后还可以直接选择"完成"按钮直接走到向导的最后一步,跳过中间所要输入的选项信息,先使用向导提供的默认值,然后通过相应的设计器做进一步的修改。

2.3.2　Visual FoxPro 设计器

设计器是一种功能强大的可视化设计工具,它能帮助用户方便地创建或修改数据库、表单、报表、菜单等文件。设计器使用起来方便、灵活,是设计 Visual FoxPro 应用程序的强大工具。

设计器与向导不同,设计器可以实现对象的全部操作与设置,功能更加完备,用户可以根据需要灵活设计。而向导类似于应用系统的模板,更适于初学者。

1. 设计器的种类与功能

Visual FoxPro 6.0 提供了 11 类设计器,主要用途如表 2-3 所示。

表 2-3　**Visual FoxPro 6.0 向导名称和主要功能**

设计器名称	主 要 用 途
(1) 表设计器	创建和修改表结构、建立表索引
(2) 数据库设计器	建立一个数据库,查看和修改其中的表、关系和视图
(3) 表单设计器	可视化地建立和修改表单或表单集
(4) 数据环境设计器	可视化地建立和修改表单、表单集和报表的数据环境
(5) 连接设计器	为远程视图创建和修改连接
(6) 查询设计器	创建和修改本地表的查询
(7) 视图设计器	创建和修改视图
(8) 菜单和快捷键设计器	创建和修改菜单、菜单项、菜单项的子菜单和快捷菜单等
(9) 报表设计器	创建和修改报表,显示和打印报表
(10) 标签设计器	创建和修改标签
(11) 类设计器	可视化地创建和修改类

2. 设计器启动方法

当设计者在 Visual FoxPro 中操作的文件类型不同时,Visual FoxPro 可自动启动相应的设计器。例如,打开一个数据库文件,就会启动"数据库设计器"。同样,在项目管理器中新建一个表单时,启动的就是表单设计器。关闭或打开某个设计器,可以通过"显示"

菜单中的"工具栏"命令进行操作。

3. 设计器的使用方法

Visual FoxPro 设计器的使用方法比较复杂,本书将在有关章节分别介绍。

2.3.3　Visual FoxPro 生成器

Visual FoxPro 生成器是带有选项卡的对话框,主要用于表单控件的属性设置和表达式设置,可以帮助设计者简化对表单、复杂控件和参照完整性代码的创建和修改过程,使设计者从烦琐的编写程序代码、反复调试程序的过程中解放出来。Visual FoxPro 6.0 生成器名称及功能如表 2-4 所示。

表 2-4　Visual FoxPro 6.0 生成器名称和主要功能

生成器名称	主　要　用　途
(1) 自动格式化生成器	设置一组同类型的控件样式
(2) 组合框生成器	设置组合框控件的属性
(3) 命令组生成器	设置命令组控件的属性
(4) 表达式生成器	建立和编辑表达式
(5) 表单生成器	建立包含控件的表单
(6) 表格生成器	设置表格控件的属性
(7) 选项组生成器	设置选项组控件的属性
(8) 文本框生成器	设置文本框控件的属性
(9) 参照完整性生成器	建立参照完整性规则和触发器,保证参照完整性
(10) 编辑框生成器	设置编辑框控件的属性
(11) 列表框生成器	设置列表框控件的属性

2.4　Visual FoxPro 文件类型与项目管理器

Visual FoxPro 6.0 提供了几十种文件类型,常用的有 24 种,分别用于项目、表、查询、报表、程序、菜单等。这些文件彼此独立,又位于不同的文件夹中。为了方便开发、管理和维护,Visual FoxPro 提供了项目管理器,把开发应用程序所需的所有文件统一管理起来,并以扩展名为 PJX 的项目文件保存起来。

2.4.1　Visual FoxPro 文件类型

Visual FoxPro 文件的类型是通过文件名中的扩展名来区分的,如表 2-5 所示。

表 2-5　文件扩展名及其代表的文件类型

扩展名	文 件 类 型	扩展名	文 件 类 型
DBC	数据库文件	MNX	菜单文件
DBF	数据表文件	MPR	自动生成的菜单程序文件
DCT	数据库备注文件	MPX	菜单源程序文件编译后的文件
DCX	数据库索引文件	PJT	项目备注文件
FPT	数据表备注文件	PJX	项目文件
FRT	报表备注文件	PRG	源程序文件
FRX	报表文件	QPR	生成的查询程序文件
IDX	索引文件	QPX	查询程序文件编译后的文件
LBT	标签备注文件	SCT	表单备注文件
LBX	标签文件	SCX	表单文件
MEM	内存变量文件	VCT	可视类库备注文件
MNT	菜单备注文件	VCX	可视类库文件

2.4.2　创建项目

项目管理器是 Visual FoxPro 组织、管理文件和对象的工具,它以项目管理的方式将所有文件分类放置在不同的选项卡中,并采用图形化和树状结构组织和显示这些文件,不同的选项卡为对象提供了不同的操作。项目管理器以集成化的管理方式建立数据库、表、查询、表单、报表及应用程序,最终可将项目连编成一个可执行文件。该可执行文件不需要 Visual FoxPro 系统即可在 Windows 环境下直接运行。项目管理器可以同时管理多个数据库。

Visual FoxPro 提供了两种方式创建项目。

1. 菜单方式

从"文件"菜单中选择"新建"命令或者单击"常用"工具栏上的"新建"按钮,打开"新建"对话框。选择"文件类型"→"项目"→"新建文件",打开"创建"对话框给出需要创建的项目名称,单击"保存"即可。

2. 命令方式

格式:

```
CREATE PROJECT [FileName|?]
```

注:参数 FileName 是项目文件名称,如果仅用参数"?",系统将打开"创建"对话框,用户需要给出文件名及项目文件路径。例如,CREATE PROJECT D:\Visual FoxPro6\学籍管理.PJX。

2.4.3 项目开启与关闭操作

1. 菜单方式

从"文件"菜单中选择"打开"或者单击"常用工具栏"上的"打开"按钮,打开"打开"对话框。选择"文件类型"→"项目"→"搜索",打开项目文件夹,选择项目文件,单击"确定"即可。

2. 命令方式

格式:

```
MODIFY PROJECT [FileName|?]
```

注:参数 FileName 是项目文件名称,如果仅用参数"?",系统将打开"打开"对话框,用户需要给出文件名及项目文件路径。例如,MODIFY PROJECT D:\Visual FoxPro6\学籍管理.PJX,如果文件名不存在,系统将创建新的项目文件。

3. 关闭项目

单击"项目管理器"标题栏右边的关闭按钮(☒)可关闭项目管理器。或直接用 QUIT 命令退出系统。

2.4.4 项目管理器的界面

"项目管理器"窗口显示出文件分层结构视图,项目中的文件分类进行管理。对项目中的某一类文件操作,只需要选择相应的选项卡后,单击命令按钮即可。

1. 选项卡

(1)"全部"选项卡:各类文件全部分类显示,如图 2-9 所示。

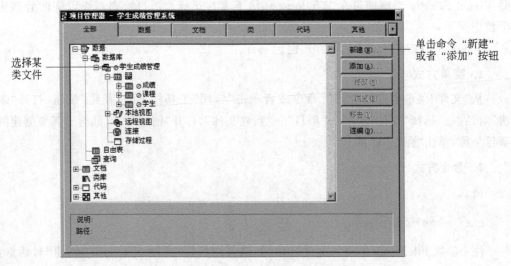

图 2-9 项目管理器文件分类及新建文件操作

（2）"数据"选项卡：其中包含数据库、数据表、查询和视图文件。

（3）"文档"选项卡：其中包含表单、查询、报表文件。

（4）"类"选项卡：其中包括基类、自定义类文件。

（5）"代码"选项卡：其中包括程序文件、函数库和应用程序文件。

（6）"其他"选项卡：其中包括文本、菜单、其他文件（位图文件、图标文件等）。

2．命令按钮

1）新建按钮

新建某类文件。先选定文件的类型，然后单击"新建"按钮，接下来可以使用"表向导"或直接给出文件名即可，操作如图 2-9 所示。

在项目管理器中新建的文件将自动包含在项目中，而使用相应的菜单或命令创建的文件不属于当前打开的项目。

2）添加按钮

添加某类文件。该项功能可以把单独创建的文件添加到项目中进行管理。添加的文件在磁盘上仍然单独存在。

添加文件的方法有如下两种：

• 选择项目文件类型，单击"添加"按钮。

• 选择"项目"→"添加文件"。

3）修改按钮

修改某类文件。先选定要修改的文件，单击"修改"按钮或者选择"项目"→"修改文件"命令，系统将根据相应的文件类型打开设计器，在设计器中可以方便地修改该文件。

4）浏览命令

在浏览窗口打开选定的数据表。

5）移去按钮

移去某类文件。选定要移去的文件，然后单击"移去"按钮或者选择"项目"→"移去文件"命令，屏幕出现三个选项的提示框。

• 移去：可以从项目中移去该文件，文件仍然保存在原文件夹中。

• 删除：系统不但从项目中移去文件，还将该文件从磁盘中删除。

• 取消：不做任何操作直接返回。

6）连编按钮

单击"连编"按钮可以连编当前项目而形成应用程序（.APP）或可执行文件（.EXE），与"项目"菜单中的"连编"菜单项作用相同。

7）文件的包含与排除

文件的项目管理器中以两种状态存在：包含和排除。"包含"状态的文件以只读方式编译到应用程序中，连编后不能被用户所修改。"排除"状态的文件不编译到应用程序中，因此连编项目后用户仍然可以修改。

在项目管理器中还有一些下层命令按钮，功能如下。

• "浏览"按钮：在浏览窗口打开选定的表。

• "预览"按钮：在打印预览方式下显示选定的报表或标签。

• "运行"按钮：运行选定的查询程序、表单和应用程序。

2.4.5　定制项目管理器

定制项目管理器可以改变"项目管理器"界面的外观状态。例如，"项目管理器"的位置和大小、折叠和展开、拆分和组合。

1. 位置及大小变化

（1）改变位置：用鼠标直接拖动"项目管理器"窗口的标题栏到屏幕上的其他位置，如果项目管理器窗口拖入工具栏，会变成工具条，单击该工具条中的每一个功能按钮时，可以执行项目管理器中的各分类管理功能。

（2）改变大小：用鼠标拖动"项目管理器"窗口的四边或四角可扩大或缩小窗口尺寸。

2. 折叠及还原变化

单击"项目管理器"窗口右上角的折叠按钮，可以把"项目管理器"折叠成一个工具条状态，再次单击折叠按钮，可以还原"项目管理器"成为原来的窗口状态。

3. 拆分及复原变化

当"项目管理器"折叠成工具条状态后，可以把每个选项卡单独拖出"项目管理器"而形成浮动窗口，浮动窗口所占屏幕更小。单击浮动窗口上的关闭按钮，可以使浮动窗口返回到项目管理器工具条。

2.5　Visual FoxPro 6.0 的配置

Visual FoxPro 6.0 的配置是通过系统用户界面的"工具"菜单中的"选项"菜单项操作的。

在 Visual FoxPro 中系统环境可以通过 SET 命令进行设置，也可以用"选项"对话框中的各个选项卡来完成系统环境的各种设置。采用选项卡设置的好处是直观、方便，如图 2-10 所示。

常用选项卡的设置功能如下。"选项卡"提供了 12 类系统环境设置，常用的有：

• 显示。显示界面选区项，例如是否显示状态栏、时钟、命令结果或系统信息。
• 常规。数据输入与编程选项，例如设置警告声音、是否记录编译错误或自动填充新记录、是否使用调色板等。
• 数据。字符串比较设定、锁定与缓冲、表选项，例如是否使用索引强制唯一性、备注块大小等。
• 文件位置。Visual FoxPro 默认目录位置，帮助文件位置及辅助文件的存储位置。
• 区域。日期、时间、货币及数字的格式。例如，在图 2-10 中，把默认的日期格式改为"年月日"的形式；勾选年份选项后由默认的 98 改为 1998，示例中提示日期时间为：1998/11/23 05:45:36 PM。

- 调试。调试器显示及跟踪选项,例如字体选择和颜色搭配。
- 语法着色。程序元素所用字体及颜色的选定,例如注释与关键字。

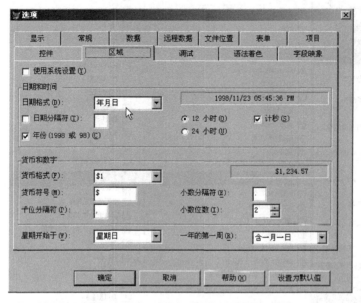

图 2-10　用"选项"对话框设置系统环境

<h2 align="center">2.6　上 机 实 验</h2>

【实验要求与目的】

(1) 熟悉 Visual FoxPro 6.0 集成操作界面。
(2) 配置 VFP 系统环境。

【实验内容与步骤】

一、实验内容

(1) Visual FoxPro 6.0 的启动与退出。
(2) VFP 菜单和常用工具条的操作。
(3) 工具栏的设置。
(4) 命令窗口的设置与使用。
(5) 联机帮助系统的使用。

二、实验步骤

1. Visual FoxPro 6.0 的启动

单击桌面左下角的"开始"→Microsoft Visual FoxPro 6.0→Microsoft Visual FoxPro 6.0 图标,如图 2-11 所示。

图 2-11　从"开始"菜单启动 Visual FoxPro 6.0

2. VFP 菜单和常用工具条的操作

1）新建文件

用鼠标操作："文件"菜单→"新建"→"新建对话框"→"项目"→"新建文件"→接受默认文件名："项目 1. pjx"→"保存"。此时已经成功建立了一个项目文件。

2）打开文件

用鼠标操作："文件"菜单→"打开"→"打开对话框"选择："项目 1. pjx"→"确定"。此时成功打开了项目 1，并以项目管理器方式显示在 VFP 集成操作环境中。

学生自己体验操作：

（1）如何使用快捷键方式新建文件？

（2）如何使用常用工具栏按钮方式新建文件？

3. 工具栏设置

1）打开"工具栏"

鼠标单击"显示"菜单→单击"工具栏"菜单项→显示出"工具栏对话框"，如图 2-12 所示。

2）取消"彩色按钮"选项

如果不选"彩色按钮"将取消调色板颜色，所有工具栏图标均无彩色。

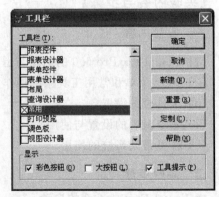

图 2-12　从"显示"菜单打开"工具栏"对话框

3）取消"工具提示"选项

如果取消"工具提示"选项，鼠标停在工具栏上方时将没有功能提示。

4）打开"工具栏"中的全部设计器

单击工具栏设置选项中的□图标，使其成为⊠即可表示选中，把所有选项全部选中，单击"确定"按钮，VFP集成化操作界面中显示出全部工具栏，如图2-13所示。

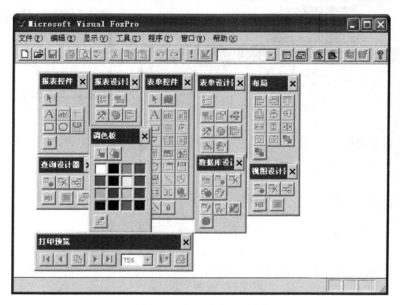

图2-13　打开全部工具栏

5）单选"设计器"

利用鼠标右键可以在打开的任何工具栏上单击右键后，选择或不选某个设计器，其方法是：

右击"常用"工具栏，显示出快捷菜单，选择某设计器即可，如图2-14所示。

6）改变工具栏位置

启动Visual FoxPro 6.0后，系统默认将"常用"工具栏置于主窗口的上部，用鼠标指向工具栏非按钮位置，可以拖动工具栏到主窗口任意位置。鼠标还可沿着工具栏的四周拖动，改变工具栏的形状。

图2-14　右键工具栏菜单

7）定制工具栏

VFP系统预置了11种工具栏，用户还可以"从工具栏图标中选择"定制自己的工具栏，其方法是：

打开"工具栏"→"定制"，打开"定制工具栏"对话框，用鼠标拖动某个工具图标到主窗口，用同样的方法从不同的"工具栏"中选择工具图标拖到自定义工具栏上即可，反复选择形成自己定制的工具栏。

例如：选择"表单"工具栏，用鼠标分别拖动三个（属性窗口、代码窗口、显示隐藏表单工具栏）图标到主窗口,再选择"查询"工具栏,用鼠标分别拖动前三个(向查询添加表、从查询中移去选定表、建立查询表链接条件)图标到定制的"工具栏 1"中,如图 2-15 所示。

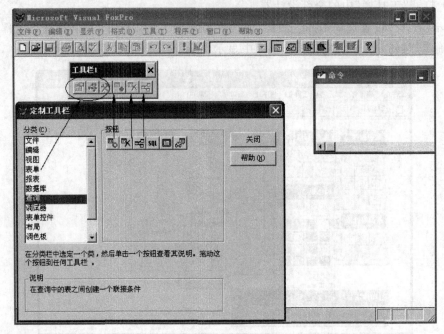

图 2-15   定制"工具栏 1"

4. 命令窗口的使用

1）关闭命令窗口

VFP 启动后,命令窗口已经打开,关闭命令窗口有下列方法:

- 单击"命令窗口"右上角的关闭图标。
- 单击"常用"工具栏上的"命令窗口"按钮。
- 选中"命令窗口",选择"文件"→"关闭"菜单项。

2）打开命令窗口

VFP 启动后,命令窗口已经打开,如果命令窗口关闭后需要重新打开,有下列方法:

- 单击"常用"工具栏上的"命令窗口"按钮。
- 选择"窗口"→"命令窗口"菜单项。
- 使用 Ctrl+F2 键。

3）使用命令窗口

在 VFP 命令窗口中可以输入命令语句并按 Enter 键执行。如果要重新执行该命令,可将光标移到此命令所在行并按 Enter 键即可。

- 浏览学生表：在命令窗口输入 VFP 命令。

```
SET DEFAULT TO D:\ 学生成绩管理          && 设置工作路径为 D:\学生成绩管理
MODIFY PROJECT D:\学生成绩管理\学籍管理系统 .PJX                && 打开已有的项目
USE 学生                               && 打开学生表
```

```
BROW                              && 浏览表中数据
EDIT                              && 修改表中数据
APPE                              && 添加新的数据
USE                               && 关闭数据表
```

- 字符串连接：在命令窗口输入：

```
M="安徽"                           && 字符串赋值给变量 M,注意双引号是西文字符
n="理工大学"                        && 字符串赋值给变量 N
AUST=M+N                          && 两个字符串连接后赋值给变量 AUST
?AUST                             && 在工作区中显示变量 AUST 的值
安徽理工大学                         && 字号太小了,输入 VFP 命令将字号设置大一些
```

- 改变工作区字号：在命令窗口输入

```
_SCREEN.FONTSIZE=4U               && 键入 VFP 命令
?AUST                             && 显示变量 AUST 的值
```

安徽理工大学   && 字号大了

- 改变工作区字体：在命令窗口输入

```
_SCREEN.FONTNAME="黑体"            && 设置为黑体
?AUST                             && 显示变量 AUST 的值
```

安徽理工大学   && 显示为黑体

5. 退出 Visual FoxPro 6.0

退出 Visual FoxPro 6.0 有以下 6 种操作方式：

（1）在"命令窗口"输入命令 QUIT 并按 Enter 键。

（2）选择"文件"→"退出"菜单项。

（3）单击 VFP 主窗口右上角的"关闭"图标。

（4）按下快捷键 Alt＋F4。

（5）双击 Visual FoxPro 6.0 主窗口左上角的"控制"图标。

（6）选择 Visual FoxPro 6.0 主窗口左上角的"控制"→"关闭"。

【思考题】

1. 如何安装微软 MSDN6.0 帮助数据库？

2. 在命令窗口输入 HELP 命令,如何熟悉并使用 MSDN？

3. 如何把以上的命令通过粘贴集中成一个程序？

4. 创建项目文件的命令及格式是什么？

5. 怎样设置 VFP 的系统环境？

本 章 小 结

本章对 Visual FoxPro 做了概要介绍,给出了 Visual FoxPro 的简单安装步骤,介绍了 Visual FoxPro 的主要功能界面,讲述了 Visual FoxPro 的可视化设计工具、Visual FoxPro 文件类型和项目管理器,强调了 Visual FoxPro 的基本配置等。

习 题

1. Visual FoxPro 的工作方式有哪三种? 各自有什么特点?
2. Visual FoxPro 文件类型是怎样区分的?
3. 数据库、表、数据表备注文件的扩展名是什么?
4. Visual FoxPro 项目管理器的功能是什么?
5. 创建项目文件的命令及格式是什么?
6. 怎样设置 Visual FoxPro 的系统环境?

第 3 章　Visual FoxPro 6.0 表操作

　　数据表是数据库中的基本组成元素,在数据库应用系统中,几乎所有数据都来自于数据表。在 Visual FoxPro 6.0 中数据表分为数据库表和自由表。被包含在数据库中的表称为数据库表,未被包含在数据库中的数据表称为自由表。

　　本章将系统地介绍 Visual FoxPro 6.0 自由表及其基本操作,主要包括表的创建、数据表的基本操作、表记录的基本操作、排序和索引、多表操作常用 VFP 文件操作 6 个方面的知识。通过本章的学习,读者应该了解及掌握以下内容:

- 了解表的基本概念。
- 掌握数据表的建立和修改的方法。
- 掌握表定位的基本操作。
- 了解数据表排序和索引的基本概念。
- 掌握数据表排序和索引的操作。
- 掌握数据检索的基本方法。
- 掌握表维护的基本方法。
- 掌握多表操作的方法。

3.1　设　计　表

　　数据表是处理和建立关系型数据库及其应用程序的基本单元。在 Visual FoxPro 中数据表分为数据库表和自由表。自由表是一个单独的表,不包含在任何数据库中。但如果一个表中的数据过于复杂,为了避免形成一个过于庞杂的自由表,就必须将该表划分成若干个表,此时各表之间必然存在一定的联系。将这些存在联系的数据表集中到一个数据库中,并通过这些联系建立各表之间的关系,就会给用户管理这些表带来方便。这些包含在数据库中的表,称为数据库表。当数据库表被从数据库中移出时,就转变成自由表;反之,当自由表被加入数据库中时,就变成了数据库表。数据库表和自由表的操作方法基本相同,但数据库表比自由表增加了更多的控制功能,例如参照完整性检查等。

　　在建表之前,首先要确定数据表中的各个字段名、字段类型、字段宽度以及小数位等。

1. 字段名

　　字段名用来表示字段,由用户自行指定,由字母或汉字开头,字母、汉字、数字、下划线等组成的字符串。对于自由表,字段名的长度不能超过 10 个字符,但数据库表的字段名长度可以达到 255 个字符。例如 bh、姓名、u_id 等。在字段名中,一个中文汉字相当于两个字符,一个 ASCII 码字符相当于一个字符。

注意:在实际应用中,字段名的选择应当具有实际意义。通常可以使用表中列标题的中文拼音缩写或英文缩写。

2. 字段类型和宽度

数据表的字段类型取决于存储在字段中的值的数据类型,字段宽度用于指定字段所能存储的最大字节数。对于字符型、数值型和浮点型字段,在建立表结构时就应该根据所存储数据的实际需要设定字段的类型和宽度。其他类型的字段的宽度则由 Visual FoxPro 6.0 直接规定。逻辑性字段的宽度为 1 字节,日期型、日期时间型字段的宽度为 8 字节,备注型和通用型字段的宽度为 4 字节。如表 3-1 所示,其中 * 为不能用于内存变量的数据类型。

表 3-1　字段类型及宽度

字段类型	代号	字段宽度	说　明	范　围
字符型	C	最多 254 字节	存放字符或汉字	任意字符或汉字(一个字符占一个字节,一个汉字占两个字节)
二进制字符型*	C	最多 254 字节	同字符型,但当代码页更改时字符值不变	任意字符或汉字
数值型	N	最多 20 字节	存放由正负号、数字和小数点所组成并能参与数值运算的数据	$-0.999\,999\,999\,9\times10^{19}\sim$ $0.999\,999\,999\,9\times10^{20}$
浮点型	F	同数值型	同数值型	同数值型
双精度型	B	8 字节	存放双精度浮点型	$\pm4.940\,656\,458\,412\,47\times$ $10^{-324}\sim\pm8.988\,465\,674\,311\,5$ $\times10^{307}$
整型	I	4 字节	存放整数	$-2\,147\,483\,647\sim$ $2\,147\,483\,647$
货币型	Y	8 字节	存放货币数据(保留 4 位小数)	$-922\,337\,203\,685\,477.580\,7$ $\sim922\,337\,203\,685\,477.580\,7$
日期型	D	8 字节	存放日期型数据	01/01/0001～12/31/9999
日期时间型	T	8 字节	存放日期时间型数据	01/01/0001～12/31/9999 00:00:00 am～11:59:59 pm
逻辑型	L	1 字节	存放逻辑型数据	真(.T.)或假(.F.)
备注型*	M	4 字节	用于访问大量字符的数据块	存放字符的数量仅受存储空间大小的限制
二进制备注型*	M	4 字节	同备注型,但当代码页更改时,相应的备注内容不变	同备注型
通用型*	G	4 字节	用于访问 OLE 对象或多媒体数据,如图片、声音等	存放的 OLE 对象仅受可用存储空间大小的限制

注意：字段类型的选择往往需要根据实际情况来确定。通常，对于各种名称字符串使用字符型；对于仅包含数值内容的列，如果无须进行数值运算也可以选择字符类型，否则使用数值型；对于只有两种取值的列，优先选择使用逻辑型；对于拥有相当长度的字符串列可以使用备注类型；对于包含图片、声音等多媒体类型数据的列可以选择使用通用型等。字段宽度以及小数位的确定也需要根据数据的实际意义来确定，例如是商品价格，那么小数位只需 2 位。

3. 小数位数

小数位用于指定相应数值数据小数点后的数字位数。在 Visual FoxPro 6.0 中，只有数值型、浮点型和双精度型数据才需要指定小数位数。

需要注意的是，小数点和正、负号都应该被包含在字段的宽度中。并且对于纯小数，其小数位数至少应比字段宽度少一位，而对于纯整数，其小数位数为 0。

在本教材的教学系统学生成绩管理中，就涉及多个表，其中包括"学生"表、"课程"表和"成绩"表。学生表如表 3-2 所示，其中字段类型根据实际的情况确定，如学号使用字符型等。

表 3-2　"学生"表

学　号	姓　名	性别	出生日期	籍贯	简历	照片
201010001	夏许海龙	男	06/24/89	安徽	memo	gen
201010002	俞红双	女	05/17/89	北京	memo	gen
201010003	贾文	男	04/07/89	北京	memo	gen
201010004	李珂	女	04/27/89	湖南	memo	gen
201010005	张伟琳	女	10/19/89	湖北	memo	gen
201010006	郭飞	女	07/08/90	上海	memo	gen
201010007	刘兆文	男	11/19/89	安徽	memo	gen
201010008	刘明	男	01/28/90	安徽	memo	gen
201010009	郭飞	男	12/27/88	广东	memo	gen
201010010	杨艳	女	03/15/86	安徽	memo	gen
201010011	张玉	男	10/14/88	河北	memo	gen
201010012	曹巍	男	04/21/89	安徽	memo	gen
201010013	朱得运	男	07/28/88	上海	memo	gen
201010014	范旭冉	女	06/24/89	浙江	memo	gen

说明："学生"表内含学号、姓名、性别、出生日期、籍贯、简历、照片等列。

3.2　创建自由表

自由表是不包含在任何数据库中的数据表。当自由表被加入数据库时，就转变成数据库表，当数据库表从数据库中移出时就转变成自由表。因此首先可以创建自由表，然后根据需要将自由表添加到数据库中。

3.2.1 创建表结构

1. 表结构的设计

要创建自由表,首先要确定表的结构,即表中拥有哪些字段,它们的命名、类型、宽度,如果是数值型、浮点型或双精度型数据,那么它们的小数位是多少等。在 3.1 节给出的学生成绩管理中,"学生"表、"课程"表和"成绩"表,根据实际情况分析,可获得如表 3-3、表 3-4 和表 3-5 所示的表结构。

表 3-3 "学生"表结构

字段名	字段类型	宽度	小数位
学号	C	9	
姓名	C	8	
性别	C	2	
出生日期	D	8	
籍贯	C	4	
简历	M	4	
照片	G	4	

表 3-4 "课程"表结构

字段名	字段类型	宽度	小数位
课程号	C	4	
课程名	C	20	
学分	N	4	1
开课学期	C	1	

表 3-5 "成绩"表结构

字段名	字段类型	宽度	小数位
学号	C	9	
课程号	C	4	
成绩	N	3	0

2. 表结构的建立

表结构设计完成后,在 Visual FoxPro 6.0 提供了表向导、表设计器和命令等方式创建表文件。

1）设置表默认存储位置

表建立后，需要及时保存，为了方便用户对表文件的保存，可以在建立表之前先设置好文件的默认存放目录。这样既可使新建的表文件、数据库文件和程序文件都自动集中保存到指定的默认目录，也可以使得用户在保存数据时无须反复指定保存的目录，简化用户操作。

在 Visual FoxPro 6.0 中可以通过两种方法，设置默认的存放目录。

方法一，图形方式，步骤如下：

（1）打开"Windows 资源管理器"或"我的电脑"，在 F 盘下创建目录 vfp。

（2）在 Visual FoxPro 6.0 中，选择"工具"→"选项"，打开如图 3-1 所示的"选项"对话框。

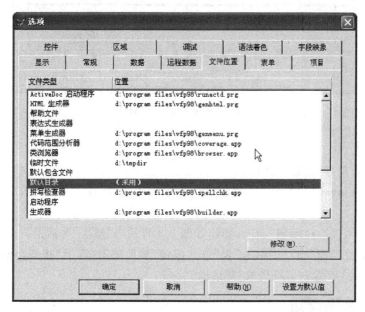

图 3-1　"选项"对话框

（3）对于"文件位置"选项卡，在下面的列表框中选定"默认目录"选项，单击右下角的"修改"按钮，弹出"更改文件位置"对话框，如图 3-2 所示。

（4）选中"使用（U）默认目录"复选框，可以在上方的文本框中直接输入默认目录的位置为 F:\vfp，也可以单击文本框右边的按钮，来定位默认目录的位置。

（5）设置完成后，分别单击"更改文件位置"对话框和"选项"对话框中的"确定"按钮。

方法二，命令方式。即在命令窗口中输入并执行以下的命令，也能设置文件的默认位置。

```
SET DEFAULT TO F:\vfp
```

在设置了默认目录后，在不需要的情况下，可以取消设置，对于图形方法的操作类似方法一，只是在"更改文件位置"对话框中，去掉"使用（U）默认目录"复选框即可。对于命令方式，则只要在命令窗口中输入以下的命令即可：

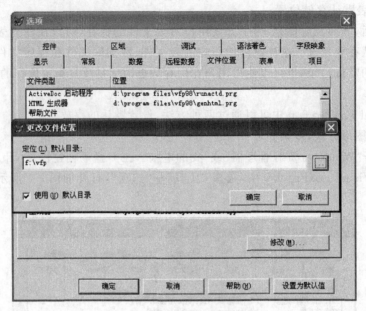

图 3-2 "更改文件位置"对话框

SET DEFAULT TO

2）使用"表向导"创建表结构

下面利用 Visual FoxPro 6.0 提供的"表向导"创建如表 3-3 所示的"学生"表,步骤如下:

（1）选择"文件"→"新建"命令,弹出如图 3-3 所示的"新建"对话框。

（2）在"文件类型"项目中单击"表"单选按钮,然后单击"向导"按钮,弹出如图 3-4 所示的"表向导"的"步骤 1-字段选取"对话框。

图 3-3 "新建"对话框

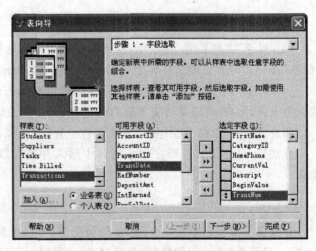

图 3-4 "步骤 1-字段选取"对话框

（3）在"样表"列表中选择合适的样表后，在"可用字段"列表中选择需要的字段，将其添加到"选定字段"列表中。单击"下一步"按钮，转入如图 3-5 所示的"步骤 1a-选择数据库"对话框。

图 3-5　"步骤 1a-选择数据库"对话框

（4）由于本例需要建立自由表，故选定"创建独立的自由表"单选按钮后，单击"下一步"按钮。进入如图 3-6 所示的"步骤 2-修改字段设置"对话框。

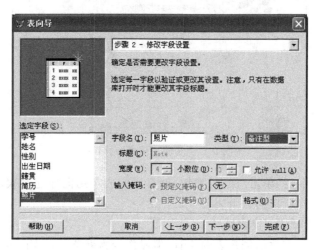

图 3-6　"步骤 2-修改字段设置"对话框

（5）从"选定字段"列表中依次选择字段，向导会列出该字段的字段名、类型、宽度、小数位以及是否为空等设置项，用户可以根据实际需要进行修改，完成后单击"下一步"按钮，进入如图 3-7 所示的"步骤 3-为表建索引"对话框。

（6）选择建立索引的关键字，选中列表框右边，该字段的复选框。本例中需要以 bh字段为关键字建立索引，故选中列表框中该字段右边的复选框。完成后，单击"下一步"按钮，进入"步骤 4-完成"对话框，如图 3-8 所示。

（7）选中"保存表已备将来使用"单选按钮，单击"完成"按钮，此时，系统给出"另存

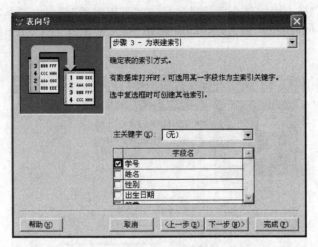

图 3-7 "步骤 3-为表建索引"对话框

图 3-8 "步骤 4-完成"对话框

为"对话框,输入表名后,单击"保存"按钮,就可以完成利用向导建立表的操作,然后在默认目录中就可以找到所建的自由表。

3) 利用"表设计器"创建表结构

虽然"表向导"是有效的创建表的工具,但操作较为繁杂。在 Visual FoxPro 6.0 中提供了更为简单直接的创建表的菜单工具,就是"表设计器"。利用"表设计器"创建表,操作更为简单易用,更适合于对 Visual FoxPro 6.0 有一定了解的用户。

本例利用"表设计器"创建如表 3-4 所示的"课程"表,具体步骤如下:

(1) 选择"文件"→"新建"命令,弹出如图 3-9 所示的"新建"对话框。

(2) 单击"表"单选按钮后,单击"新建文件"按钮,在弹出的"创建"对话框中,输入新建表的表名后,单击"保存"按钮,弹出如图 3-10 所示的"表设计器"对话框。

(3) 在"表设计器"对话框中,包含了"字段"、"索引"和"表"三个选项卡。系统默认打开的是"字段"选项卡,该选项卡中包含了若干项目,其功能如下:

- "字段名"列文本框,提供编辑所创建表的字段名。
- "类型"列组合框,提供了字段类型的选取。用户可单击"类型"组合框右侧的向下箭头按钮,在弹出的类型列表中选择需要的类型即可。

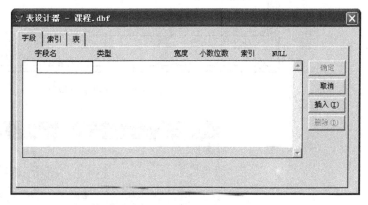

图 3-9 "新建"对话框   图 3-10 "表设计器"对话框

- "宽度"列微调器,用于输入或微调字段的宽度。用户可以直接在微调器的文本框中直接输入所需的宽度值,或单击微调器的向上和向下按钮来实现数字的增减。
- "小数位数"列微调器,用户输入或微调字段的小数位数,操作方法同上。
- "索引"列组合框,用于设置是否以该字段为索引关键字建立索引,以及索引的升序与降序。用户可以单击"索引"组合框右侧的向下箭头按钮,在弹出列表中选择需要的选项,具体含义在后续章节中给予详细介绍。
- NULL 按钮,用于设置该字段是否可以为空。当用户单击 NULL 按钮时,该按钮出现√表示该字段可以为空。
- 移动按钮,在字段名列左侧有一列按钮,即为移动按钮。当单击某个空白按钮时,按钮上会出现上下双向箭头,按住鼠标左键上下移动,即可调整字段的前后顺序。
- "删除"按钮,选定某个字段后,单击"删除"按钮,可以删除一个字段。
- "插入"按钮,选定某个字段后,单击"插入"按钮,可以在该字段的前面插入一个新的字段。

(4) 按照"学生"表的设计,在"表设计器"中,逐一设置各字段的"字段名"、"类型"、"字段宽度"等信息,若为数值型、浮点型和双精度型,还要确定其小数位,如图 3-11 所示。

(5) 所有字段属性定义完成后,单击"确定"按钮。此时系统弹出如图 3-12 所示的对话框,用于询问用户是否立即进行数据的录入。若单击"是"按钮,则可以立即进入数据录入的步骤;若单击"否"按钮,则可以关闭该窗口,完成表结构的建立,用户可以在以后需要的时候再录入数据记录。

4) 命令方式建立表结构

在 Visual FoxPro 6.0 中,不但提供了以上的菜单操作方式完成表文件的创建,还可

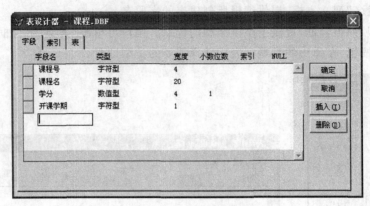

图 3-11　编辑字段属性

图 3-12　询问是否立即录入数据

以通过命令的方式完成表结构的建立,即用户可以在命令窗口中输入以下的命令,完成创建表文件:

格式:

```
CREATE <table_name>
```

功能:打开表设计器,以 table_name 为表名创建表文件。

说明:该命令将打开表设计器,此后的操作与利用"表设计器"创建表结构的操作相同。该命令创建的表文件,被保存在默认目录下,其扩展名为 DBF。在指定表名 table_name 时,可以携带扩展名 DBF,也可以没有扩展名,VFP 会自动添加扩展名。

例如:利用命令创建"成绩"表,即在命令窗口中输入

```
CREATE 成绩 && 建立"成绩"表,其表文件为"成绩 DBF",保存在默认目录下
```

3.2.2　向表中输入数据

表结构建立完成后,通常接下来就需要录入数据了。在 Visual FoxPro 6.0 允许用户选择是在表设计完成后立即录入数据,还是在应用的过程中,向表中添加数据。

通常,在 Visual FoxPro 6.0 中可以使用以下几种方法向表中录入数据记录。

1. 立即方式

在创建表结构完成时,需要立即向表中录入数据。可在"表设计器"中完成字段属性的定义后,从弹出的如图 3-12 所示的询问窗口中,单击"是"按钮后,即可进入数据录入

模式。

2. 追加方式

在表结构创建完成后的任何时候,都可以打开所创建的表,以追加方式向表中录入数据。Visual FoxPro 6.0 提供了菜单方式和命令方式,数据记录的追加录入。

① 菜单方式。在打开表后单击菜单项"显示"→"浏览",即可进入追加记录的界面。

② 命令方式。即在命令窗口中使用 APPEND 命令。

使用上述三种方法都会打开如图 3-13 所示的数据录入窗口。

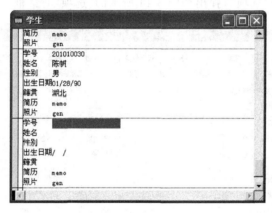

图 3-13　数据录入窗口

在数据录入窗口中,依次录入每条记录的各字段的值。当一条记录数据输入完毕后,系统会将光标自动移动到下一条记录的第一个字段,也可以按 Tab 键在各字段之间移动光标。当所有记录输入完成后,用户可以单击该窗口的"关闭"按钮或 Ctrl＋W 键保存输入的记录数据。

1) 字符型字段数据的录入

对于字符型数据的录入,只需直接输入记录的内容即可,包括字符和汉字。

2) 数值型、整型、浮点型、双精度型和货币型字段数据的录入

对于数值型、浮点型和双精度型数据的录入,只需直接输入相应数值所包含的正负号、数字和小数点即可,对于整型数据,数据的录入不包括小数点,即直接输入正负号以及数字即可。对于货币型字段数据的录入,则只需直接输入数据所包含的数字和小数点即可。

3) 逻辑型字段数据的录入

逻辑型字段只能接受真或假值,T(或 t)、Y(或 y)中任一个可以代表真值,F(或 f)、N(或 n)中任一个可以代表假值,而且不区分大小写。需要注意的是,尽管逻辑常量的左右两边存在句点,例如. T. 表示真,. F. 表示假。但是在表中逻辑型字段的输入和显示时,则无须使用句点。

4) 日期型和日期时间型字段数据的录入

日期型和日期时间型字段数据的录入必须与系统提供的日期格式相符,系统默认的日期格式为美国日期格式,即 mm/dd/yy hh:mm:ss am|pm。其中 mm 表示月,dd 表示

日，yy 表示年，hh 表示时，mm 表示分，ss 表示秒，am 和 pm 分别表示上午和下午。默认的日期分隔符为"/"，并且采用两位年表示。例如，在默认情况下需要输入日期数据"1999 年 12 月 1 日"，就应该输入 12/01/99。

Visual FoxPro 6.0 除了支持美国日期格式以外，还支持其他日期格式，并且提供了菜单方式和命令方式来进行所支持的日期格式的设置。

（1）菜单方式。

采用菜单方式，设置 Visual FoxPro 6.0 支持的日期格式的步骤如下：

① 选择"工具"→"选项"，弹出如图 3-14 所示的"选项"对话框。

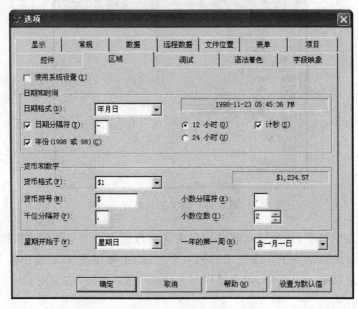

图 3-14 "选项"对话框

② 打开"区域"选项卡，其中需要设置的各项目均包含在"日期和时间"项目组中，其含义如下：

- "日期格式"组合框，单击右边的向下箭头按钮，选择需要支持的日期格式。例如，这里需要支持中国日期格式 yy/mm/dd，即可选择"年月日"，此时"1999 年 12 月 1 日"显示为 99/12/01。
- "日期分隔符"复选框，用于设定系统所支持的日期数据的分隔符。当该复选框未被选中时，表示使用系统默认的日期分隔符，即"/"。选中该复选框，并在其右边的文本框中，输入需要支持的分隔符。例如需要让系统支持日期分隔符"-"，则需要选中"日期分隔符"复选框，并在右边的文本框中输入-，此后系统支持的日期格式为 yy-mm-dd，例如"1999 年 12 月 1 日"显示为 99-12-01。
- "年份（1998 或 98）"复选框，用于设置系统是否采用 4 位完整年表示。默认情况下，系统只采用 2 位年表示，此时"年份（1998 或 98）"复选框不用选中。若"年份（1998 或 98）"复选框选中，则表示采用 4 位完整年表示。
- "日期和时间"项目组的右下角存在两个单选按钮，即"12 小时"和"24 小时"单选

　　按钮,表示是采用 12 小时制还是 24 小时制表示日期时间型数据中的时间,当采用 12 小时制时,可以在时间型数据后使用 AM 或 am 表示上午,PM 或 pm 表示下午。

③ 设置完毕后,单击"确定"按钮,完成操作返回系统。

(2) 命令方式。

若要更改系统默认支持的日期格式,可以在命令窗口中输入并执行以下的命令。

格式:

```
SET DATE <date_format>
```

其中,参数 date_format 可选值及含义如下:AMERICAN(美国日期格式)、ANSI(中国日期格式)、LONG(采用 yyyy 年 mm 月 dd 日格式)、SHORT(采用 yyyy-mm-dd 格式)等。

若将"1999 年 12 月 1 日"按中国日期格式 yy.mm.dd 显示为 99.12.01,只需要在命令窗口中输入并执行以下命令即可:

```
SET DATE ANSI
```

若要显示完整的 4 位完整年,则可以在命令窗口中输入并执行以下的命令:

```
SET CENTURY ON
```

若要重新设置系统采用的日期分隔符,可以在命令窗口中输入并执行以下的命令:

```
SET MARK TO <sep_token>
```

参数<sep_token>即是欲设置的日期分隔符,需要注意的是,该日期分隔符在设置时,需要使用字符串分隔符。例如欲设置"-"为系统的日期分隔符,只需要执行以下命令:

```
SET MARK TO "-"
```

5) 备注型字段数据的录入

备注型字段用于存放大量的文本数据块,其数据量的大小仅受存储空间大小的限制。在数据表中,备注字段和通用字段占 4 字节,其存放的并不是备注字段和通用字段实际的内容,而是一个指向实际内容的引用。Visual FoxPro 6.0 系统为存放备注字段和通用字段内容,需要新建一个与表同名,且扩展名为 FPT 的备注文件,并通过字段引用指向该文件。所以备注字段的数据录入不同于其他类型字段的数据录入。未录入数据的备注型字段后面有一个 memo 进行标注,表示该备注字段内容为空。当备注字段非空时,即在备注字段中输入数据后,将使用 Memo 来标注该字段。

当鼠标移动到备注字段时,按下 Ctrl+Home 键(或按下 Ctrl+PgDn 键,或双击鼠标左键),即可打开备注型字段的数据录入窗口,如图 3-15 所示。此时用户可以像在任何编辑器中输入文本一样来录入备注数据。

数据录入结束后,可以单击该窗口的"关闭"按钮(或直接按下 Ctrl+W 键)保存输入的数据。如果用户想要放弃对备注字段的修改,可以选择按下 Esc 键(或按下 Ctrl+Q

键),系统给出如图 3-16 所示的询问放弃修改对话框时,单击"是"按钮。

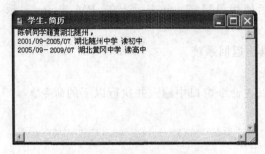

图 3-15　备注字段录入窗口　　　　　　　图 3-16　询问是否放弃修改

6) 通用型字段的数据录入

通用字段主要用于存放 OLE 对象或图片、电子表格、声音和影片剪辑等多媒体数据,大小仅受可用存储空间的限制。而且通用字段的内容也是存放在以 FPT 为扩展名的备注文件中的,通过存放在数据表通用字段的引用来关联,所以备注字段的数据录入不同于其他类型字段的数据录入。未录入数据的通用型字段后面使用 gen 进行标注,表示该通用字段内容为空。当通用字段非空时,即在通用字段中输入数据后,将使用 Gen 来标注该字段。

当光标移动到通用字段时,双击(或按下 Ctrl+Home 键,或按下 Ctrl+PgDn 键)即可打开通用字段的数据录入窗口,如图 3-17 所示。数据录入结束后,可以单击该窗口的"关闭"按钮(或直接按下 Ctrl+W 键)保存输入的数据。如果用户想要放弃对备注字段的修改,可以选择按下 Esc 键(或按下 Ctrl+Q 键),在系统给出的询问放弃修改对话框时,单击"是"按钮。

在向通用型字段录入数据的时候,通常需要插入图片、声音等对象,此时可以选择"编辑"→"插入对象"命令,打开"插入对象"对话框。用户录入通用字段的对象,可以是通过复制、编辑等方法新建的,也可以是已存在某个文件中的。

- 对于插入新建的对象,用户可以在"插入对象"对话框中,单击"新建"单选按钮,如图 3-18 所示。

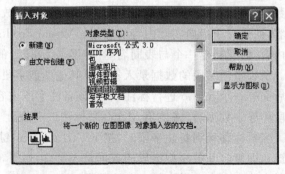

图 3-17　通用字段数据录入窗口　　　图 3-18　在"插入对象"对话框中选择"新建"单选按钮

在"对象类型"列表框中选择适当的类型,例如给"学生"表的"照片"字段,录入一张会员的照片,就可以在"对象类型"列表框中选择"位图图像",然后单击"确定"按钮。

接着选择"编辑"→"粘贴来源"命令,在弹出的"粘贴来源"对话框中选择图片的来源文件。

- 对于欲录入的来自于文件的对象,可以在"插入对象"对话框中,单击"由文件创建"单选按钮,如图 3-19 所示。

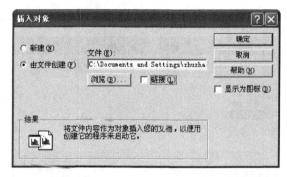

图 3-19　在"插入对象"对话框中选择"由文件创建"单选按钮

用户可以直接在"文件"文本框中输入文件的路径,也可以单击"浏览"按钮后,在弹出的"浏览"对话框中选择文件的来源。然后,单击"确定"按钮,完成操作。此时,包含在文件中的对象,会被复制到备注文件中,对象来源文件的修改,不会影响相应通用字段的内容。如果用户需要实时修改通用字段的内容,可以选择"链接"复选框,此时来源文件中的对象仅与通用字段建立关联,当对象来源文件中的内容被修改时,就会及时地反映在相应的通用字段中。

3.3　表的基本操作

数据表的记录数据录入完成后,可以进行数据表的打开、保存、关闭、浏览数据,修改表结构和修改记录等基本操作。

3.3.1　表的保存

在数据表的数据录入或修改结束后,如果用户直接按下"关闭"按钮,系统会自动保存已有的修改,用户也可以在录入数据的过程中按下 Ctrl＋W 键保存数据表,或按 Ctrl＋Q 键放弃修改。

3.3.2　表的打开和关闭

在 Visual FoxPro 6.0 中,数据表刚刚被建立时,将自动处于打开状态,此时用户可以对其进行浏览、修改等操作。而对于一个已存在的表,用户在进行操作前必须选择适当的方法将其打开,需要注意的是,在 Visual FoxPro 6.0 中,表的打开仅指将表内容读入内存,而不是显示表。同样在表操作完毕后,还必须将其正常地关闭,以免其中的数据丢失,或者引起不必要的损坏。因此,在 Visual FoxPro 6.0 中,数据表的打开和关闭操作是非常重要的。

1. 表的打开

在 Visual FoxPro 6.0 中,可以使用菜单方式和命令方式打开表。

1) 菜单方式

① 选择"文件"→"打开"命令,弹出如图 3-20 所示的"打开"对话框。

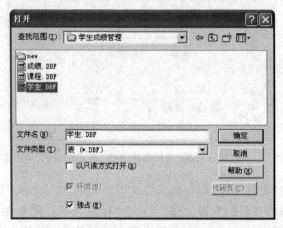

图 3-20 "打开"对话框

② 在"文件类型"下拉列表中选择"表(＊.DBF)",选择需要打开的表文件。然后,单击"确定"按钮。也可以直接在"文件名"文本框中输入需要打开的表文件的名称,此时需要包括表文件的扩展名 DBF。

此外,在利用"打开"对话框打开表时,可以选择相应的打开方式,以限制今后对所打开的表的操作方式,具体方式如下:

- 只读方式。当选中"以只读方式打开"复选框时,指定的表即会以只读方式打开。此时,被打开的表不能被修改、插入、删除记录,也不能修改表的结构。
- 独占方式。当选中"独占"复选框时,指定的表就会以独占方式打开。此时,被打开的表可以被修改、插入、删除记录,但不能修改表的结构。这也是系统默认的打开方式。
- 共享方式。如果未选择"以只读方式打开"和"独占"复选框,即表示指定的数据表将以共享方式打开。被打开的表可以被修改、插入记录、逻辑删除记录,但不能物理删除记录,也不能修改表的结构。

2) 命令方式

Visual FoxPro 6.0 提供了 USE 命令,用于使用指定的方式打开表。

格式:

```
USE <table_name>[EXCLUSIVE |SHARED] [NOUPDATE]
```

功能：以指定的方式打开 table_name 指定的表。

说明：

① EXCLUSIVE |SHARED 用于指定数据表的打开方式。其中 EXCLUSIVE 表示以独占方式打开表；SHARED 表示以共享方式打开表。默认以独占方式打开。

② NOUPDATE 指以只读方式打开表。

例 3-1　USE 命令的使用。

```
USE 学生 EXCLUSIVE          && 以独占方式打开默认目录中的表"学生.DBF"
USE 课程 NOUPDATE SHARED ALIAS kc1
                            && 以共享、只读方式打开默认目录下的表"课程.DBF"
```

2. 表的关闭

在 Visual FoxPro 6.0 中，关闭表的方法很多，但并没有直接提供菜单方式下的关闭特定表的方法。除非使用菜单项选择"文件"→"退出"命令，或单击标题栏的"关闭"按钮，关闭所有已打开的数据库和表，并退出 Visual FoxPro 6.0。

1）USE 命令

格式：

```
USE
```

功能：关闭当前工作区中已打开的数据表，工作区的概念在 4.6 节给出。

2）CLOSE 命令

格式 1：

```
CLOSE ALL
```

功能：关闭所有打开的数据库和表，并选择 1 号工作区作为当前工作区。

格式 2：

```
CLOSE TABLES
```

功能：关闭当前数据库中所有已打开的数据表。

格式 3：

```
CLOSE TABLES ALL
```

功能：关闭当前数据库中所有已打开的表和自由表。

3）CLEAR 命令

格式：

```
CLEAR ALL
```

功能：关闭所有打开的数据库和表，并选择 1 号工作区作为当前工作区，同时释放所有的内存变量及用户定义的菜单和窗口，但不释放系统变量。

4）QUIT 命令

格式：

```
QUIT
```

功能：关闭所有已打开的数据库和表，并退出 Visual FoxPro 6.0 系统。

例 3-2 表关闭命令的使用。

```
CLOSE ALL              && 关闭所有已打开的数据库和表，并选择 1 号工作区为当前工作区
USE 学生               && 打开默认目录下的表文件"学生.DBF"
USE                    && 关闭当前工作区中表"学生.DBF"
USE 课程               && 打开默认目录下的表文件"课程.DBF"
CLEAR ALL              && 关闭所有已打开的表，选择 1 号工作区为当前工作区
```

3.3.3 浏览表中数据

在工作区中打开表，Visual FoxPro 6.0 并不会将数据表中的内容显示给用户。但用户可以使用相应的数据表浏览命令来查看数据表中的内容，并且也可以在浏览的同时向表中输入数据。浏览表的方法也分为菜单方式和命令方式。

1. 菜单方式

1) 打开浏览窗口

选择"显示"→"浏览"命令，即可打开数据表的浏览窗口，同时系统会在主菜单中产生一个"表"主菜单项，其中包含了对表的相关操作选项。

浏览窗口中可以选择"浏览"和"编辑"两种记录显示方式。在浏览方式下，一条记录占一行，如图 3-21 所示；在编辑方式下，一个字段占一行，如图 3-22 所示。

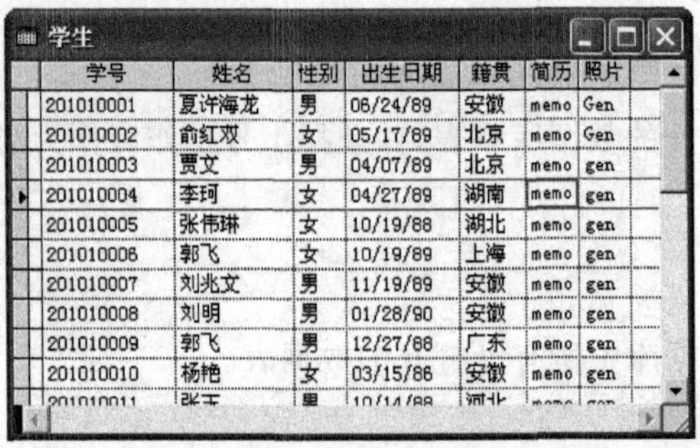

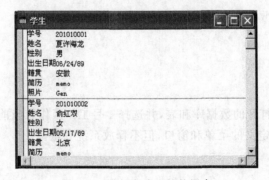

图 3-21　浏览方式下的数据表

图 3-22　编辑方式下的数据表

在浏览表的过程中，系统会在"显示"菜单中自动添加一个"编辑"菜单项，此时可以通过"浏览"和菜单项切换记录显示的方式。若当前正在以浏览方式显示记录数据，只要选择"显示"菜单中的"编辑"菜单项，就会转入编辑方式显示记录；如果当前正以编辑方式显示记录，可以选择"显示"菜单中的"浏览"菜单项，转入浏览方式显示记录。

在浏览窗口中可以方便地查看表中的相关记录，但当数据表中的字段较多或记录较多，不能同时显示所有数据时，浏览窗口将会自动出现垂直或水平滚动条。此时可以通过它们，滚动查看表中的数据。除此之外，也可以通过按 PgUp 键或 PgDn 键进行翻页查看。

2）改变显示列宽

当字段数据过长而浏览窗口的列无法显示时，可以调整列的显示宽度。在列标头中，将鼠标指针指向两个字段之间的结合处，当光标变成 ‖ 时拖动鼠标调整列的宽度。也可以先选定一个字段，然后选择菜单项"表"→"调整字段大小"，再用光标左、右方向键移动列宽，最后按下 Enter 键。需要注意的是，显示列宽的调整不会影响到表结构中字段的宽度，它仅仅影响其显示的列宽。

3）调整字段的显示顺序

在浏览窗口中，可以按照需要调整字段的显示顺序，让其按照需要的顺序进行排列。其方法是将鼠标指针指向列标头区要移动的那一列上，此时鼠标将变成向下箭头，按下鼠标左键，拖动鼠标至合适的位置后，释放鼠标左键即可。或者选中需要调整的字段，然后选择菜单项"表"→"移动字段"，再用光标键移动列到合适的位置后，按下 Enter 键。同样，这种方法调整的仅仅是字段的显示顺序，而不会影响表结构中的字段顺序。

4）拆分浏览窗口

所谓拆分浏览窗口，就是将浏览窗口分为两个分区，同时显示一个表的内容，通常，一个分区以浏览方式显示记录，另一个分区以编辑方式显示记录。两个分区链接以互动显示，即在一个分区中选择了某个记录时，在另一个分区中也会自动调整以显示相应的记录。

窗口拆分的方法是，将鼠标指针指向窗口左下角的黑色拆分条，按住鼠标左键，向右拖动鼠标到合适的位置。也可以选择菜单项"表"→"调整分区大小"，然后用光标左、右键移动拆分条至合适的位置，最后按 Enter 键，如图 3-23 所示。

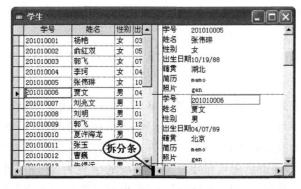

图 3-23　窗口拆分

拆分成两分区后,光标在某一时刻只能在一个分区内,并且光标所在的分区为活动分区。可以利用鼠标在任意分区中单击或选择菜单项"表"→"切换分区"的方法实现活动分区的切换。需要注意的是:只要在其中的一个分区中修改表数据,就会在另一个分区中反映这种修改。

在默认情况下,浏览窗口拆分后,两个分区是相互链接的,此时"表"菜单中的"链接分区"菜单项处于选定状态。若取消该菜单项的选定,就可以解除两个分区的联系,此后,两个分区就可以拥有相互独立的功能,两个分区可以显示不同的记录。

2. 命令方式

命令方式下,可以使用 BROWSE 命令打开浏览窗口。

格式:

```
BROWSE [FIELDS <fname_lists>] [LOCK <exprN>] [FREEZE <fields_name>]...
```

功能:以浏览方式,显示已打开的数据包中的数据并可供用户修改。

说明:BROWSE 命令可以使用 20 余种功能子句,此处仅介绍常用的几个。

- FIELDS <fname_lists>用于指定在浏览窗口中显示的字段。
- LOCK <exprN>用于指定浏览窗口中左分区中可见的字段个数。
- FREEZE <fields_name>用于在浏览窗口使光标只能在<fields_name>指定的字段范围内移动,并且仅能对该字段进行修改,其他字段可以显示但不能修改。

例 3-3 BROWSE 命令的使用。

```
USE 学生                              && 在当前工作区打开默认目录下的"学生"表
BROWSE FIELDS 学号,姓名,性别,籍贯       && 浏览表内部分字段的内容
BROWSE FREEZE 籍贯                    && 浏览表,且光标只能在籍贯字段内移动
BROWSE LOCK 3                        && 浏览表,锁定左分区中三个字段的内容
USE                                 && 关闭 "学生"表
```

3.3.4　查看和修改表结构

在建立表结构时,若觉得对表的结构不满意,可以直接在表设计器中对表结构进行修改。对于已存在的表,如果需要对表结构中的字段进行增减、改变字段属性或调整字段的顺序等,无须重新建立新表,而是打开表设计器来修改表结构,其前提条件是该表要以独占方式打开。

打开表设计器修改表结构,可以使用菜单方式和命令方式。

1. 菜单方式

当表处于独占方式打开时,可以选择菜单项"显示"→"表设计器",打开"表设计器"对话框。在该对话框中可以通过"插入"、"删除"等按钮对表进行修改,如图 3-11 所示,在该对话框中可以进行的操作如下:

① 修改字段。在该窗口中可以更改相应字段的字段名、字段类型、字段宽度和小数点位数等有关属性。选定需要修改的字段,然后根据需要改变相应的字段属性。

② 插入字段。在表中某个字段的前面增加新的字段。先选定需要在其前面插入新字段的字段,然后单击"插入"按钮,最后将所插入的新字段修改成需要的字段。

③ 追加字段。在现有表中的最后一个字段后面增加一个新的字段。只要在最后一个字段后面直接输入一个字段名并设置相应的字段类型、字段宽度和小数位数等相关属性即可。

④ 删除字段。将表中某个字段删除。选择需要删除的字段,然后单击"删除"按钮,即可以删除指定的字段。

在"表设计器"中完成表结构的修改后,单击对话框中的"确认"按钮(或按 Ctrl+W 键),系统弹出询问"结构更改为永久性更改"的信息提示框,如图 3-24 所示。单击"是"按钮,即可完成表结构的修改、保存并关闭"表设计器"对话框。单击"否"按钮,则返回"表设计器"对话框。

如果在"表设计器"对话框中单击了"取消"按钮(或按 Ctrl+Q 键),则表示放弃本次对表结构的修改,系统给出"放弃结构更改"的询问对话框,如图 3-25 所示。单击"是"按钮,表示放弃本次对表结构的修改,并关闭"表设计器"对话框。单击"否"按钮,则返回"表设计器"对话框。

图 3-24　询问是否保存表结构的修改　　　图 3-25　询问是否放弃对表结构的修改

2. 命令方式

在命令方式下,可以在独占方式打开表时,使用 MODIFY STRUCTURE 命令打开"表设计器"修改表结构。

格式:

```
MODIFY STRUCTURE
```

功能:打开"表设计器"对话框,对当前以独占方式打开的表结构进行修改。

说明:如果要修改表结构,相应的表必须以独占方式打开。

① 如果在使用该命令之前,当前工作区中没有打开的表,系统会给出"打开"对话框,允许用户从中选择一个要修改的表,然后以独占方式打开该表。

② 执行此命令后,系统首先在默认目录下建立该表文件的备份文件(扩展名为BAK),在表结构修改完毕存盘后,原来的记录数据将均被复制到修改后的表中。

例 3-4　表结构修改命令的使用。

```
CLOSE ALL                    && 关闭所有数据表
SET DEFAULT TO F:\vfp         && 设置默认目录为 F:\vfp
USE 学生.DBF                  && 打开默认目录下的"学生"表
```

```
MODIFY STRUCTURE                    && 打开"表设计器",显示"学生"表结构供用户修改
USE                                 && 关闭 "学生"表
```

3.3.5　表的复制

在进行数据表操作的时候,为了避免由于操作上的失误造成数据不必要的损失,可以在操作前把要操作的表复制一个副本,保护起来。在 Visual FoxPro 6.0 中,表的复制可以包括表内容的全部复制和表结构的复制。在复制表的内容时,表副本可以是数据表,也可以是其他类型的文件。

1. 表内容的复制

在 Visual FoxPro 6.0 中,可以将表内容复制成一个副本,副本可以是数据表,也可以是 Microsoft Excel、文本文件等普通文件,而且文本文件的字段分隔符可以使用空格、制表位等。

格式:

```
COPY TO <file_name>[<scope_define>] [FOR <exprL>] [WHILE
<exprL>]  [FIELDS <fields_list>|FIELDS LIKE <field_include_wildcards>|
    FIELDS EXCEPT <field_include_wildcards>] [[TYPE] [SDF |XLS
    |DELIMITED [WITH <delimiter>|WITH BLANK |WITH TAB]]]
```

功能:将当前表中指定的记录和字段复制到一个新表或其他类型的文件中。

说明:

- 在进行该操作之前,被复制的表必须先打开。
- 若复制生成的仍然是表文件时,对于含有备注型字段的表,系统在复制扩展名为 DBF 的表文件的同时,也自动复制扩展名为 FPT 的备注文件;若复制生成的是其他类型的文件,备注文件数据将不复制。
- 通配字段名<field_include_wildcards>指在表示字段名时可使用通配符" * "和 "?",FIELDS LIKE 表示取通配字段名<field_include_wildcards>所指的所有字段,FIELDS EXCEPT 表示取除通配字段名<field_include_wildcards>以外的所有字段。
- 新建的文件类型处理可以是表文件,还可以是系统数据格式、定界格式等文本文件或 Microsoft Excel 文件。若缺省 TYPE 子句,则默认新文件为表文件;若包含 TYPE XLS 则新文件为 Excel 文件;若用户需要新文件为文本文件,则 TYPE 子句必须取 SDF 或 DELIMITED,具体为:
    ◆ SDF 表示字符数据无定界符,数据间也无须分隔符。
    ◆ 不带 WITH 的 DELIMITED 表示用逗号作为分隔符,字符型数据的定界符为双引号。
    ◆ DELIMITED WITH <delimiter>表示用指定的字符为定界符,分隔符为逗号。
    ◆ DELIMITED WITH BLANK 表示用空格作为分隔符,没有字符数据定界符。

◆ DELIMITED WITH TAB 表示用 TAB 作为分隔符,字符型数据的定界符为双引号。

例 3-5 COPY TO 命令的使用。

```
CLOSE ALL
USE 学生
COPY TO 学生_bak                    && 备份"学生"表到"学生_bak"文件
GOTO TOP
&& 将"学生"表的前三条记录复制到"学生_sdf"文件中
COPY TO 学生_sdf NEXT 3 SDF
GO TOP
COPY TO 学生_xls.xls TYPE XLS      && 将"学生"表复制到"学生_xls".xls"文件中
USE 学生_bak
LIST
CLOSE ALL
```

2. 表结构复制

复制表结构操作可以将当前表文件的结构复制到一个指定的新表文件中,但仅仅复制表结构,而不复制其中的数据。

格式:

```
COPY STRUCTURE TO <table_file_name>[FIELDS <fields_list>]
```

功能:将当前打开的表结构的部分字段或全部字段复制到<table_file_name>指定的表文件中,命令生成一个仅拥有表结构的空表。

说明:

① <table_file_name>指定生成的新表文件的文件名。

② FIELDS <fields_list>指定在新表中所包含的字段及其顺序,若省略该子句,则按照源表的顺序复制全部的字段。

例 3-6 COPY STRUCTURE 命令的使用。

```
CLOSE ALL
USE 学生
&& 复制"学生"表结构中的部分字段到表"学生_str"中
COPY STRUCTURE TO 学生_str FIELDS 学号,姓名,性别,出生日期,籍贯
USE 学生_str
LIST STRUCTURE
```

3.3.6　表的编辑

Visual FoxPro 6.0 中的数据编辑命令除了先前介绍的 BROWSE 命令、APPEND 命令等以外还有条件编辑命令 CHANGE 和顺序编辑命令 EDIT。这两条命令所携带的子句和提供的功能非常丰富,此处仅仅介绍常用的子句和功能。

格式：

```
CHANGE |EDIT [<scope_define>] [FIELDS <fields_list>] [FOR <exprL>]
    [WHILE<exprL>] [NOWAIT] [NOAPPEND]
```

功能：打开编辑窗口，显示当前表的记录，等待用户更新满足条件的字段的数据。

说明：

- ＜scope_define＞子句，用于指定编辑窗口中显示的记录范围。当该子句缺省时，默认范围是所有记录。
- FIELDS ＜fields_list＞子句用于指定在编辑窗口中显示的字段。
- NOWAIT 子句仅用于程序中。当 EDIT 和 CHANGE 命令携带 NOWAIT 子句时，在编辑窗口打开后程序不等待编辑窗口关闭，立即继续程序的执行。
- NOAPPEND 子句，用于禁止用户向表中追加记录。

3.3.7　VFP 命令中的常用子句

对于使用 Visual FoxPro 6.0 应用的用户，无论是通过菜单操作方式、命令方式还是程序操作方式完成应用，都要执行相应的 Visual FoxPro 6.0 命令。VFP 命令操作能够帮助用户更方便、直接地达到操作数据库的目的。

1. 命令的基本格式

Visual FoxPro 6.0 的命令通常由两部分组成，即命令动词和命令子句。命令动词也就是命令关键字，通常是一个英文动词，放置在合法 Visual FoxPro 6.0 命令的最左边，用于表示该命令所要完成的操作，例如 CREATE、BROWSE 等。命令动词是 Visual FoxPro 6.0 命令必不可少的部分。命令子句也称为命令动词短语，简称短语或子句。通常紧跟在命令动词后面，用于表示命令操作的对象、范围、条件以及命令结果的去处等信息。在 Visual FoxPro 6.0 命令中，子句部分是可选的。此外，在 Visual FoxPro 6.0 中，命令除了命令动词和子句以外，可能还包含一些可选项，用于设置具体的命令参数，例如 OFF、/A、/C 等。

Visual FoxPro 6.0 命令的基本格式：

```
COMMAND [<scope_define>] [[FIELDS] <fields_list>] [FOR <exprL>][WHILE <exprL>]
```

说明：

① COMMAND 是一个命令动词，在 Visual FoxPro 6.0 的命令中，命令动词是一个放置在整个命令最左边的英文动词，它表示该命令要进行何种操作。

② 紧跟着 COMMAND 命令动词后面的就是命令子句，其大写的部分是相应子句的关键字，例如 FIELDS、FOR 等，小写部分是需要用户提供的内容，例如 scope_define。[ ] 括起的部分表示该子句是可选的，可由用户根据实际需要决定是否在命令中使用该子句。＜ ＞括起的部分是必选的，但其中的内容由用户提供。如果在命令中还出现了|，则表示在|前后的两个子句可以任选其一在命令中使用。

③ 命令书写规则。

在 Visual FoxPro 6.0 中,书写使用命令必须遵循以下的规则:

- 每条命令都以命令动词开头,后面紧跟子句,各子句的先后顺序可以任意,但必须符合命令格式的规定。
- 命令动词、命令子句和命令选项及其内部各部分之间必须使用空格隔开。
- Visual FoxPro 6.0 命令的最大长度不得超过 8192 个字符。若超出了一行的显示长度,可以在合适的位置输入续行符(;)并按 Enter 键,然后在下一行继续输入该命令。续行符(;)用来指明下一行的内容是上一行命令的一部分,这样就可以将一条命令分成多行来书写。不过需要注意的是,分行书写的命令的最后一行结尾不能出现续行符。
- 命令动词、各子句中的关键字、函数名都可以简写成前 4 个字符,且不区分大小写。
- 在 Visual FoxPro 6.0 的命令中出现的所有标点符号,除被包含在常量中以外,都是英文、半角标点。

2. 常用子句

在 Visual FoxPro 6.0 命令中,常用的子句及其含义如下。

① <scope_define>为范围子句,用于指定相应操作所涉及的记录或记录范围。在 Visual FoxPro 6.0 中其可有以下 4 种选择。

ALL:全部记录。

RECORD < exprN>:仅对第 exprN 条记录进行操作。

NEXT <exprN>:对从当前记录开始向下的 exprN 条记录(包括当前记录)进行操作。

REST:对从当前记录开始到最后一条记录为止的所有记录进行操作。

注意:在 Visual FoxPro 6.0 中,对于大多数命令来说,如果范围子句<scope_define>缺省,通常默认为 ALL,如 LIST、SORT 等,但也有缺省范围默认为当前记录的,如 DISPLAY、REPLACE 等。

② [FIELDS] <fields_list>为字段表达式子句,用于指定对哪些字段进行操作。该子句可由多个包含字段名的表达式组成,各表达式之间使用逗号分隔。其关键字 FIELDS 为可以缺省。当缺省字段表达式子句时,系统默认为所有字段。

例 3-7　范围和字段表达式子句的使用。

```
CLOSE ALL
USE 学生
&& 显示所有记录的学号、姓名、性别和出生日期字段的值
LIST ALL FIELDS 学号,姓名,性别,出生日期
LIST RECORD 4                          && 显示第 4 条记录的所有字段内容
&& 显示第 4~第 6 条记录的学号,姓名,性别和籍贯字段的值
LIST NEXT 3 学号,姓名,性别,籍贯
GO 3                                    && 记录指针移至第 3 条记录
```

```
LIST REST                              && 显示从第 3 条记录开始其后的所有记录的内容
GO 4
DISPLAY                                && 显示第 4 条记录的内容
USE
```

③ 条件子句 FOR ＜exprL＞,用于对符合逻辑表达式＜exprL＞的记录进行操作。当命令中不包含范围子句和 WHILE 子句时,该子句会检查指定表中的所有记录,并对符合条件的所有记录进行操作。

④ 条件子句 WHILE ＜exprL＞,也用于对符合逻辑表达式＜exprL＞的记录进行操作。与 FOR 子句不同的是,WHILE 子句从表的第一条记录开始,依次对逻辑表达式＜exprL＞为真(.T.)的记录进行操作,当遇到不满足条件的记录时,结束操作。

FOR 子句和 WHILE 子句的不同:

- FOR 子句用于对表中所有满足逻辑表达式＜exprL＞的记录进行操作,而 WHILE 子句仅用于对从当前记录开始满足逻辑表达式＜exprL＞的连续记录进行操作,一旦遇到条件不满足,将结束操作而忽略其后可能满足条件的记录。
- FOR 子句和 WHILE 子句既可以单独使用,也可以配合使用,当配合使用时, WHILE 子句优先于 FOR 子句。

例 3-8 FOR 子句和 WHILE 子句的使用。数据表"学生"中共有 30 条记录。

```
CLOSE ALL
USE 学生
LIST FOR SUBSTR(姓名,1,2)="李"       && 显示姓"李"的同学
? RECNO()                             && 返回当前记录指针的位置,结果为 31
GO 4
LIST FOR 性别="女"                    && 显示所有女同学
GO 4
LIST WHILE 性别="女"                  && 仅显示第 4、第 5、第 6 条记录
? RECNO()                             && 记录指针指向 7 号记录
GO 4
LIST FOR 性别="女" WHILE 性别="女"    && 仅显示第 4、第 5、第 6 条记录
? RECNO()                             && 记录指针指向 7 号记录
USE
```

3.4　对表中记录的基本操作

用户在使用数据库应用系统的时候,经常需要对数据进行显示和更新,这些操作都是通过对表记录的显示、修改、插入和追加等基本操作来实现的。然而在进行表记录的基本操作之前,首先要能够定位操作的目标记录。

3.4.1　记录的定位

在 Visual FoxPro 6.0 中,当用户打开一个数据表时,系统为该表设置一个记录指针,

该指针指向表中的某一条记录。记录指针指向的记录称为当前记录。当表文件被打开时,记录指针将自动指向第一条记录,当对表进行相关的操作时,记录指针将随着操作的进行而自动移动,以便准确指示当前操作的目标记录。

根据记录定位的方式不同,记录定位可分为绝对定位(GO 或 GOTO)、相对定位(SKIP)、条件定位(LOCATE)和索引定位(FIND 或 SEEK)4 种。其中条件定位和索引定位将在后续的 4.5 节给出详细介绍。另外,Visual FoxPro 6.0 对记录定位的操作也可分为菜单方式和命令操作方式。

1. 菜单方式

打开要使用的表,选择菜单项"显示"→"浏览",打开"浏览"对话框,此时系统会在主菜单上添加一个"表"菜单项。在选择菜单项"表"→"转到记录",并通过在其下级菜单选择相应的菜单项来实现记录的定位。这些菜单项包括:

① 选择"第一个"菜单项,定位第一条记录为当前记录。

② 选择"最后一个"菜单项,定位最后一条记录为当前记录。

③ 选择"下一个"菜单项,定位当前记录的下一条记录为当前记录。

④ 选择"前一个"菜单项,定位当前记录的前一条记录为当前记录。

⑤ 选择"记录号"菜单项,打开"转到记录"对话框,如图 3-26 所示。直接在"记录号"微调器的文本框中输入要定位的记录号,或单击"记录号"微调器的上三角、下三角按钮选择要定位的记录号,然后单击"确定"按钮,就可以将记录指针定位至指定的记录上,并使之成为当前记录。

⑥ 选择"定位"菜单项,打开"定位记录"对话框,在其中输入定位条件表达式,然后单击"定位"按钮,就可以将记录指针定位到满足条件表达式的第一条记录,并使之成为当前记录,如图 3-27 所示。

图 3-26　"转到记录"对话框

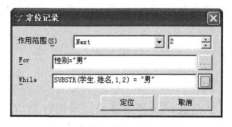

图 3-27　"定位记录"对话框

2. 命令方式

(1) 绝对定位(GO 或 GOTO)。

绝对定位操作无须考虑当前记录指针的位置,并能够将记录指针直接指向给定记录号的记录上。

格式 1:

```
GO[TO] [ RECORD] <exprN>| TOP| BOTTOM
```

格式 2:

<exprN>

功能：将记录指针直接定位到指定的记录上。

说明：

① GO 和 GOTO 等价。

② GO <exprN>用于将记录指针指向记录号由数值表达式<exprN>指定的记录上。<exprN>的值必须大于 0,且不大于当前表中的记录数。

③ GO TOP 用于将记录指针定位到当前表中的第一条记录上。

④ GO BOTTOM 用于将记录指针定位到当前表的最后一条记录上。

⑤ RECORD 可以省略。

例 3-9　GO 命令的使用。表"学生"共 30 条记录。

```
CLOSE ALL
USE 学生
? RECNO()                        && 显示的结果为 1
GO 3                             && 将记录指针定位到 3 号记录
? RECNO()                        && 显示的结果为 3
5                               && 将记录指针定位到 5 号记录
? RECNO()                        && 显示的结果为 5
GO TOP                          && 将记录指针定位到表的第一条记录
? RECNO()                        && 显示结果为 1
GO BOTTOM                       && 将记录指针定位到表的最后一条记录
? RECNO()                        && 显示结果为 10
USE
```

(2) 相对定位(SKIP)。

相对定位是以当前记录为记录指针的移动参考点,记录指针相对于当前记录进行移动。

格式：

```
SKIP [<exprN>]
```

功能：从当前记录开始移动记录指针到指定的记录。

说明：<exprN>表示记录指针移动的相对记录数。若<exprN>的值为正数,则记录指针从当前记录开始,向文件尾方向移动<exprN>条记录;若<exprN>的值为负数,则记录指针从当前记录开始,向文件头方向移动<exprN>条记录;若<exprN>取值为0,则记录指针不移动;SKIP 1 可以简写为 SKIP。

例 3-10　SKIP 命令的使用。

```
CLOSE ALL
USE 学生
? RECNO()                        && 显示的结果为 1
? BOF()                          && 显示的结果为 .F.
SKIP -1                         && 记录指针向文件头移动 1 条记录
```

```
?BOF()                              && 显示的结果为.T.
?RECNO()                            && 显示的结果为 1
SKIP -1                             && 记录指针向文件头移动 1 条记录
?RECNO()                            && 显示的结果为 1
SKIP 5                              && 记录指针向文件尾移动 5 条记录
?RECNO()                            && 显示的结果为 6
SKIP -3                             && 记录指针向文件头移动 3 条记录
?RECNO()                            && 显示的结果为 3
SKIP                               && 记录指针向文件尾移动 1 条记录
?RECNO()                            && 显示的结果为 4
GO BOTTOM                           && 记录指针移到文件尾的最后一条记录
?EOF()                             && 显示的结果为.F.
?RECNO()                            && 显示的结果为 30
SKIP                               && 记录指针向文件尾移动 1 条记录
?EOF()                             && 显示的结果为.T.
?RECNO()                            && 显示的结果为 31
SKIP 10                            && 出现"已到文件尾"对话框
?RECNO()                            && 显示的结果为 31
USE
```

从上例可以看出：对于绝对定位，无论当前记录指针在何处，都可以由命令重新指定记录号；而相对定位，是相对于当前记录位置进行向前或向后移动记录指针。

另外，当用户执行 GO TOP 命令试图将记录指针移到文件头时，RECNO()函数的返回值为 1，但 BOF()返回假值，说明记录指针并没有指向文件头。此时，如果再执行＜exprN＞为负值的 SKIP 命令，记录指针才会真正指向文件头，BOF()返回真值，但 RECNO()函数仍然返回 1。这说明，当记录指针有越过文件头的企图时，BOF()函数才会返回真。但是如果此时用户再次执行 SKIP ＜-exprN＞命令，将会出现"已到文件头"的越界信息。反之，当用户执行 GO BOTTOM 命令试图将记录指针移到文件尾时，RECNO()函数的返回值为 10（假设当前表共 10 条记录），但 EOF()返回假值，说明记录指针并没有指向文件尾。此时，如果再执行＜exprN＞为正值的 SKIP 命令，记录指针才会真正指向文件尾，EOF()返回真值，但 RECNO()函数返回 11。这说明，当记录指针有越过文件尾的企图时，EOF()函数才会返回真。但是如果此时用户再次执行＜exprN＞为正值的 SKIP 命令，将会出现"已到文件尾"的越界信息。

3.4.2　记录的显示

在 Visual FoxPro 6.0 中，可以通过 BROWSE 命令，在浏览窗口中显示数据表的有关记录，也可以通过 LIST 和 DISPLAY 命令来显示表的记录。

1. LIST 命令

格式：

```
LIST [<scope_define>] [[FIELDS] <fields_list>] [FOR| WHILE <exprL>] [OFF] [TO
```

```
PRINT] [TO FILE <file_name>]
```

功能：在<scope_define>指定的范围内，按照 FOR 或 WHILE 子句中<exprL>表达式指定的条件筛选出相应的记录，显示出来，或送至指定的目的地。

说明：

① <scope_define>子句、[FIELDS]<fields_list>子句和 FOR | WHILE <exprL>子句的含义参见 4.3.5 节。

② OFF 子句表示显示表内容时，不显示记录号。

③ TO PRINT 子句表示将显示结果送往打印机打印。

④ TO FILE <file_name>子句表示将显示结果存入 file_name 指定的文件中。

例 3-11 LIST 命令的使用。

```
CLOSE ALL
USE 学生
LIST TO PRINT OFF
&& 显示表内容的同时将记录送往打印机,显示和打印时,不包含记录号
LIST FIELDS 学号,姓名,性别,籍贯 FOR 性别="男" TO FILE F:\vfp\学生_bak1.txt
&& 显示性别为男的所有记录的学号,姓名,性别和籍贯字段的同时,将记录送往文本文件"学生_
    bak1.txt"中保存
USE
```

2. DISPLAY 命令

格式：

```
DISPLAY [<scope_define>] [[FIELDS] <fields_list>] [FOR| WHILE < exprL>] [OFF]
[TO PRINT] [TO FILE <file_name>]
```

功能：在<scope_define>指定的范围内，按照 FOR 或 WHILE 子句中<exprL>表达式指定的条件筛选出相应的记录，显示出来，或送至指定的目的地。

说明：DISPLAY 命令和 LIST 命令的参数含义说明相同。

LIST 命令和 DISPLAY 命令的不同之处如下：

① 当缺省<scope_define>范围子句时，LIST 默认取值为 ALL，显示所有记录；在DISPLAY 命令不使用 FOR 和 WHILE 子句时，默认的取值范围为当前记录，即显示一条记录。

② 当显示的内容较多时，LIST 以滚屏方式显示记录内容，在显示过程中不会自动暂停；DISPLAY 则以分屏显示记录，在显示的过程中，显示的内容占满全屏时，将自动暂停下了，当用户按下任意键后才会继续显示其余的记录信息。

例 3-12 DISPLAY 命令的使用。

```
CLOSE ALL
USE 学生
DISPLAY TO PRINT OFF
&& 显示第一条记录的同时将其结果送打印机打印,并且结果不包括记录号
```

```
DISPLAY FOR 性别="男"              && 显示所有性别为"男"的记录信息
USE
```

3.4.3 记录的插入和追加

表记录的插入就是在当前打开的表文件的当前记录之前或之后插入新的记录,在 Visual FoxPro 6.0 中可以通过 INSERT 命令实现。记录的追加就是在当前打开的表文件的尾部追加一些新的记录,Visual FoxPro 6.0 提供了菜单方式和命令方式两种方式来实现表记录的追加。

1. 插入记录

Visual FoxPro 6.0 提供了 INSERT 命令来实现在当前记录之前或之后插入新的记录。

格式:

```
INSERT [BEFORE] [BLANK]
```

功能:在当前表的当前记录之前或之后插入新的记录,该记录可以为空记录。

说明:

① 无任何选项时,将在当前表的当前记录之后插入一条新记录,并打开"编辑"窗口,以便用户录入记录数据。

② 当含有 BEFORE 子句时,将在当前表的当前记录之前插入新记录;若缺省该子句,则在当前表的当前记录之后插入新记录。

③ 当含有 BLANK 子句时,将插入一条空记录,但并不打开"编辑"窗口,但用户可以通过在该命令后面使用 REPLACE 命令向该空记录中录入记录数据;若缺省该子句,则打开"编辑"窗口,等待用户录入记录数据。

例 3-13 INSERT 命令的使用。

```
CLOSE ALL
USE 学生
GO 3
INSERT
&& 在 3 号记录之后插入一条新记录,并打开"编辑"窗口等待用户录入数据
GO 4
INSERT BEFORE BLANK
&& 在 4 号记录之前插入一条空记录,但不打开"编辑"窗口
USE
```

2. 追加记录

在 Visual FoxPro 6.0 中,可以通过菜单方式和命令方式的 APPEND 命令实现追加记录的操作。

1) 以菜单方式追加记录

首先打开需要追加记录的表,然后进入浏览窗口,选择"表"→"追加新记录"命令,此

时就会在已打开表的尾部追加一条新的空记录,并等待用户向其中录入数据。若要继续追加新记录,重复上述操作即可。

如果在进入浏览窗口时,选择了"显示"→"追加方式"命令,则用户在录入记录数据时,系统会自动追加另一条新的空记录,等待用户录入数据,直到追加完成,这样也可以实现连续追加多条记录的操作。

2) 以命令方式追加记录

Visual FoxPro 6.0 提供的 APPEND 命令不但可以向已打开的表中追加一条记录,也可以同时批量追加记录,这里首先讨论追加一条记录的情况。

格式:

```
APPEND [BLANK]
```

功能:在当前已打开的表文件的尾部追加一条新记录。

说明:若 BLANK 子句缺省,则该命令将在已打开的表的尾部追加一条新的空记录,同时打开"编辑"窗口,等待用户录入数据,一旦用户开始输入数据,系统将自动产生下一条新的空白记录,直到追加操作完成;若存在 BLANK 子句,则在表的末尾追加一条新的空记录,但不打开"编辑"窗口,此后,用户可以通过 REPLACE 等命令在空记录中添加数据。

例 3-14   使用 APPEND 命令追加记录。

```
CLOSE ALL
USE 学生
APPEND BLANK                          && 追加一条空白记录
REPLACE 学号 WITH "201010031", 姓名 WITH "曹丽", 性别 WITH "女", ;
        出生日期 WITH {^1989-11-11}, 籍贯 WITH "福建"
&& 使用 REPLACE 命令,向刚刚追加的空记录中录入数据
```

3. 批量追加记录

批量追加记录用于从另一个表文件中,将符合条件的记录连续追加到当前表的尾部。可以通过菜单方式和命令方式实现记录的批量追加。

1) 菜单方式

① 打开表。进入浏览窗口。选择"文件"→"打开"命令,在出现的"打开"对话框中,选择需要追加记录的表,然后单击"确定"按钮,接着再选择"显示"→"浏览"命令,打开"浏览"窗口。

② 追加记录。选择"表"→"追加记录"命令,打开"追加来源"对话框,如图 3-28 所示。

③ 在"类型"下拉列表中选择 Table(DBF)项,在"来源于"文本框中直接输入所追加的数据来源表的表名,或单击其右边的…按钮,在弹出的"打开"对话框中选择来源表。

④ 单击"选项"按钮,打开"追加来源选项"对话框,如图 3-29 所示。

⑤ 单击"字段"按钮,弹出如图 3-30 所示的"字段选择器"对话框。

⑥ 在"来源于表"下拉列表中选择合适的字段来源表,接着在左边的"所有字段"列表

图 3-28 "追加来源"对话框

图 3-29 "追加来源选项"对话框

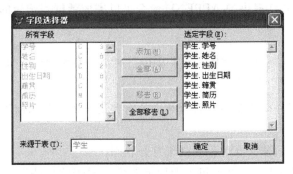

图 3-30 "字段选择器"对话框

中选择需要的字段,然后单击"添加"按钮,将选中的字段添入右边的"选定字段"文本框中,最后单击"确定"按钮返回"追加来源选项"对话框。

⑦ 设置追加记录的条件,在"追加来源选项"对话框中,单击 For 按钮,弹出"表达式生成器"对话框,如图 3-31 所示。

⑧ 在"表达式"文本框中输入条件表达式,当需要使用 Visual FoxPro 6.0 提供的系统函数时,可以在"函数"下拉列表组中选择,当需要使用表提供的字段和系统变量时,可以在字段列表框和变量列表框中双击相应的项目来选择使用,条件表达式构造完毕后,可以单击"检验"按钮,检查表达式的正确性,最后单击"确定"按钮返回"追加来源选项"对话框。

⑨ 接着依次在"追加来源选项"对话框和"追加来源"对话框中单击"确定"按钮,完成追加操作。

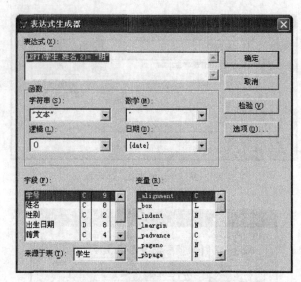

图 3-31   "表达式生成器"对话框

2) 命令方式

Visual FoxPro 6.0 提供的 APPEND 命令可以完成数据表记录的批量追加。

格式:

```
APPEND FROM <file_name>[FIELDS <fields_list>] [FOR <exprL>] [[TYPE] [DELIMITED
[WITH <delimiter>|WITH BLANK |WITH TAB]] |SDF |XLS]
```

功能:将来自另一个表文件的符合条件的有关记录追加到当前表的尾部。

说明:

① 该命令执行时,来源文件无须处于打开状态。

② FIELDS <fields_list>子句用于指定要将来源表的哪些字段值复制到当前表的尾部,当有多个字段时,各字段之间使用逗号隔开。若该参数缺省,系统将会把来源表所有符合条件的记录的所有字段复制到当前表中。

③ FOR <exprL>子句用于指定追加记录时的条件,若该子句存在,则只有符合条件的记录才会被追加;否则,将追加来源表中的所有记录。

④ TYPE 子句用于指定源文件的类型,源文件可以是表,也可以是系统数据格式、定界格式等文本文件或 Microsoft Excel 文件。若 TYPE 子句缺省,则源文件是数据表;若源文件是 Microsoft Excel 文件,必须使用 TYPE XLS;若源文件为文本文件,则使用 TYPE SDF 子句表示不使用分隔符,或使用 TYPE DELIMETED WITH <delimiter>指定分隔符,其中 delimiter 的可取值有:

• BLANK,源文件以空格作为字段分隔符。

• TAB,源文件以制表位作为字段分隔符。

• 用户自定义,当使用分号作为分隔符时,需要用引号括起。

例 3-15   APPEND FROM 命令的使用。

```
CLOSE ALL
USE 学生
COPY TO 学生_bak.xls TYPE XLS
COPY STRUCTURE TO 学生 1
COPY STRUCTURE TO 学生 3
USE 学生 1 EXCLUSIVE
APPEND FROM 学生 FOR 性别="男" FIELDS 学号,姓名,性别,出生日期
LIST                              && 运行结果如图 3-32 所示
USE mhs3 EXCLUSIVE
APPEND FROM 学生_bak.xls FOR 性别="男" FIELDS 学号,姓名,性别,出生日期
LIST                              && 运行结果如图 3-33 所示
```

记录号	学号	姓名	性别	出生日期	籍贯	简历	照片
1	201010001	夏许海龙	男	06/24/89		memo	gen
2	201010003	贾文	男	04/07/89		memo	gen
3	201010007	刘兆文	男	11/19/89		memo	gen
4	201010008	刘明	男	01/28/90		memo	gen
5	201010009	郭飞	男	12/27/88		memo	gen
6	201010011	张玉	男	10/14/88		memo	gen
7	201010012	曹巍	男	04/21/89		memo	gen
8	201010013	朱得运	男	07/28/88		memo	gen
9	201010015	壬康	男	12/24/88		memo	gen
10	201010016	王超	男	04/07/09		memo	gen
11	201010017	王颖聪	男	11/19/89		memo	gen
12	201010018	朱雨晨	男	01/28/90		memo	gen
13	201010019	向南	男	12/27/88		memo	gen

图 3-32　例 3-15 运行结果(1)

记录号	学号	姓名	性别	出生日期	籍贯	简历	照片
1	201010002	俞红双	女	05/17/89		memo	gen
2	201010004	李珂	女	04/27/89		memo	gen
3	201010005	张伟琳	女	10/19/88		memo	gen
4	201010006	郭飞	女	10/19/89		memo	gen
5	201010010	杨艳	女	03/15/86		memo	gen
6	201010014	范旭冉	女	08/24/89		memo	gen
7	201010031	曹丽	女	11/11/89		memo	gen

图 3-33　例 3-15 运行结果(2)

3.4.4　记录的删除和恢复

在 Visual FoxPro 6.0 中,彻底删除一条表记录需要两步,首先进行逻辑删除,然后再进行物理删除。这样可以防止用户由于操作失误而损坏表数据。所谓表记录的逻辑删除就是在记录上做一个删除标记,在后续的数据表操作中,可以忽略做了删除标记的记录。逻辑删除的记录是可以恢复的,因为记录仍然在原来的数据表中,而并没有真正从存储器中删除。物理删除,即将做了逻辑删除标记的记录从表中一次性清除,一旦进行了物理删除,被删除的表记录就无法进行恢复操作,因为数据已从存储器中被清除了。

1. 记录的逻辑删除

记录的逻辑删除可以采用鼠标操作、菜单方式和命令方式三种不同的方法来实现。

1) 鼠标操作

① 首先打开表,然后选择“显示”→“浏览”命令,打开“浏览”窗口。

② 单击要删除的记录左侧的矩形区域,该区域变黑,即表示该记录已经被做上了逻

辑删除标记,如图 3-34 所示。

2)菜单方式

① 首先打开表,然后选择"显示"→"浏览"命令,打开"浏览"窗口。

② 选择"表"→"删除记录"命令,打开"删除"对话框,如图 3-35 所示。

删除标记 ——→

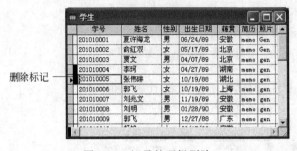
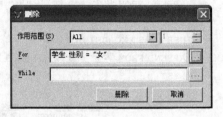

图 3-34 记录的逻辑删除　　　　　　　　图 3-35 "删除"对话框

③ 在"删除"对话框中,设置删除操作的范围和条件后,单击"删除"按钮即可。

3)命令方式

格式:

`DELETE [<scope_define>] [FOR <exprL>] [WHILE <exprL>]`

功能:对当前表中指定范围内,符合条件的记录进行逻辑删除。

说明:

① 确认范围和条件是,仅对当前记录进行逻辑删除。

② 对于做了逻辑删除标记的记录在使用 LIST 和 DISPLAY 命令显示记录时,在记录的左侧会使用删除标记("＊"记号)。

③ 如果当前记录已做了逻辑删除标记,DELETE()函数返回真值(.T.);否则返回假值。

2. 逻辑删除记录的"隐藏"

对于做了逻辑删除标记的记录,再做 LIST 和 DISPLAY 等操作时,系统会根据设置决定是否包含这些记录,这种情况称为逻辑删除记录的"隐藏"。Visual FoxPro 6.0 提供了菜单和命令两种方式设置逻辑删除记录的"隐藏"。

1)菜单方式

① 选择"工具"→"选项"命令,打开"选项"对话框,如图 3-36 所示。

② 打开"数据"选项卡,选中"忽略已删除记录"复选框。最后,单击"确定"按钮,此时,被逻辑删除的记录将被"隐藏"。

2)命令方式

格式:

`SET DELETE <ON |OFF>`

功能:当执行 SET DELETE ON 时,被逻辑删除的记录将在其后的数据表操作中被"隐藏";当执行 SET DELETE OFF 时,取消"隐藏"。系统默认时,将处于取消"隐藏"的

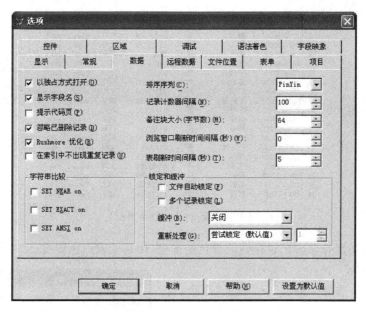

图 3 36　"选项"对话框

状态。

例 3-16　DELETE 命令的使用。

```
CLOSE ALL
USE 学生
DELETE                              && 逻辑删除"学生"表的第一条记录
DELETE FOR LEFT(籍贯,4)="安徽"      && 逻辑删除籍贯是安徽的学生记录
LIST                                && 运行结果如图 3-37 所示
SET DELETE ON                       && 设置逻辑删除"隐藏"
LIST                                && 运行结果如图 3-38 所示
```

记录号	学号	姓名	性别	出生日期	籍贯	简历	照片
1	*201010001	夏许海龙	男	06/24/89	安徽	memo	Gen
2	201010002	俞红双	女	05/17/89	北京	memo	Gen
3	201010003	贾文	男	04/07/89	北京	memo	gen
4	*201010004	李珂	女	04/27/89	湖南	memo	gen
5	*201010005	张伟琳	女	10/19/88	湖北	memo	gen
6	201010006	郭飞	女	10/19/89	上海	memo	gen
7	*201010007	刘兆文	男	11/19/89	安徽	memo	gen
8	*201010008	刘明	男	01/28/90	安徽	memo	gen
9	201010009	郭飞	男	12/27/88	广东	memo	gen
10	*201010010	杨艳	女	03/15/86	安徽	memo	gen
11	201010011	张玉	男	10/14/88	河北	memo	gen

图 3-37　例 3-16 运行结果(1)

3. 逻辑删除后的记录恢复

对于逻辑删除的恢复,也可以使用鼠标操作、菜单方式和命令方式三种路径来完成。

1) 直接使用鼠标操作

打开表,进入浏览窗口,此时需要设置 SET DELETE OFF,才能显示已做了逻辑删除标记的记录。此时,若想恢复被逻辑删除的记录(被逻辑删除的记录左侧的删除标记为

记录号	学号	姓名	性别	出生日期	籍贯	简历	照片
2	201010002	俞红双	女	05/17/89	北京	memo	Gen
3	201010003	贾文	男	04/07/89	北京	memo	gen
8	201010006	郭飞	女	10/19/89	上海	memo	gen
9	201010009	郭飞	男	12/27/88	广东	memo	gen
11	201010011	张玉	男	10/14/88	河北	memo	gen
13	201010013	朱得运	男	07/28/88	上海	memo	gen
14	201010014	范旭冉	女	06/24/89	浙江	memo	gen
16	201010016	王超	男	04/07/89	上海	memo	gen
17	201010017	王颖聪	男	11/19/89	湖南	memo	gen
18	201010018	朱雨晨	男	01/28/90	湖北	memo	gen
19	201010019	向南	男	12/27/88	北京	memo	gen
22	201010022	唐春	男	04/21/89	广东	memo	gen
23	201010023	胡庆伟	男	10/14/88	河北	memo	gen
25	201010025	王华坤	男	07/28/88	上海	memo	gen
26	201010026	许游	男	06/24/89	浙江	memo	gen
28	201010028	王晶	男	04/07/89	上海	memo	gen
29	201010029	程诚	男	11/19/89	湖南	memo	gen
30	201010030	陈帆	男	01/28/90	湖北	Memo	gen
31	201010031	曹丽	女	11/11/89	福建	memo	gen

图 3-38   例 3-16 运行结果(2)

黑色),只需使用鼠标单击记录左侧的黑色矩形框,使其变成白色即可。

2)菜单方式

① 打开表,选择"显示"→"浏览"命令,打开"浏览"窗口。

② 选择"表"→"恢复记录"命令,打开"恢复记录"对话框,如图 3-39 所示。

③ 在"恢复记录"对话框中选择要操作的记录范围,并输入恢复记录的条件,然后单击"恢复记录"按钮。

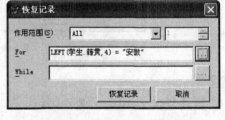

图 3-39   "恢复记录"对话框

3)命令方式

格式:

```
RECALL [<scope_define>] [FOR <exprL>] [WHILE <exprL>]
```

功能:将当前表中指定范围内满足条件的已被逻辑删除的记录恢复。

说明:若缺省范围和条件,则只恢复当前记录。

4. 物理删除已做逻辑删除的记录

Visual FoxPro 6.0 提供了菜单方式和命令方式来完成物理删除已做逻辑删除的记录。

1)菜单操作

① 打开表,选择"显示"→"浏览"命令,打开"浏览"窗口。

② 选择"表"→"彻底删除"命令,此时已做逻辑删除的记录将从表中被彻底删除,同时"浏览"窗口被关闭,记录号重新排列。

2)命令方式

格式:

```
PACK
```

功能:将当前表中已做了逻辑删除的记录从表文件中永久性删除,并重新排列记录号。

说明：

① 执行该命令前，当前表必须以独占方式打开。

② 进行物理删除的记录将不能再做恢复，因此需要慎重使用。

例 3-17 RECALL 和 PACK 命令的使用。

```
CLOSE ALL
USE 学生
COPY TO 学生 4
COPY TO 学生 5
USE 学生 4
DELETE ALL                            && 逻辑删除表中的所有记录
RECALL ALL FOR LEFT(籍贯,4)="安徽"    && 恢复籍贯在安徽的记录
PACK                                  && 彻底删除记录
LIST
```

5. 清空表记录

格式：

```
ZAP
```

功能：将当前表文件中的所有记录彻底清除，仅保留表结构。

说明：

① 该命令相当于依次执行 DELETE ALL 和 PACK 两条命令。

② 该命令执行时，当前表中将不再拥有记录，但保留表的结构。

3.4.5 修改记录

在 Visual FoxPro 6.0 中提供了 REPLACE 命令来实现记录的修改，该命令可以快速成批修改数据表中的记录。

格式：

```
REPLACE [<scope_define>] <field1>WITH <exp1>[ADDITIVE]
    [,<field2 WITH <exp2>[ADDITIVE]...] [FOR <exprL>] [WHILE
    <exprL>]
```

功能：在不进入编辑模式的情况下，根据命令中指定的条件和范围，用表达式的值依次更新指定字段的内容。

说明：

① <field1> WITH <exp1> [,<field2 WITH <exp2>]表示用表达式 exp1 的值更新字段 field1 的原有值，用表达式 exp2 的值更新字段 field2 的原有值，以此类推。

② exp1、exp2 等表达式的类型必须与相应字段的类型一致。

③ 若范围和条件子句缺省，则该命令仅对当前记录的有关字段进行更新。

④ ADDITIVE 子句用于作用于备注字段。若存在该子句，则表示将表达式的值追

加到原有备注字段内容的后面;否则将用相应表达式的值重写对应备注字段的内容。

例 3-18 REPLACE 命令的使用。

```
CLOSE ALL
USE 学生
APPEND BLANK
REPLACE 学号 WITH "201010032", 姓名 WITH "王琴", 性别 WITH "女", ;
           出生日期 WITH {^1989-01-11}, 籍贯 WITH "广东"
LIST
```

3.5　排序和索引

在通常情况下,数据表中的记录是按照用户输入的先后顺序排列的,但在实际应用中,则经常需要按照某个关键字来进行排序,这样有助于记录的快速查找,所以 Visual FoxPro 6.0 提供了物理排序和逻辑排序两种方法。物理排序是指在排序的过程中另外生成一个与原表类似但其记录已按照要求重新排序的数据表文件,也就是说,物理排序是在源表的基础上生成一个按照要求排序的新表;逻辑排序则是指索引排序,是在原表的基础上生成一个简单的排序索引表,其中仅记载了各记录的记录号与应有的排列顺序。索引表文件与原数据表文件一起使用,在原表文件中,各记录的实际物理顺序并没有发生变化,但对其操作时却可按索引表排列的记录顺序进行。

3.5.1　排序

排序是将当前表中的有关记录按指定字段值的顺序重新排序,排序后产生一个新的表文件,该新文件的内容与原表文件内容完全相同,但也可以是原表文件的一部分,但原表文件不变。在 Visual FoxPro 6.0 中可以通过 SORT 命令实现。

格式:

```
SORT TO <new_talbe_file_name>ON <field1>[/A][/C][/D]
[,<field2>[/A][/C][/D]...]
    [FIELDS <fields_list>] [FOR <exprL>] [WHILE <exprL>]
```

功能:对当前表文件,按指定的字段值进行重新排序,生成一个以 new_talbe_file_name 命令的新表文件。

说明:

① 排序结果存入由 new_talbe_file_name 短语指定的新表文件中,新表文件的扩展名为 .DBF。

② ON 后携带的 field1、field2 等称为排序关键字。若 ON 后面携带多个字段,则表示按多个字段排序,这种排序也称多重排序。首先按命令中的<field1>的值进行排序,若<field1>的值相同,则再按<field2>字段的值进行排序,以此类推。

③ /A 表示按升序排列,/D 表示按降序排列,确认是按升序排列。/C 该选项应用于

字符型字段，规定排序时不区分大小写，缺省时区分大小写，当/C 和/A 或/D 配合使用时，则可写成/AC 和/DC。

④ 缺省<scope_define>和 FOR 子句时，缺省对当前表中的所有记录排序。

⑤ 当命令中携带 FIELDS <fields_list>子句时，生成的新表文件中只包含 fields_list 短语中指定的字段。若缺省 FIELDS <fields_list>子句，则包含当前表中的所有字段。

⑥ 只要能比较大小的字段均可以用作排序的关键字。数值型字段按其大小关系排序；字符型字段，若为字母则按 ASCII 码值顺序，若为汉字则按其拼音顺序；日期型字段按其时间的先后顺序。

例 3-19　SORT 命令使用。

```
CLOSE ALL
USE 学生
SORT TO 学生_sort1 ON 学号/D FOR 性别="女" FIELD 学号,姓名,性别,籍贯,出生日期
GO TOP
SORT TO 学生_sort2 ON 出生日期/A,学号/D
USE 学生_sort1
LIST                         && 运行结果如图 3-40 所示
USE 学生_sort2
LIST                         && 运行结果如图 3-41 所示
USE
```

记录号	学号	姓名	性别	籍贯	出生日期
1	201010010	杨艳	女	安徽	06/24/89
2	201010006	郭飞	女	北京	04/07/89
3	201010005	张伟琳	女	湖北	10/19/88
4	201010004	李珂	女	湖南	04/27/89
5	201010002	俞红双	女	北京	05/17/89

图 3-40　例 3-19 运行结果(1)

记录号	学号	姓名	性别	出生日期	籍贯	简历	照片
1	201010001	夏许海龙	男	03/15/88	安徽	memo	gen
2	201010025	王华坤	男	07/28/88	上海	memo	gen
3	201010013	朱得运	男	07/28/88	上海	memo	gen
4	201010023	胡庆伟	男	10/14/88	河北	memo	gen
5	201010021	曹润彬	男	10/14/88	安徽	memo	gen
6	201010011	张玉	男	10/14/88	河北	memo	gen
7	201010005	张伟琳	女	10/19/88	湖北	memo	gen
8	201010027	王玉天	男	12/24/88	安徽	memo	gen
9	201010015	王康	男	12/24/88	安徽	memo	gen
10	201010019	向南	男	12/27/88	北京	memo	gen
11	201010009	郭飞	男	12/27/88	广东	memo	gen

图 3-41　例 3-19 运行结果(2)

从例 3-19 可以看出，对一个表进行排序就需要产生一个新表，在实际的使用过程中，往往需要按照不同的排序关键字对同一个表进行多次排序，此时将会在命令执行过程中产生多个对应的新表，有的还具有相应的备注文件，因此会占用较大的存储空间。另外，在对原表记录的修改、删除、增加和插入等操作后，排序生成的新表却得不到相应的自动更新，这在实际的应用中是非常不方便的。上述种种是排序操作的最大缺憾。

3.5.2 索引简介

1. 基本概念

Visual FoxPro 6.0 中的索引与书中的目录结构类似,是进行快速显示、快速查询数据的重要手段。所谓索引,是指在表中对有关记录按照指定的关键字表达式的值升序或降序建立索引文件。索引关键字表达式可以是表中的任意一个字段名,也可以是包含若干个字段名的任意合法字段的表达式。

索引文件类似于表结构,其中包括两列内容,一列是索引关键字表达式的值,另一列是原数据表的记录号。在索引文件中一条记录的索引关键字与原表记录号是一一对应的,并且索引关键字是根据用户需要进行排序的,这样就可以间接地实现原数据表的排序。虽然索引也是通过增加一个文件来实现排序的,但是索引文件的内容仅仅包括关键字和记录号,因此,索引文件比原表文件要小得多。

2. 索引类型

可以按照索引文件的类型和索引的功能来对索引进行分类。

(1) 按索引文件类型分类。

Visual FoxPro 6.0 支持两种类型的索引文件,一种是单索引文件,扩展名为.IDX,另一种是复合索引文件,其扩展名为.CDX。

① 单索引文件。单索引文件只包含一个索引。Visual FoxPro 6.0 的单索引文件既可以定义为压缩的单索引文件,也可以定义为非压缩的单索引文件。单索引文件是为了兼容 FoxBase+而保留的一种索引文件,如果定义的是压缩的单索引文件,那么 FoxBase+将无法使用。

② 复合索引文件。复合索引文件可以包含多个索引,每个索引有一个"索引标签(TAG)",每个 TAG 等价于一个单索引文件,代表一种逻辑顺序。复合索引文件还可以分为结构化复合索引文件和非结构化复合索引文件。为了节省存储空间,复合索引文件总是以压缩方式进行存储的。

根据复合索引文件的创建方式不同,可以将其分为结构化复合索引文件和非结构化复合索引文件。它们的结构是相同的,但是在使用和形式上存在差异:

- 虽然两种复合索引文件的扩展名均为.CDX,但结构化复合索引文件的文件名与建立该索引文件的表同名,而非结构化复合索引文件的文件名与相关的表名不同。
- 结构化复合索引文件随着相关表文件的打开而自动打开,在数据表进行添加、更新和删除记录时,结构化复合索引文件会自动进行同步;而非结构化复合索引文件,不会随着相关表的打开而自动打开,也不会随着表的更新而自动同步,因此使用相对麻烦。

(2) 按照索引功能分类。

按照索引功能不同可以将索引分为主索引、候选索引、普通索引和唯一索引。

① 主索引(Primary Index)。主索引仅适合于数据库表,自由表没有主索引。主索引

的关键字表达式的值不允许出现重复值,一个数据库表只能创建一个主索引。例如 mhs. DBF 表的 bh 字段可以用来作为关键字创建主索引,但其中的 zz 字段则不行,因为 zz 字段出现了重复值。

② 候选关键字(Candidate Index)。候选索引与主索引类似,建立候选索引的关键字表达式也不允许出现重复值。数据库表和自由表都允许建立候选索引,而且一个表可以同时建立多个候选索引。它是作为主索引的候补出现的,当数据库表没有主索引时,可以从中选择任一个候选索引作为主索引。

③ 普通索引(Regular Index)。普通索引的关键字表达式允许出现重复值,数据库表和自由表都可以建立普通索引,而且一个表可以创建多个普通索引。

④ 唯一索引(Unique Index)。唯一索引允许索引关键字表达式出现重复值,但是在索引文件中,索引关键字表达式取值重复的记录只能唯一,即索引文件中的记录唯一。数据库表和自由表都可以创建唯一索引,而且一个表可以创建多个唯一索引。

需要注意的是,主索引通常用于主关键字段;候选索引用于那些不作为主关键字段但是字段值又必须唯一的字段;普通索引一般用于快速查询;唯一索引用于一些特殊的程序设计。

3. 索引和排序的区别

① 如果需要同一个表根据不同的关键字进行多种排序,对于排序则只能建立多个排序文件,排序后生成的新文件与原表文件类似;对于索引则可以生成多个索引文件(单索引),也可以只生成一个索引文件(复合索引),而且索引文件还可以自动压缩,这样索引文件将远远小于原表文件。

② 当原数据表被修改时,排序生成的新表文件不能自动更新,而如果此时索引文件已被打开,则可以自动更新,以保证逻辑顺序的准确性。

③ 对于数据表的某些操作,系统要求参加操作的数据表,必须进行索引,而不是排序,如表的关联等。

④ 排序没有种类,而索引可以分为主索引、候选索引、普通索引和唯一索引。

⑤ 排序生成的文件与原表文件类似,也是一个数据表;而索引文件与原数据表文件有较大的不同,索引文件可以分成单索引文件和复合索引文件,并且可以以压缩方式保存。

⑥ 排序文件可以单独使用,而索引文件必须和原表文件一起配合使用。

⑦ 排序的关键字只能是字段名,而索引的关键字可以是表达式。

3.5.3　索引的建立

根据索引文件类型的不同可以将索引的建立分为单索引的建立和复合索引的建立。

1. 单索引的建立

对于单索引的建立,Visual FoxPro 6.0 仅提供了命令方式。

格式:

```
INDEX ON < index_key>TO < simple_index_file>[FOR < exprL>] [UNIQUE] [COMPACT]
```

[ADDITIVE]

功能：对当前表中符合条件的记录按照指定的索引关键字表达式的值的升序建立一个单索引文件。

说明：

① ON ＜index_key＞用于指定索引的关键字表达式，是索引排序的依据。

② TO ＜simple_index_file＞用于指定生成的单索引文件的文件名。

③ FOR ＜exprL＞用于指明参见索引排序的条件，当命令携带该子句时，只有符合条件的记录才参见索引排序。缺省时，所有记录参加索引排序。

④ UNIQUE 子句用于指明建立的是唯一索引，缺省时建立的是普通索引。

⑤ COMPACT 子句用于指明索引文件需要进行压缩存储。缺省时为非压缩的单索引文件。

⑥ 当索引文件被建立时，原先打开的其他索引文件将自动被关闭（除结构化复合索引）。ADDITIVE 子句用于在新的索引文件建立过程中，原先打开的索引文件仍然保持打开状态。

例 3-20 单索引的建立。

```
CLOSE ALL
USE 学生
INDEX ON 学号 TO stu_index_smp FOR 性别="男"
LIST                              && 运行结果如图 3-42 所示
INDEX ON - val(学号) TO stu_index_uni FOR 性别="男" UNIQUE
LIST                              && 运行结果如图 3-43 所示
USE
```

记录号	学号	姓名	性别	出生日期	籍贯	简历	照片
1	201010001	夏许海龙	男	06/24/89	安徽	memo	Gen
3	201010003	贾文	男	04/07/89	北京	memo	gen
7	201010007	刘兆文	男	11/19/89	安徽	memo	gen
8	201010008	刘明	男	01/28/90	安徽	memo	gen
9	201010009	郭飞	男	12/27/88	广东	memo	gen
11	201010011	张玉	男	10/14/88	河北	memo	gen
12	201010012	曹巍	男	04/21/89	安徽	memo	gen
13	201010013	朱得运	男	07/28/88	上海	memo	gen
15	201010015	王康	男	12/24/88	安徽	memo	gen
16	201010016	王超	男	04/07/89	上海	memo	gen
17	201010017	王颖聪	男	11/19/89	湖南	memo	gen
18	201010018	朱雨晨	男	01/28/90	湖北	memo	gen

图 3-42　例 3-20 运行结果(1)

记录号	学号	姓名	性别	出生日期	籍贯	简历	照片
30	201010030	陈帆	男	01/28/90	湖北	Memo	Gen
29	201010029	程诚	男	11/19/89	湖南	memo	gen
28	201010028	王晶	男	04/07/89	上海	memo	gen
27	201010027	王玉天	男	12/24/88	安徽	memo	gen
26	201010026	许游	男	06/24/89	浙江	memo	gen
25	201010025	王华坤	男	07/28/88	上海	memo	gen
24	201010024	刘二利	男	04/21/89	安徽	memo	gen
23	201010023	胡庆伟	男	10/14/88	河北	memo	gen
22	201010022	唐春	男	04/21/89	广东	memo	gen
21	201010021	曹润彬	男	10/14/88	安徽	memo	gen
20	201010020	周雨家	男	06/24/89	安徽	memo	gen

图 3-43　例 3-20 运行结果(2)

2. 复合索引的建立

对于结构化复合索引的建立,Visual FoxPro 6.0 提供了菜单建立方式和命令建立方式。

1) 菜单建立方式

Visual FoxPro 6.0 提供的菜单建立复合索引的工具是"表设计器"。

① 首先打开需要建立索引的表文件。选择"文件"→"打开"命令,在出现的"打开"对话框中选择需要建立索引的文件,然后单击"打开"按钮。

② 接着,打开"表设计器"对话框。选择"显示"→"表设计器"命令,在出现的"表设计器"对话框中存在"字段"、"索引"和"表"选项卡,如图 3-44 所示。在"字段"选项卡中,选择"索引"下拉列表框中的选项,确定升序或降序(向上的箭头表示升序,向下的箭头表示降序),就可以在对应字段上建立普通索引。索引的标识,即 TAG 与字段同名,索引关键字就是选定的字段。

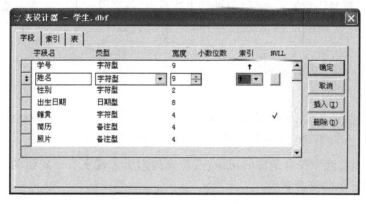

图 3-44　"表设计器"中的"字段"选项卡

③ 如果用户需要建立其他类型的索引,可以选择"表设计器"对话框中的"索引"标签,如图 3-45 所示,在其中主要可以进行以下的操作。

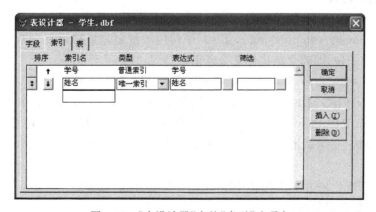

图 3-45　"表设计器"中的"索引"选项卡

· 设置索引的升、降顺序。单击对应行的"排序"按钮,当按钮上出现向上箭头时,表示升序排列;当排序按钮上出现向下箭头时,表示降序排列。

- 设置索引名,即设置索引的标签(TAG)。选择"索引名"列,在其文本框中,修改或重新输入索引名即可。
- 设置索引类型。单击"类型"下拉列表,选择相应的索引类型即可。
- 设置索引的关键字表达式。在"表达式"文本框中直接输入或修改需要的索引关键字表达式,或者单击其右边的 … 按钮,在弹出的"表达式生成器"中编写索引关键字表达式。
- 设置参加索引的记录筛选条件。在"筛选"列下的文本框中直接输入条件表达式,或单击其右边的 … 按钮,在弹出的"表达式生成器"中构建条件表达式。

说明:"表达式"即是索引关键字表达式,其中可以包含一个字段,也可以包含多个字段的组合,例如在"成绩"表中,按照学号和课程号字段来进行排序,则索引关键字应该写成"学号＋课程号",表示先按照"学号"字段排序,如果该字段出现重复值,则再按照"课程号"字段排序。需要注意的是,索引关键字表达式中,各字段的类型必须一致。例如,如果需要按照同一课程成绩的高低进行排序,则索引关键字应写成"课程号＋str(成绩,3,0)"。

2) 命令方式建立复合索引

格式:

```
INDEX ON <index_key>TAG <index_tag>[OF <nonstr_complex_index_file>] [FOR
<exprL>] [ASCENDING |DESCENDING ] [UNIQUE] [CANDIDATE] [ADDITIVE]
```

功能:对当前表中符合条件的记录,按指定的索引关键字表达式值的升序或降序建立按索引标签标识的复合索引。

说明:

① ON <index_key>子句指明了索引排序的关键字表达式,关键字表达式中可以包含若干个字段名,单个字段的类型必须一致,若被包含的字段类型不一致,可以使用相应的转换函数进行转换。

② TAG <index_tag>子句用于指示标识复合索引文件中索引的标签。

③ OF <nonstr_complex_index_file>子句用于指定非结构化复合索引文件的文件名;如果缺省该子句,则建立结构化复合索引。

④ FOR <exprL>子句用于指定参加排序的字段必须满足的条件。

⑤ ASCENDING |DESCENDING 子句中,ASCENDING 表示建立索引顺序为升序排序,DESCENDING 表示建立的索引顺序为降序排序。默认排序为升序排序。

⑥ UNIQUE 子句表示建立的索引为唯一索引。CANDIDATE 子句表示建立候选索引。

⑦ ADDITIVE 表示在建立索引时,原先打开的索引不关闭。

例 3-21 复合索引的建立。

```
CLOSE ALL
USE 学生
```

```
INDEX ON 学号 TAG xh_index DESC FOR 性别="男"
LIST                                    && 运行结果如图 3-43 所示
INDEX ON 出生日期 TAG csrq_uni UNIQUE
LIST                                    && 运行结果如图 3-46 所示
```

记录号	学号	姓名	性别	出生日期	籍贯	简历	照片
1	201010001	夏许海龙	男	03/15/88	安徽	memo	gen
13	201010013	朱得运	男	07/28/88	上海	memo	gen
11	201010011	张玉	男	10/14/88	河北	memo	gen
5	201010005	张伟琳	女	10/19/88	湖北	memo	gen
15	201010015	王康	男	12/24/88	安徽	memo	gen
9	201010009	郭飞	男	12/27/88	广东	memo	gen
6	201010006	郭飞	女	04/07/89	北京	memo	gen
12	201010012	曹巍	男	04/21/89	安徽	memo	gen
4	201010004	李珂	女	04/27/89	湖南	memo	gen
2	201010002	俞红双	女	05/17/89	北京	memo	gen
10	201010010	杨艳	女	06/24/89	安徽	memo	gen
7	201010007	刘兆文	男	11/19/89	安徽	memo	gen
8	201010008	刘明	男	01/28/90	安徽	memo	gen
3	201010003	贾文	男	07/08/90	上海	memo	gen

图 3-46　例 3-21 运行结果

3.5.4　索引的使用

一个数据表可以建立多个索引,这些索引可以被存储在若干个文件中,可以是单索引文件,也可以是复合索引文件。当用户需要使用索引时,存储索引的文件必须处于打开状态,对于复合索引文件由于其中包含多个索引标签,但是在任何时刻,数据表只能有一个索引,或索引标签其起作用,因此对应索引或索引标签必须是当前的唯一其起作用的索引或索引标签,也称为主控索引。

1. 打开索引文件

建立索引文件的时候,刚刚建立的索引文件由系统自动打开。若重新打开表时,结构化复合索引文件会随着数据表的打开而自动打开,而单索引文件和非结构化复合索引文件则不会随数据表的打开而自动打开,必须由用户手动打开。用户打开索引文件的方法有两种,一种是使用 USE 命令,在打开表的时候打开;另一种是使用 SET INDEX 命令,在表打开后打开索引文件。

1) 在打开表的同时打开索引文件

格式:

```
USE <table_name> INDEX <index_files_list>
```

功能:在打开 table_name 指定的表的同时,打开由 index_files_list 指定的一个或多个索引文件。

说明:INDEX <index_files_list> 子句用于指定需要打开的索引文件,其中 index_files_list 短语为索引文件列表,当需要打开的是多个索引文件时,各索引文件之间使用逗号隔开,而且其中第一个索引为当前的主控索引。

例 3-22　在打开表的同时打开索引。

```
CLOSE ALL
```

```
USE 学生 INDEX xh_index,csrq_unqi
LIST                              && 运行结果如图 3-42 所示
```

2) 在表打开后打开索引文件

格式：

```
SET INDEX TO <index_files_list>[ADDITIVE]
```

功能：打开当前表的一个或多个索引文件。

说明：

① index_files_list 短语为索引文件列表，当需要打开的是多个索引文件时，各索引文件之间使用逗号隔开，而且其中的第一个索引为当前的主控索引。

② 缺省 ADDITIVE 时，除结构化复合索引以外，所有已经打开的索引文件都关闭。

例 3-23　在打开表后，打开索引文件。

```
CLOSE ALL
USE 学生
SET INDEX TO stu_index_smp,stu_index_uni ADDITIVE
LIST                         &&stu_index_smp 为主控索引,运行结果如图 3-42 所示
SET INDEX TO
SET INDEX TO stu_index_smp
SET INDEX TO stu_index_uni ADDITIVE
LIST                         &&stu_index_uni 为主控索引,运行结果如图 3-43 所示
```

2. 主控索引的确定和取消

1) 主控索引的确定

格式：

```
SET ORDER TO <exprN>|<simple_index_file>|[TAG] <index_tag>
    [ASCENDING |DESCENDING]
```

功能：使指定的索引成为主控索引。

说明：

① TO <exprN>子句中的数值表达式 exprN 用于指定相应索引的序号。对于已经打开的单索引文件或复合索引文件中的索引标签，Visual FoxPro 6.0 自动为之编号，并在使用过程中自动调整，其编号顺序为：各单索引文件→结构化复合索引的索引标签→非结构化复合索引中的索引标签。其中，各单索引文件按照其打开的顺序进行标号，复合索引文件中的索引标签按其建立的先后顺序进行标号。需要注意的是，索引的编号不易记忆，不建议使用。

② TO <simple_index_file>指定的单索引文件将成为主控索引文件，所包含的索引就是主控索引。

③ TO [TAG] <index_tag>指定索引标签对应的索引即为主控索引。

④ ASCENDING |DESCENDING 子句，用于指定索引的排序，不管索引建立时采用的是升序还是降序，都按照此处指定的排序方式。

2）主控索引的取消

格式 1：

```
SET ORDER TO
```

格式 2：

```
SET ORDER TO 0
```

功能：取消主控索引，但不关闭任何索引文件。

说明：两条命令功能完全相同，需要时选择任何一条使用即可。

例 3-24　SET ORDER TO 命令的使用。

```
CLOSE ALL
USE 学生 INDEX stu_index_smp,stu_index_uni
LIST                              && 按照学号的升序形成普通索引
SET ORDER TO 2                    && 指定 stu_index_uni.idx 为主控索引
LIST                              && 按照学号降序排列
SET ORDER TO TAG 3               && 指定结构化复合索引文件中的 xh_index 标签为主控索引
LIST
SET ORDER TO TAG csrq_uni ASCENDING
LIST
SET ORDER TO                     && 取消主控索引
```

3. 关闭已打开的索引文件

只有单索引文件和非结构化复合索引文件才能被关闭，结构化复合索引文件随表的打开而自动打开，也随着表的关闭而自动关闭。

格式 1：

```
SET INDEX TO
```

功能：关闭当前表除结构化复合索引以外所有已打开的索引文件，同时取消主控索引。

格式 2：

```
CLOSE INDEXES
```

功能：功能同 SET INDEX TO 命令。

说明：

① 使用上述命令关闭当前表的索引文件时，只能关闭单索引文件和非结构化复合索引，而且在关闭索引的同时主控索引，而不管当前主控索引是不是包含在结构化复合索引中。

② 用户在使用 USE 等命令关闭文件表时，与表相关的所有文件，包括已打开的索引文件也会随之关闭。

4. 索引的删除

在必要的时候，用户可以删除无用的索引文件或索引标签，当复合索引文件中的最后一个索引标签被删除时,复合索引文件也会自动被删除。而索引文件可以采取直接删除文件的方法删除,不过在删除之前该索引文件必须处于关闭状态。删除索引标签的方法如下:

格式:

```
DELETE TAG <index_tag>|ALL [OF <cdx_file> ]
```

功能:删除已打开的复合索引文件中的索引标签。

说明:

① TAG ＜index_tag＞子句用于指明欲删除的索引标签。

② TAG ALL 子句用于指明欲删除指定复合索引文件中的所有索引标签。此时对应的复合索引文件也将随之被删除。

③ OF ＜cdx_file＞子句指明被删除的索引标签所在的非结构化复合索引文件,缺省时指定结构化复合索引文件。

例 3-25　索引的删除。

```
CLOSE ALL
DELETE FILE stu_index_smp.idx  && 删除单索引文件 stu_index_smp.idx
USE 学生
DELETE TAG xh_index              && 删除结构化复合索引文件中的 xh_index 索引
DELETE TAG ALL
&& 删除结构化复合索引文件中的所有索引,同时该结构化复合索引文件也一同被删除
```

5. 索引的更新

数据表的索引既可以自动更新,也可以手动更新,以保证索引顺序与数据表的记录同步。

1) 自动更新

当表中的记录数据发生变化时,所有已打开的索引文件都可以自动随着记录数据的变化自动更新逻辑顺序,从而实现索引的自动更新。

2) 手动更新

当表中的记录数据发生变化时,与之相关的索引文件未被打开,则索引顺序不会自动更新,这时,就会出现索引文件与表记录之间不一致的情况。为了解决这类问题,Visual FoxPro 6.0 提供了重新索引的方法,以便使用户无须重新建立索引文件,就可以保持表记录数据与索引文件的同步。需要注意的是,在进行重新索引之前,必须先打开相应的索引文件。

格式:

```
REINDEX
```

功能:更新与当前表有关的所有已打开的索引文件,保持索引顺序与表记录的一致性。

3.5.5 表的快速检索

所谓表的检索就是按照用户所给出的条件,在表中查找符合条件的记录的过程。Visual FoxPro 6.0 提供用户两种不同的检索方式:一种是顺序查询,另一种是索引查询。

1. 顺序查询

顺序查询就是依据数据表的物理顺序,将记录指针指向满足条件的某个记录,顺序查询包括 LOCATE 和 CONTINUE 两条命令。

1) LOCATE 命令

格式:

```
LOCATE [<scope_define>] FOR |WHILE <exprL>
```

功能:在当前表的指定范围内,按顺序查找满足条件的第一条记录。若找到,则将记录指针指向该记录;否则,显示"已到定位范围末尾"。

说明:

① <scope_define>子句缺省时,默认范围为 ALL。

② 命令中 FOR <exprL>和 WHILE <exprL>子句必须选择其一。

③ 若该命令查到了满足条件的记录,则可用 RECNO()函数返回其记录号,此时函数 FOUND()返回值为真;否则,FOUND()函数返回假值。

2) CONTINUE 命令

LOCATE 命令在查找到满足条件的记录,需要继续往下查找满足条件的其他记录时,必须在 LOCATE 命令的后面多次使用 CONTINUE 命令,以便查到所有满足条件的记录。若没有记录满足条件,则显示"已到定位范围末尾"。

格式:

```
CONTINUE
```

功能:按最近一次 LOCATE 命令的条件在后续记录中继续查找。

例 3-26 LOCATE 和 CONTINUE 命令的使用。

```
CLOSE ALL
USE 学生
LOCATE FOR 姓名="郭飞"
? FOUND()                    && 返回值为真
? RECNO()
DISPLAY                      && 运行结果如图 3-47 所示
CONTINUE
? FOUND()                    && 返回值为真
DISPLAY                      && 运行结果如图 3-48 所示
CONTINUE
? FOUND()                    && 返回值为真
CONTINUE                     && 状态栏显示,已到定位范围末尾
```

记录号	学号	姓名	性别	出生日期	籍贯	简历	照片
6	201010006	郭飞	女	04/07/89	北京	memo	gen

图 3-47　例 3-26 运行结果(1)

记录号	学号	姓名	性别	出生日期	籍贯	简历	照片
9	201010009	郭飞	男	12/27/88	广东	memo	gen

图 3-48　例 3-26 运行结果(2)

2. 索引查询

索引的一个重要用法就是索引查询,使用索引查询可以大大加快数据的查询速度。索引查询的命令有 FIND 和 SEEK,FIND 主要用于兼容旧版本而保留,SEEK 命令的用法灵活,使用方便。

1) FIND 命令

格式:

```
FIND <exprC>
```

功能:在已确定主控索引的当前表中,查找索引关键字表达式的值与指定的表达式 expr 值相等的第一条记录。

说明:

① 该命令用于已建立索引且索引已打开的情况,执行该命令将使用索引文件查找与指定字符串相匹配的第一条记录,如果查找成功,将记录指针指向该记录;否则,记录指针指向文件尾。

② 只能查询第一条匹配的记录,如果需要继续查询,可以在 FIND 命令执行后,使用 SKIP 命令实现。

③ 如果<exprC>子句中的字符串中存在前导空格,就应该使用双引号括起;否则可以不使用双引号括起字符串。若指定的<exprC>是字符串变量,则需要使用宏替换函数。

④ 在使用 FIND 命令后,可以使用 FOUND()和 EOF()函数判断是否已经查找到记录,使用 RECNO()函数返回已匹配记录的记录号。如果查找成功,则 FOUND()函数返回值为.T.,EOF()函数返回值为.F.;否则 FOUND()函数返回值为.F.,EOF()函数返回值为.T.。

⑤ FIND 命令通常只用于查找字符型数据。

例 3-27　FIND 命令的使用。

```
CLOSE ALL
USE 学生
INDEX ON 姓名 TO stu_name_index
FIND 郭                    && 查找姓名中含有"郭"字的记录
? FOUND()                  && 返回值为.T.
DISPLAY
FIND 郭
```

```
? FOUND ()                        && 返回值为.T.
DISPLAY                           && 显示姓"郭"的第一条记录
SKIP
DISPLAY                           && 显示姓"郭"的第二条记录
```

2) SEEK 命令

格式：

```
SEEK <expr>
```

功能：在已确定主控索引的当前表中，查找索引关键字表达式的值与指定的表达式 expr 值相等的第一条记录。

说明：

① 表达式 expr 的类型必须与索引关键字表达式的类型一致，且 expr 表达式可以是常量、变量或表达式。

② SEEK 命令可以查询除备注型和通用型以外任意类型的数据，但是每种类型的数据都需要使用界定符。

③ SEEK 只能查询第一条匹配的记录，如果需要继续查询，可以在 SEEK 命令执行后，使用 SKIP 命令实现。

④ 可以使用 FOUND() 和 EOF() 函数判断是否已经查找到记录，使用 RECNO() 函数返回已匹配记录的记录号。如果查找成功，则 FOUND() 函数返回值为.T.，EOF() 函数返回值为.F.；否则 FOUND() 函数返回值为.F.，EOF() 函数返回值为.T.。

例 3-28　SEEK 命令的使用。

```
CLOSE ALL
USE 学生
INDEX ON 姓名 TO stu_name_index
SEEK 郭
? FOUND ()                        && 返回值为.T.
DISPLAY
INDEX ON 出生日期 TO stu_birth_index
SEEK {^1989-11-19}
? FOUND ()                        && 返回值为.T.
? RECNO ()                        && 返回值为 7
DISPLAY                           && 显示第一条出生日期为 1989-11-19 的记录
SKIP
? RECNO ()                        && 返回值为 17
DISPLAY                           && 显示第二条出生日期为 1989-11-19 的记录
```

3.6　多表操作

在 Visual FoxPro 6.0 应用中，经常需要同时从多个数据表中查询数据，当用户修改数据表时，也经常涉及多个表数据的更新。因此多表操作是数据库操作中非常重要的部分。

3.6.1 内存工作区

Visual FoxPro 6.0 中的工作区是指用于存放表的内存空间。在用户执行打开表的操作时,系统将表的内容从计算机的外存储器,包括硬盘、U 盘、光盘等,"装入"计算机内存的特定区域,这就是工作区。Visual FoxPro 6.0 为用户提供了 32 767 个工作区,分别使用 1,2,…,32 767 进行编号。

每个工作区可以打开一个表,每个表也只能在一个工作区中被打开。在某一时刻只能有一个在某一工作区打开的表可以处于"工作"状态,可以对该表进行各种操作,这个表称为当前工作表,这个工作区称为当前工作区。如果在一个工作区中已经打开一个表,若再次在这个工作区中打开另一个数据表,原先被打开的表将自动关闭。如果一个表已经在某个工作区中被打开,若在该表未关闭的情况下,试图在另一个工作区中打开,系统将提示出错信息"文件正在使用"。

1. 工作区别名

工作区除了可以使用工作区编号来标识以外,还可以使用别名来标识。前 10 个工作区的默认别名依次使用 A~J 10 个字母来表示,余下 11~32 767 个工作区分别使用 W1,W2,…,W32 757 进行编号。用户在使用命令方式打开数据表时,也可以指定相应的工作区别名。如果打开表的工作区未被及时指定别名,将使用相应的表名来作为工作区的默认别名。此后,可以通过工作区编号和别名来访问相应的工作区。

2. 使用 SELECT 命令选择工作区

在 Visual FoxPro 6.0 中,打开数据表之前,通常要先选择工作区,也可以在打开表的同时选择工作区,否则,系统将自动以当前工作区作为打开表的工作区,其中已打开的数据表将自动关闭。在打开表之前选择工作区,可以通过 SELECT 命令来完成。

格式:

```
SELECT <workspace_id>|<table_alias>
```

功能:选择 workspace_id 指定的工作区或 table_alias 表所在的工作区,将其设定成当前工作区。

说明:

① SELECT 命令选择的工作区称为当前工作区,默认情况下,Visual FoxPro 6.0 启动后将自动选定 1 号工作区作为当前工作区。

② 在多次使用 SELECT 命令选择工作区后,可以使用 SELECT()函数返回当前工作区的编号。

③ 命令 SELECT 0 可以选择当前尚未使用且编号最小的工作区作为当前工作区。因此,该命令可以方便用户使用工作区,而不必记忆哪些工作区已被使用。

④ 只有在工作区中已存在打开的表时,才能使用表别名,即 table_alias,来引用工作区。

⑤ 当需要从一个工作区转入另一个工作区时,可以使用 SELECT <workspace_id>,或使用 SELECT <table_alias>命令。

3. 在打开表的同时指定工作区

格式:

```
USE <table_name>[IN <workspace_id>|<workspace_default_alias>]
    [ALIAS <table_alias>] [EXCLUSIVE|SHARED] [NOUPDATE]
```

功能:在由 workspace_id 或 workspace_default_alias 指定的工作区中,以指定的方式打开 table_name 指定的表。

说明:

① [IN <workspace_id> |<workspace_default_alias>]指定用于打开表的工作区,其中 workspace_id 为工作区编号,workspace_default_alias 为使用 A~J 标记的默认别名。

② ALIAS <table_alias>用于在打开表的同时定义表的别名。此后,用户可以通过该别名使用相应的工作区。

③ EXCLUSIVE |SHARED 用于指定数据表的打开方式。其中 EXCLUSIVE 表示以独占方式打开表;SHARED 表示以共享方式打开表。默认以独占方式打开。

④ NOUPDATE 指以只读方式打开表。

例 3-29　USE 命令和 SELECT 命令的使用。

```
? SELECT()                          && 显示当前工作区编号,显示结果为 1
SELECT 2                            && 选择 2 号工作区作为当前工作区
USE 学生 EXCLUSIVE                   && 以独占方式在 2 号工作区打开默认目录中的表"学生.
                                       DBF"
? SELECT()                          && 显示当前工作区编号,显示结果为 2
USE 课程 IN 0 NOUPDATE SHARED ALIAS kc1
                                    && 以共享、只读方式在当前尚未使用的编号最小的工作区
                                       打开默认目录下的表"课程.DBF",并定义工作区别名
                                       为 kc1
? SELECT()                          && 显示当前工作区编号,显示结果为 1
SELECT kc1
? SELECT()                          && 显示当前工作区编号,显示结果为 1
CLOSE ALL
```

3.6.2　表的联接

在 Visual FoxPro 6.0 应用中,同时操作多个数据表,获取多个数据表的数据,或更新多个数据表的方法有表的联接和表的关联。表的联接可以从两个数据源表中将满足指定条件的记录结合起来,并产生包含特定字段的一个新表。

格式:

```
JOIN WITH <workspace_id> | <workspace_default_alias> |<table_alias> TO <table_
name> FOR <exprL> [FIELDS <fields_list>]
```

功能：将当前工作区中的表与另一个已打开的表按照指定的条件进行联接，产生包含指定字段的表。

说明：

① WITH ＜workspace_id＞ |＜workspace_default_alias＞ |＜table_alias＞子句用于指定参加联接的另一个已打开表所在的工作区，其中 workspace_id 为工作区编号，workspace_default_alias 为使用 A～J 标记和 W1，W2，…，W23 757 等标记的默认别名，table_alias 为用户在打开表时定义的表别名。

② TO ＜table_name＞子句用于指定两表联接后产生的新表的表名。

③ FOR ＜exprL＞子句用于参加联接记录必须满足的条件。

④ FIELDS＜fields_list＞子句用于指定新表中所包含的字段。缺省时，同时包含两表的所有非重复字段。

例 3-30 JOIN 命令的使用。

```
CLOSE ALL
SELECT 0
USE 成绩
SELECT 0
USE 学生
JOIN WITH 成绩 TO stu_score FOR 学生.学号=成绩.学号 ;
      FIELDS 学生.学号,学生.姓名,学生.性别,成绩.课程号,成绩.成绩
SELECT 0
USE stu_score
LIST                              && 运行结果如图 3-49 所示
CLOSE ALL
```

Stu_score

学号	姓名	性别	课程号	成绩
201010001	夏许海龙	男	c001	85
201010001	夏许海龙	男	c003	78
201010001	夏许海龙	男	c004	65
201010002	俞红双	女	c002	88
201010002	俞红双	女	c003	66
201010002	俞红双	女	c004	55
201010004	李珂	女	c001	88
201010004	李珂	女	c003	87
201010004	李珂	女	c004	78
201010005	张伟琳	女	c001	70
201010005	张伟琳	女	c002	90
201010005	张伟琳	女	c003	92
201010005	张伟琳	女	c004	80

图 3-49 例 3-30 运行结果

3.6.3　表的关联

虽然表的联接可以同时从两个数据表中获取相关的数据,但当需要从多个表中提取数据时,表的联接就无能为力了,而且表联接生成了一个新表,也增加了系统资源的消耗。而表的关联则可以在多个表之间建立一种临时的联动关系,完成对相关的多个表的操作,还无须产生新表。

1. 关联的概念

所谓表的关联,就是在不同工作区打开的表之间按照一定的条件建立一种临时的联动关系,使得一个表的记录指针在移动时,另一个表的记录指针也能随之移动。表关联并不产生一个新表。

在多个表建立表关联时,发起建立关联命令的表称为父表,被关联的表称为子表。在执行涉及关联后的两个表的数据操作时,父表记录指针的移动将导致子表记录指针自动移动,以指向满足关联条件的记录。为了子表能够快速地移动记录指针,系统要求子表必须按照关联条件中涉及的字段建立索引,而且该索引必须为其主控索引。

通常,表的关联关系可分为以下几种类型:

① 一对一关系。父表中的每一条记录只对应子表中的一条记录。

② 多对一关系。父表中的多条记录对应于子表中的一条记录。

③ 一对多关系。父表中的一条记录对应于子表中的多条记录。

2. 表关联的建立

格式:

```
SET RELATION TO <expr1>INTO <workspace_id1 |table_alias1>
    [,<expr2>INTO <workspace_id2 |table_alias2>[,...]] [ADDITIVE]
```

功能:以当前表为父表,按照指定的表达式与一个或多个子表建立关联。

说明:

① 建立关联的父表必须在当前工作区中打开,子表也必须在相应的工作区中打开。

② <expr1>,<expr2>,…表达式用于指定父表中作为关联条件的字段表达式,其值将与相应子表主控索引的索引关键字表达式值进行比较。

③ <workspace_id1 |table_alias1>,<workspace_id2 |table_alias2>,…用于指定要与父表建立关联的相应子表。可以使用子表所在工作区的别名或子表的别名。

④ ADDITIVE 子句表示在建立关联时不取消已存在的关联,即 ADDITIVE 子句可以创建多对一关系。缺省该子句时,将取消已建立的关联。

⑤ 执行该命令时,父表的记录指针移动时,子表中的记录指针也随之移动到第一条对应的记录上,即建立一对一关联;如果在子表中找不到相匹配的记录,则子表中的记录指针移到文件尾部。

例 3-31　SET RELATION TO 命令的使用。

```
CLOSE ALL
```

```
SELECT 1
USE 成绩
INDEX ON 学号 TAG scr_xh
SELECT 2
USE 学生
SET RELATION TO 学生.学号 into 成绩
GO 4                              && 显示量表指定记录的所有字段
DISP FIELD 成绩.学号,学生.学号
```

3. 一对多关系的说明

使用 SET RELATION 命令可以在不同的工作区之间建立一对一的关联,但是,在很多情况下,父表中的一条记录在子表中有多条记录与之对应,此时就需要建立一对多的关系。当浏览父表时,其记录指针一直保持不动,直到子表的记录指针移过表中的所有相关记录为止。建立一对多关系的步骤是,首先使用 SET RELATION 命令在父表与子表之间建立一对一关联,然后再使用 SET SKIP 命令建立一对多关系。

格式:

```
SET SKIP TO [<table_alias1[,<table_alias2>]...]
```

功能:在 SET RELATION 命令之后,建立一对多关系。

说明:

① <table_alias1>[,<table_alias2>]…子句指明一对多关系中,子表的别名或工作区别名。

② 直接使用 SET SKIP TO 命令,可以取消一对多关系,但使用 SET RELATION 命令建立的多对一关系仍在。

4. 取消关联

格式1:

```
SET RELATION TO
```

功能:取消当前表与所有子表之间的关联。

格式2:

```
SET RELATION OFF INTO <workspace_id |table_alias>
```

功能:取消当前表与指定子表之间的关联。

说明:上述两个命令在父表所在的工作区使用,<workspace_id |table_alias>子句用于通过工作区编号、工作区别名和表别名来指定子表。

3.6.4 数据工作期

数据工作期是一个用来设置数据工作环境的交互操作窗口,在所设置的数据工作环境中可对多表进行多种操作。Visual FoxPro 6.0 提供了菜单和命令两种方式打开和关闭数据工作期窗口。

1. 菜单方式

创建数据工作期的方法是,选择菜单项"窗口"→"数据工作期",在打开的"数据工作期"窗口中,可以创建需要的工作期,如图 3-50 所示。

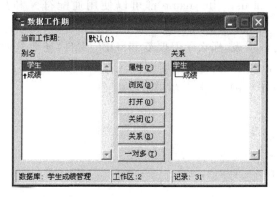

图 3-50　"数据工作期"窗口

"数据工作期"窗口中,各按钮功能如下:

- "属性"按钮,用于设置工作区的属性,包括字段过滤、设置主控索引等。
- "浏览"按钮,用于浏览在"列名"列表框中给出的表数据。
- "打开"按钮,用于打开表,此后该表表名将在"别名"列表框中列出。
- "关闭"按钮,用于关闭已打开的表,在"别名"列表框中选择表,并关闭。
- "关系"按钮,用于建立表之间的多对一关联。
- "一对多"按钮,用于声明指定的关联是一对多关系。

2. 命令方式

格式 1:

```
SET
```

格式 2:

```
SET VIEW ON
```

功能: 该命令可以打开数据工作期窗口。

说明: 使用 SET VIEW OFF 可以关闭数据工作期窗口。

3.7　常用 VFP 文件操纵

VFP 的文件操作命令包括文件复制、文件更名和文件删除等。

1. 文件复制

格式:

```
COPY FILE <src_file_name>TO <dst_file_name>
```

功能：将 src_file_name 指定的源表内容复制到 dst_file_name 指定的目标文件中。

说明：

① 在进行表内容复制时，源表 src_file_name 必须处于关闭状态。

② src_file_name 和 dst_file_name 都可以使用通配符 * 和?，而且都必须使用扩展名。

③ 如果需要备份数据表，那么不但要复制 .DBF 文件，还要复制相关的文件，例如备份文件.FPT、单索引文件.IDX、复合索引文件.CDX 等。

例 3-32　使用 COPY FILE 命令备份数据表。

```
CLOSE ALL
COPY FILE 学生.DBF TO 学生_1.DBF
COPY FILE 学生.FPT TO 学生_1.FPT
COPY FILE 学生.CDX TO 学生_1.CDX
```

2. 文件更名

格式：

```
RENAME <old_file_name> TO <new_file_name>
```

功能：对指定的文件进行更名。

说明：文件名 old_file_name、new_file_name 都必须带扩展名，否则默认扩展名为 .DBF；若文件名后只有句点"."，则表示无扩展名。

3. 删除文件

格式 1：

```
ERASE [<file_name>|?]
```

格式 2：

```
DELETE FILE [<file_name>|?]
```

功能：删除指定的文件。

说明：被删除的文件不能为已打开的文件，必须加扩展名。若文件不在默认盘当前目录中，必须带上路径。

3.8　上 机 实 验

3.8.1　表的基本操作

【实验要求与目的】

（1）通过实验认识和了解表格的基本组成和相关概念。

（2）掌握创建表的基本步骤。

（3）掌握表数据的输入方法。

（4）掌握表的复制、编辑等操作。

（5）掌握表结构的查看和修改。

【实验内容与步骤】

1．设置默认路径

方法一，图形方式，步骤如下：

（1）打开"Windows 资源管理器"或"我的电脑"，在 F 盘下创建目录 vfp。

（2）在 Visual FoxPro 6.0 中，选择菜单项"工具"→"选项"，打开"选项"对话框。

（3）打开"文件位置"选项卡，在下面的列表框中选定"默认目录"选项，单击右下角的"修改"按钮，弹出"更改文件位置"对话框，如图 3-2 所示。

（4）选中"使用（U）默认目录"复选框后，可以在上方的文本框中直接输入默认目录的位置为"F:\vfp"，也可以单击文本框右边的按钮，来定位默认目录的位置。

（5）设置完成后，分别单击"更改文件位置"对话框和"选项"对话框中的"确定"按钮。

方法二，命令方式。即在命令窗口中输入并执行以下的命令，也能设置文件的默认位置。

```
SET DEFAULT TO F:\vfp
```

在设置了默认目录后，在不需要的情况下，可以取消设置，对于图形方法的操作类似方法一，只是在"更改文件位置"对话框中，去掉"使用（U）默认目录"复选框即可。对于命令方式，则只要在命令窗口中输入以下的命令即可：

```
SET DEFAULT TO
```

2．创建表

1）创建表结构

（1）创建学生表。

① 单击菜单项"文件"→"新建"，弹出如图 3-9 所示的"新建"对话框。

② 单击"表"单选按钮后，单击"新建文件"按钮，在弹出的"创建"对话框中，输入新建表的表名，单击保存后，弹出如图 3-51 所示的"表设计器"对话框。

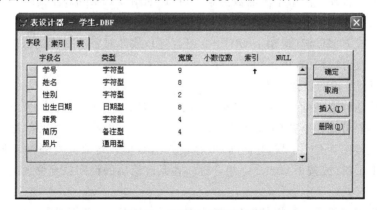

图 3-51　"表设计器"对话框

③ 在"表设计器"对话框中,按照如表 3-3 所示的"学生"表结构设计,在"表设计器"中,逐一设置各字段的"字段名"、"类型"、"字段宽度"等信息。

④ 所有字段属性定义完成后,单击"确定"按钮。在弹出询问对话框中单击"是"按钮,则进入数据录入步骤。

(2) 创建课程表。

按照创建"学生"表的步骤,创建课程表(其结构如表 3-4 所示)、成绩表(其结构如表 3-5 所示)。

注意:若使用命令方式创建表,其步骤如下:

以创建"学生.DBF"为例,在命令窗口中输入命令

CREATE 学生

&& 打开表设计器,建立"成绩"表,其表文件为"成绩.DBF",保存在默认目录下

2) 以追加方式向表中输入数据

在打开表后单击菜单项"显示"→"浏览",即可进入追加记录的界面,或在命令窗口中使用 APPEND 命令。

在如图 3-13 所示的数据录入窗口中,录入如表 3-2 所示的数据。记录输入完成后,用户可以单击该窗口的"关闭"按钮或 Ctrl+W 组合键保存输入的记录数据。

(1) 日期型和日期时间型字段数据的录入。

采用菜单方式,设置 Visual FoxPro 6.0 支持的日期格式的步骤如下:

① 单击菜单"工具"→"选项",弹出"选项"对话框。打开"区域"选项卡,其中需要设置的各项目均包含在"日期和时间"项目组中,选择"年月日",选中"日期分隔符"复选框,设定系统所支持的日期数据的分隔符为"-",选中"年份(1998 或 98)"复选框,设置系统采用 4 位完整年表示。单击"24 小时"单选按钮,如图 3-14 所示。

③ 单击"确定"按钮设置完毕,即可按照中国方式输入日期值,如需要输入:1989 年10 月 12 日下午 3 时 15 分 16 秒,输入方式为:1989-10-12 15:15:16。

(2) 备注型字段数据的录入。

当鼠标移动到备注字段时,按下 Ctrl+Home 组合键(或按下 Ctrl+PgDn 组合键、或双击鼠标左键),打开备注型字段的数据录入窗口,如图 3-15 所示,在其中录入备注数据。

数据录入结束后,可以单击该窗口的"关闭"按钮(或直接按下 Ctrl+W 组合键)保存输入的数据。按下 Esc 键(或按下 Ctrl+Q 组合键),放弃对备注字段的修改,在系统弹出的询问放弃修改对话框中,单击"是"按钮。

(3) 通用型字段的数据录入。

当光标移动到通用字段时,双击鼠标(或按下 Ctrl+Home 组合键、或按下 Ctrl+PgDn 组合键)打开通用字段的数据录入窗口。数据录入结束后,可以单击该窗口的"关闭"按钮(或直接按下 Ctrl+W 组合键)保存输入的数据。若放弃对备注字段的修改,可以选择按下 Esc 键(或按下 Ctrl+Q 组合键),在系统给出的询问放弃修改对话框中,单击"是"按钮。

在向通用型字段录入数据的时候,通常需要插入图片、声音等对象,此时可以单击"编

辑"→"插入对象"菜单项,打开"插入对象"对话框。

① 对于插入新建的对象,在"插入对象"对话框中,单击"新建"单选按钮,如图 3-18 所示。在"对象类型"列表框中选择适当的类型,例如给"学生.DBF"表的"照片"字段,录入一张会员的照片,就可以在"对象类型"列表框中选择"位图图像",然后单击"确定"按钮。接着单击菜单项"编辑"→"粘贴来源",在弹出的"粘贴来源"对话框中选择图片的来源文件。

② 对于来自于文件的对象,在"插入对象"对话框中,选择"由文件创建"单选按钮,如图 3-19 所示。在"文件"文本框中输入文件的路径,也可以单击"浏览"按钮后,在弹出的"浏览"对话框中选择文件的来源。然后,单击"确定"按钮,完成操作。

3. 表的基本操作

1) 浏览"学生"表中的数据

(1) 打开"学生"表。

① 以菜单方式打开表,单击菜单项"文件"→"打开",弹出如图 3-20 所示的"打开"对话框。在"文件类型"下拉列表中选择"表(＊.DBF)",然后选择"学生"表文件。然后,单击"确定"按钮。如果只需要读取表中的数据,而不修改表中的数据内容,则勾选"以只读方式打开"复选框,否则勾选"独占"复选框。

② 也可以以命令方式打开表,若以独占方式打开"学生"表,在命令窗口中输入命令:

```
USE 学生 EXCLUSIVE
```

&&EXCLUSIVE 表示以独占方式打开表;SHARED 表示以共享方式打开表。默认以独占方式打开

(2) 浏览表内容。

① 以菜单方式浏览表内容。单击菜单项"显示"→"浏览",打开数据表的浏览窗口,一条记录占一行,如图 3-21 所示。选择菜单项"显示"→"编辑"进入编辑方式,一个字段占一行,如图 3-22 所示。

在浏览窗口中可以方便地查看表中的相关记录,但当数据表中的字段较多或记录较多,不能同时显示所有数据时,浏览窗口将会自动出现垂直或水平滚动条。此时可以通过它们,滚动查看表中的数据。除此之外,也可以通过按 PgUp 键或 PgDn 键进行翻页查看。

- 改变显示列宽。在列标头中,将鼠标指针指向两个字段之间的结合处,当光标变成"‖"时拖动鼠标调整整列的宽度。也可以先选定一个字段,然后选择菜单项"表"→"调整字段大小",再用光标左、右方向键移动列宽,最后按下 Enter 键。
- 调整字段的显示顺序。将鼠标指针指向列标头区要移动的那一列上,此时鼠标将变成向下箭头,按下鼠标左键,拖动鼠标至合适的位置后,释放鼠标左键即可。或者选中需要调整的字段,然后选择菜单项"表"→"移动字段",再用光标键移动列到合适的位置后,按下 Enter 键。
- 拆分浏览窗口。将鼠标指针指向窗口左下角的黑色拆分条,按住鼠标左键,向右

拖动鼠标到合适的位置。也可以选择菜单项"表"→"调整分区大小",然后用光标左、右键移动拆分条至合适的位置,最后按 Enter 键,如图 3-23 所示。

② 命令方式下,可以使用 BROWSE 命令打开浏览窗口。如在浏览学生表,可在命令窗口输入以下命令:

```
USE 学生                        && 在当前工作区打开默认目录下的"学生"表
BROWSE FIELDS 学号,姓名,性别,籍贯    && 浏览表内部分字段的内容
BROWSE FREEZE 籍贯               && 浏览表,且光标只能在籍贯字段内移动
BROWSE LOCK 3                   && 浏览表,锁定左分区中 3 个字段的内容
USE                            && 关闭表"学生"
```

2) 查看和修改表结构

(1) 打开"学生"表。

(2) 查看并修改"学生"表的结构。

① 菜单方式。当表处于独占方式打开时,选择菜单项"显示"→"表设计器",打开"表设计器"对话框。按照创建表结构的方法修改学生表的结构后,单击对话框中的"确认"按钮(或按 Ctrl+W 组合键),在系统弹出询问"结构更改为永久性更改"的信息提示框中,单击"是"按钮,完成表结构的修改、保存并关闭"表设计器"对话框。

② 命令方式。先以独占方式打开表,然后使用命令打开"表设计器"查看并修改表结构,具体命令如下:

```
CLOSE ALL                      && 关闭所有数据表
SET DEFAULT TO F:\vfp          && 设置默认目录为 F:\vfp
USE 学生.DBF                    && 打开默认目录下的"学生"表
MODIFY STRUCTURE               && 打开"表设计器",显示"学生"表结构供用户修改
USE                            && 关闭表"学生"
```

3) 表的复制

打开"学生"表,然后使用 COPY TO 命令复制学生表,具体命令如下:

```
CLOSE ALL
USE 学生
COPY TO 学生_bak               && 备份"学生"表到"学生_bak"文件
GOTO TOP
&& 将"学生"表的前三条记录复制到"学生_sdf"文件中
COPY TO 学生_sdf NEXT 3 SDF
GO TOP
COPY TO 学生_xls.xls TYPE XLS   && 将"学生"表复制到"学生_xls".xls 文件中
USE 学生_bak
LIST
CLOSE ALL
```

4) 表结构复制

复制表结构操作可以将当前表文件的结构复制到一个指定的新表文件中,但仅仅复

制表结构,而不复制其中的数据。打开"学生"表,然后使命令复制学生表的结构,具体命令如下:

```
CLOSE ALL
USE 学生
&& 复制"学生"表结构中的部分字段到表"学生_str"中
COPY STRUCTURE TO 学生_str FIELDS 学号,姓名,性别,出生日期,籍贯
USE 学生_str
LIST STRUCTURE
```

【课后题】

(1) 按照创建"学生"表的步骤,完成"课程"表和"成绩"表的创建与数据录入。
(2) 创建"课程"表和"成绩"表的副本。

3.8.2　表记录的基本操作 1

【实验要求与目的】

(1) 认识和了解表的记录指针。
(2) 掌握表记录定位的操作和命令。
(3) 掌握表记录的插入、追加、删除与恢复等操作。
(4) 掌握表记录的更新与修改操作。

【实验内容与步骤】

1. 记录定位

1) 菜单方式

① 打开要使用的表,选择菜单项"显示"→"浏览",打开"浏览"对话框。在选择菜单项"表"→"转到记录",并通过在其下级菜单选择相应的菜单项来实现记录的定位。

② 选择"记录号"菜单项,打开"转到记录"对话框,如图 3-26 所示。直接在"记录号"微调器的文本框中输入要定位的记录号,然后单击"确定"按钮,就可以将记录指针定位至指定的记录上。

③ 选择"定位"菜单项,打开"定位记录"对话框,在其中输入定位条件表达式,如图 3-27所示,然后单击"定位"按钮,就可以将记录指针定位到满足条件表达式的第一条记录。

2) 命令方式

在命令窗口中输入以下命令,练习使用定位命令。表"学生"共 30 条记录。

```
CLOSE ALL
USE 学生
? RECNO()                        && 显示的结果为 1
GO 3                             && 将记录指针定位到 3 号记录
? RECNO()                        && 显示的结果为 5
```

```
GO TOP                    && 将记录指针定位到表的第一条记录
?RECNO()                  && 显示结果为 1
?BOF()                    && 显示的结果为.F.
SKIP -1                   && 记录指针向文件头移动 1 条记录
?BOF()                    && 显示的结果为.T.
?RECNO()                  && 显示的结果为 1
SKIP -1                   && 记录指针向文件头移动 1 条记录
?RECNO()                  && 显示的结果为 1
SKIP 5                    && 记录指针向文件尾移动 5 条记录
?RECNO()                  && 显示的结果为 6
SKIP -3                   && 记录指针向文件头移动 3 条记录
?RECNO()                  && 显示的结果为 3
SKIP                      && 记录指针向文件尾移动 1 条记录
?RECNO()                  && 显示的结果为 4
GO BOTTOM                 && 记录指针移到文件尾的最后一条记录
?EOF()                    && 显示的结果为.F.
?RECNO()                  && 显示的结果为 30
SKIP                      && 记录指针向文件尾移动 1 条记录
?EOF()                    && 显示的结果为.T.
?RECNO()                  && 显示的结果为 31
SKIP 10                   && 出现"已到文件尾"对话框
?RECNO()                  && 显示的结果为 31
USE
```

2. 插入记录

打开"学生"表,将记录指针移到需要插入记录的位置,插入一条记录。在命令行中输入以下命令完成插入。插入的记录数据如表 3-6 所示。

表 3-6   待插入的"学生"表记录

201010031	朱得志	男	07/28/89	安徽	memo	gen
201010032	王德强	男	06/18/91	湖北	memo	gen

```
CLOSE ALL
USE 学生
GO 3
INSERT
&& 在 3 号记录之后插入一条新记录,并打开"编辑"窗口等待用户录入数据
GO 4
INSERT BEFORE BLANK
&& 在 4 号记录之前插入一条空记录,但不打开"编辑"窗口
USE
```

3. 追加记录

1）单条记录的追加

（1）以菜单方式追加记录。

首先打开"学生"表，进入浏览窗口，选择菜单项"表"→"追加新记录"，此时就会在已打开表的尾部追加一条新的空记录，可输入待追加的数据记录，如表 3-7 所示。

表 3-7　待插入的"学生"表记录

201010033	王芸	女	08/26/91	安徽	memo	gen

如果在进入浏览窗口时，选择了菜单项"显示"→"追加方式"，则用户在录入记录数据时，系统会自动追加另一条新的空记录，等待用户录入数据，直到追加完成，这样也可以实现连续追加多条记录的操作。

（2）以命令方式追加记录。

打开"学生"表，先使用 APPEND 命令追加一条空白记录，然后使用 REPLACE 命令向其中添加记录。在命令行中输入以下命令完成插入。

```
CLOSE ALL
USE 学生
APPEND BLANK                          && 追加一条空白记录
REPLACE 学号 WITH "201010031", 姓名 WITH "曹丽", 性别 WITH "女", ;
          出生日期 WITH {^1989-11-11}, 籍贯 WITH "福建"
&& 使用 REPLACE 命令, 向刚刚追加的空记录中录入数据
```

2）批量追加记录

首先创建表"学生_1.DBF"，其结构同"学生"表，也可以直接复制"学生"表的结构，在命令窗口中输入：

```
USE 学生
COPY STRUC TO 学生_1
```

（1）菜单方式。

① 选择菜单项"文件"→"打开"，在出现的"打开"对话框中，选择表"学生_1"，然后单击"确定"按钮，接着再选择菜单项"显示"→"浏览"，打开"浏览"窗口。

② 追加记录。选择菜单项"表"→"追加记录"，打开"追加来源"对话框。在"类型"下拉列表中选择 Table(DBF)项，在"来源于"文本框中直接输入数据来源表的表名"学生"，或单击其右边的…按钮，在弹出的"打开"对话框中选择来源表，如图 3-52 所示。

③ 单击"选项"按钮，打开"追加来源选项"对话框，单击"字段"按钮，在弹出"字段选择器"对话框中，在"来源于表"下拉列表中选择来源表"学生_1"，接着在左边的"所有字段"列表中选择需要的字段，然后单击"添加"按钮，将选中的字段添入右边的"选定字段"文本框中，最后单击"确定"按钮返回"追加来源选项"对话框，选择需要追加的字段。在"追加来源选项"对话框中，单击 For 按钮，弹出"表达式生成器"对话框，设置相应的过滤条件，最后单击"确定"按钮，如图 3-53 所示。

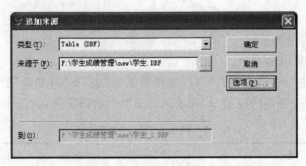

图 3-52　"追加来源"对话框

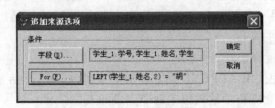

图 3-53　"追加来源选项"对话框

④ 接着依次在"追加来源选项"对话框和"追加来源"对话框中单击"确定"按钮,完成追加操作。

(2) 命令方式。

APPEND FROM 命令的使用,如图 3-15 所示。

4. 记录的删除和恢复

(1) 鼠标操作。

首先打开"学生"表,然后选择菜单项"显示"→"浏览",打开"浏览"窗口。单击要删除的记录左侧的矩形区域,该区域变黑,即表示该记录已经被做上了逻辑删除标记,如图 3-34 所示。

(2) 菜单方式。

首先打开表,然后选择菜单项"显示"→"浏览",打开"浏览"窗口。选择菜单项"表"→"删除记录",打开"删除"对话框。在"作用范围"下拉列表中选择范围为 All,在 For 文本框中直接输入条件表达式"学生.性别="女"",然后单击"删除"按钮,如图 3-35 所示。

(3) 命令方式。

可在命令窗口中输入以下命令完成与图 3-73 相同的功能,即删除学生表中的女同学。

```
USE 学生
DELETE ALL FOR 性别="女"
LIST                          && 运行结果如图 3-54 所示
SET DELETE ON                 && 设置逻辑删除"隐藏"
LIST                          && 运行结果如图 3-55 所示
RACALL ALL FOR 性别="女"       && 恢复已做逻辑删除的记录
```

```
LIST
DELETE ALL FOR 性别="女"
PACK                                    && 物理删除已做逻辑删除的记录
LIST
ZAP                                     && 删除所有记录
```

记录号	学号	姓名	性别	出生日期	籍贯	简历	照片
1	*201010001	杨艳	女	1988-03-15	安徽	memo	gen
2	*201010002	俞红双	女	1989-05-17	北京	memo	gen
3	*201010003	郭飞	女	1990-07-08	上海	memo	gen
4	*201010004	李珂	女	1989-04-27	湖南	memo	gen
5	*201010005	张伟琳	女	1988-10-19	湖北	memo	gen
6	201010006	贾文	男	1989-04-07	北京	memo	gen
7	201010007	刘兆文	男	1989-11-19	安徽	memo	gen
8	201010008	刘明	男	1990-01-28	安徽	memo	gen
9	201010009	郭飞	男	1988-12-27	广东	memo	gen
10	201010010	夏许海龙	男	1989-06-24	安徽	memo	gen
11	201010011	张玉	男	1988-10-14	河北	memo	gen
12	201010012	曹巍	男	1989-04-21	安徽	memo	gen

图 3-54　运行结果(1)

记录号	学号	姓名	性别	出生日期	籍贯	简历	照片
6	201010006	贾文	男	1989-04-07	北京	memo	gen
7	201010007	刘兆文	男	1989-11-19	安徽	memo	gen
8	201010008	刘明	男	1990-01-28	安徽	memo	gen
9	201010009	郭飞	男	1900-12-27	广东	memo	gen
10	201010010	夏许海龙	男	1989-06-24	安徽	memo	gen
11	201010011	张玉	男	1988-10-14	河北	memo	gen
12	201010012	曹巍	男	1989-04-21	安徽	memo	gen
13	201010013	朱得运	男	1988-07-28	上海	memo	gen
14	201010014	范旭冉	男	1989-06-24	浙江	memo	gen
15	201010015	王康	男	1988-12-24	安徽	memo	gen

图 3-55　运行结果(2)

5. 修改记录

通过使用 REPLACE 命令可以向表中追加一条新记录,也可以直接修改已有的记录,在命令窗口中输入命令:

```
CLOSE ALL
USE 学生
&& 追加记录
APPEND BLANK
REPLACE 学号 WITH "201010035", 姓名 WITH "王琴", 性别 WITH "女", ;
        出生日期 WITH {^1989-01-11}, 籍贯 WITH "广东"
LIST
&& 修改学号为 201010006 的同学的出生日期
REPLACE 出生日期 WITH {^1989-08-08} FOR 学号="201010006"
LIST
```

【课后题】

(1) 创建漫画书表 mhs.dbf,其结构表 3-8 所示,追加一条记录,其内容如表 3-9 所示。

表 3-8　mhs.dbf 的结构

原表标题	字段名	字段类型	宽度	小数位
编号	bh	C	6	
书名	sm	C	30	
作者	zz	C	16	
出版社	cbs	C	20	
定价	dj	N	5	2
日租金	rzj	N	4	2
破损	ps	L	1	
状态	zt	C	4	
简介	jj	M	4	

表 3-9　待追加的数据

编号	姓　名	作　者	出　版　社	定价	日租金	照片
401239	灌篮高手(4)	井上雄彦	新疆青少年出版社	7.5	0.5	FALSE
401242	灌篮高手(7)	井上雄彦	新疆青少年出版社	7.5	0.5	FALSE

（2）在 mhs.dbf 中的第二条记录前，插入一条记录，其内容如下。

编号	姓　名	作　者	出　版　社	定价	日租金	照片
401240	灌篮高手(5)	井上雄彦	新疆青少年出版社	7.5	0.5	FALSE

（3）修改编号为 401240 书籍的日租金为 0.6 元。

3.8.3　表记录的基本操作 2

【实验要求与目的】

（1）认识和了解表排序和索引的概念。
（2）认识和了解表联接和关联的概念。
（3）认识和了解工作区的概念。
（4）掌握表排序和索引的使用。
（5）掌握表关联和联接的使用。

【实验内容与步骤】

1. 排序的使用

使用 SORT 命令完成对学生表的排序，如例 3-19 所示。

2. 索引的使用

1）菜单方式

① 选择菜单项"文件"→"打开"，在出现的"打开"对话框中选择文件"学生.DBF"，单击"打开"按钮。

② 接着，打开"表设计器"对话框。选择菜单项"显示"→"表设计器"。在"字段"选项卡中，选中"学号"字段，在"索引"下拉列表框中选中升序，建立普通索引；选中"姓名"字段，在"索引"下拉列表中选中升序，如图 3-44 所示。

③ 打开"表设计器"对话框中的"索引"选项卡。单击对应行的"排序"按钮，选择降序排列。单击"类型"下拉列表，选择"唯一索引"，单击"确定"按钮完成，如图 3-45 所示。

2）命令方式

在命令行中，输入以下命令，演示索引的使用。

```
CLOSE ALL
USE 学生
INDEX ON 学号 TO stu_index_smp FOR 性别="男"
LIST                              && 运行结果如图 3-42 所示
INDEX ON - val(学号)TO stu_index_uni FOR 性别="男" UNIQUE
LIST                              && 运行结果如图 3-43 所示
INDEX ON 学号 TAG xh_index DESC FOR 性别="男"
LIST
INDEX ON 出生日期 TAG csrq_uni UNIQUE
LIST
USE
USE 学生 INDEX xh_index,csrq_unqi
LIST                              && 运行结果如图 3-43 所示
CLOSE ALL
USE 学生
SET INDEX TO stu_index_smp,stu_index_uni ADDITIVE
LIST                              &&stu_index_smp 为主控索引
SET INDEX TO
SET INDEX TO stu_index_smp
SET_INDEX TO stu_index_uni ADDITIVE
LIST                              &&stu_index_uni 为主控索引
FIND 201010013
CLOSE ALL
USE 学生 INDEX stu_index_smp,stu_index_uni
LIST                              && 按照学号的升序形成普通索引
SET ORDER TO 2                    && 指定 stu_index_uni.idx 为主控索引
LIST                              && 按照学号降序排列
SET ORDER TO TAG 3        && 指定结构化复合索引文件中的 xh_index 标签为主控索引
LIST
SET ORDER TO TAG csrq_uni ASCENDING
```

```
LIST
SET ORDER TO                          && 取消主控索引
```

3. 表的快速检索

1）LOCATE 和 CONTINUE 命令的使用

```
CLOSE ALL
USE 学生
LOCATE FOR 姓名="郭飞"
? FOUND()                             && 返回值为真
? RECNO()
DISPLAY                               && 运行结果如图 3-56 所示
CONTINUE
? FOUND()                             && 返回值为真
DISPLAY                               && 运行结果如图 3-57 所示
CONTINUE
? FOUND()                             && 返回值为真
CONTINUE                              && 状态栏显示,已到定位范围末尾
```

记录号	学号	姓名	性别	出生日期	籍贯	简历	照片
6	201010006	郭飞	女	04/07/89	北京	memo	gen

图 3-56 运行结果(1)

记录号	学号	姓名	性别	出生日期	籍贯	简历	照片
9	201010009	郭飞	男	12/27/88	广东	memo	gen

图 3-57 运行结果(2)

2）FIND 命令的使用

```
CLOSE ALL
USE 学生
INDEX ON 姓名 TO stu_name_index
FIND 郭                               && 查找姓名中含有"郭"字的记录
? FOUND()                             && 返回值为.T.
DISPLAY
FIND 郭
? FOUND()                             && 返回值为.T.
DISPLAY                               && 显示姓"郭"的第一条记录
SKIP
DISPLAY                               && 显示姓"郭"的第二条记录
```

3）SEEK 命令的使用

```
CLOSE ALL
USE 学生
INDEX ON 姓名 TO stu_name_index
SEEK 郭
```

```
?FOUND()                              && 返回值为.T.
DISPLAY
INDEX ON 出生日期 TO stu_birth_index
SEEK {^1989-11-19}
?FOUND()                              && 返回值为.T.
?RECNO()                              && 返回值为 7
DISPLAY                               && 显示第一条出生日期为 1989-11-19 的记录
SKIP
?RECNO()                              && 返回值为 17
DISPLAY                               && 显示第二条出生日期为 1989-11-19 的记录
```

4. 表的联接

JOIN 命令的使用。

```
JOIN 命令的使用
CLOSE ALL
SELECT 0
USE 成绩
SELECT 0
USE 学生
JOIN WITH 成绩 TO stu_score FOR 学生.学号=成绩.学号 ;
   FIELDS 学生.学号,学生.姓名,学生.性别,成绩.课程号,成绩.成绩
SELECT 0
USE stu_score
LIST                                  && 运行结果如图 3-58 所示
CLOSE ALL
```

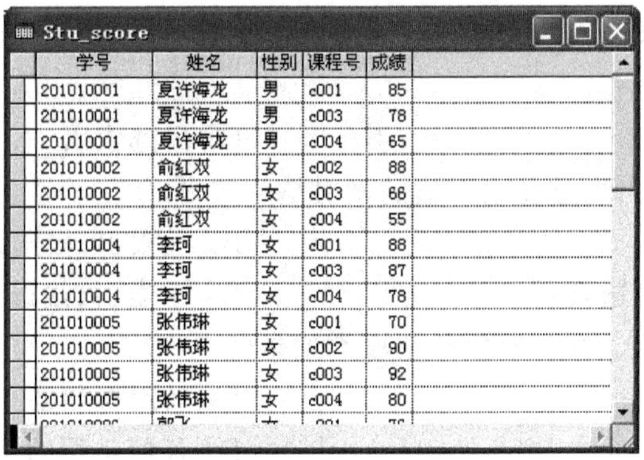

学号	姓名	性别	课程号	成绩
201010001	夏许海龙	男	c001	85
201010001	夏许海龙	男	c003	78
201010001	夏许海龙	男	c004	65
201010002	俞红双	女	c002	88
201010002	俞红双	女	c003	66
201010002	俞红双	女	c004	55
201010004	李珂	女	c001	88
201010004	李珂	女	c003	87
201010004	李珂	女	c004	78
201010005	张伟琳	女	c001	70
201010005	张伟琳	女	c002	90
201010005	张伟琳	女	c003	92
201010005	张伟琳	女	c004	80

图 3-58 运行结果

5. 表的关联

使用 SET RELATION TO 命令建立一对一关联。

```
CLOSE ALL
SELECT 1
```

```
USE 成绩
INDEX ON 学号 TAG scr_xh
SELECT 2
USE 学生
SET RELATION TO 学生.学号 into 成绩
GO 4                              && 显示量表的指定记录的所有字段
DISP FIELD 成绩.学号,学生.学号
```

本 章 小 结

　　数据表的操作是 Visual FoxPro 6.0 的基本内容,是数据库应用的基础。本章介绍了 Visual FoxPro 6.0 表的操作,主要介绍了表的设计、创建自由表,阐述了表的基本操作、表记录的操作、排序和索引、多表操作以及常用的表维护命令。重点介绍了自由表的创建、表的基本操作以及表的排序和索引。

习　　题

一、选择题

1. 下面有关索引的描述正确的是(　　)。

　　A) 建立索引以后,原来的数据库表文件中记录的物理顺序将被改变

　　B) 索引与数据库表的数据存储在一个文件中

　　C) 创建索引是创建一个指向数据库表文件记录的指针构成的文件

　　D) 使用索引并不能加快对表的查询操作

2. 若所建立索引的字段值不允许重复,并且一个表中只能创建一个,它应该是(　　)。

　　A) 主索引　　　　　　B) 唯一索引　　　　C) 候选索引　　　　D) 普通索引

3. 不允许记录中出现重复索引值的索引是(　　)。

　　A) 主索引　　　　　　　　　　　　　B) 主索引、候选索引和普遍索引

　　C) 主索引和候选索引　　　　　　　　D) 主索引、候选索引和唯一索引

4. 可以链接或嵌入 OLE 对象的字段类型是(　　)。

　　A) 备注型字段　　　　　　　　　　　B) 通用型和备注型字段

　　C) 通用型字段　　　　　　　　　　　D) 任何类型的字段

5. 在 Visual FoxPro 6.0 的数据工作期窗口,使用 SET RELATION 命令可以建立两个表之间的关联,这种关联是(　　)。

　　A) 永久性关联　　　　　　　　　　　B) 永久性关联或临时性关联

　　C) 临时性关联　　　　　　　　　　　D) 永久性关联和临时性关联

6. 在 Visual FoxPro 6.0 中,通用型字段 G 和备注型字段 M 在表中的宽度都是(　　)。

A) 2 个字节　　　B) 4 个字节　　　C) 8 个字节　　　D) 10 个字节

7. 不论索引是否生效，定位到相同记录上的命令都是（　　）。

A) GO TOP　　　B) GO BOTTOM　　C) GO 6　　　D) SKIP

8. 可以伴随着表的打开而自动打开的索引是（　　）。

A) 单一索引文件（IDX）　　　　　　B) 复合索引文件（CDX）

C) 结构化复合索引文件　　　　　　D) 非结构化复合索引文件

9. 要为当前表所有职工增加 100 元工资应该使用命令（　　）。

A) CHANGE 工资 WITH 工资＋100

B) REPLACE 工资 WITH 工资＋100

C) CHANGE ALL 工资 WITH 工资＋100

D) REPLACE ALL 工资 WITH 工资＋100

二、填空题

1. 对学生.DBF 表中，男同学按照出生日期的降序进行排序和索引的命令分别是_____。

2. 在使用 LOCATE 命令查询以后，可以使用函数_____来检测是否找到了记录。

3. 使用 REPLACE 命令时，缺省范围子句时，默认的命令执行范围是_____。

4. 在 Visual FoxPro 6.0 中，要物理删除一条表记录，应当先用_____命令添加逻辑删除标记，再用命令_____从表文件中删除。

5. 在 Visual FoxPro 6.0 中，索引的类型有 _____、_____、_____和_____。

三、基本操作题

1. 在已创建的"学生"表中，追加一条记录，其内容如表 3-10 所示。

表 3-10　待追加的数据

学　号	姓　名	性别	出生日期	籍贯	简介	照片
201010034	朱得志	男	07/28/89	安徽	memo	gen
201010035	王德强	男	06/18/91	湖北	memo	gen

2. 建立学生表和成绩表之间的联接，联接条件为"学生.学号＝成绩.学号"。

3. 使用命令查看学生的成绩。

第 4 章　Visual FoxPro 数据库操作

Visual FoxPro 6.0 数据库是一种关系数据库,通常数据库由一个或多个表,以及表间的关系组成。被包含在数据库中的表称为数据库表,和自由表相比,数据库表有更丰富的数据管理功能,可以帮助降低数据的冗余度,提高数据的查询速度。因此对数据库的操作大部分都是对数据库表的操作,以及数据库表间关系的操作。

本章将系统地介绍 Visual FoxPro 数据库的基本操作,主要包括数据库的设计与创建、数据库的维护、数据库中表关系的建立以及数据字典的管理和设置 4 个方面的知识。通过本章的学习,读者应该了解及掌握以下内容。

- 掌握数据库的创建方法。
- 掌握数据库的基本操作。
- 了解数据库的特性。
- 熟悉数据库表的基本操作。
- 掌握数据库表永久关系的设置。
- 了解数据参照完整性的设置。

4.1　数据库的设计与创建

Visual FoxPro 6.0 的数据库是一个完整的关系数据库,它由若干相关的表、表属性以及表间的各种联系组成。关系数据库可以提高数据库信息的共享程度,极大地降低数据库中的数据冗余度,可以提高数据的查询速度,方便地修改表与表之间的关系结构等。从属于某一数据库的表称为数据库表。不从属于任何数据库的表即是自由表。数据库表和自由表之间可以互相转换,当数据库表从数据库中被移除时就成为自由表,当自由表被添加到某一数据库时就成为该数据库的数据库表。一个数据库可以包含多个数据库表。

1. 数据库的设计

数据库是存放数据的仓库,它可以包含多种数据对象。数据库中除了包含其主体"表"以外,还包含一些与数据库有关的内容,统称为数据库对象。要创建一个便于使用的数据库,必须精确地组织数据,合理地设计数据库结构,具体步骤如下:

1) 分析数据需求

分析数据需求即进行需求分析,确定建立数据库的目的和使用方法。这有助于确定需要 Visual FoxPro 6.0 保存哪些信息。

2）确定需要的表

在明确了建立数据库的目的之后，就可以着手将必需的信息分解成不同的相关主题，每个主题都可以是数据库中的一个表。

3）确定表需要的字段

确定在每个表中保存哪些信息。在表中，每类信息称为一个字段，浏览表时在表中显示为一列。

4）确定表与表之间的关系

分析每个表，确定一个表中的数据和其他表中的数据之间的关系。必要时，可以在表中增加字段或创建一个新表来明确关系。

5）设计优化

在设计数据库的过程中，信息的复杂和环境的改变常常会造成考虑不周的情况。因此，在初步设计好数据库后，要以具体的实例重新研究设计方案，进一步检查、分析可能存在的不足，并进行相应的修改。只有这样，才能设计出一个满足用户需要的完善的数据库系统。

2．数据库的建立

在数据库设计完成之后，接下来就可以创建数据库了。数据库一般以文件形式保存在磁盘上，其扩展名为.DBC。在 Visual FoxPro 6.0 中，数据库的创建可以通过向导、"数据库设计器"和命令方式实现。在实际的使用过程中，"数据库向导"通常用于快速建立简易的数据库；"数据库设计器"可以用来创建用户需要的完善的数据库，或者用于修改由向导创建的简易数据库；命令方式则是用于打开"数据库设计器"的方法。

1）使用向导创建数据库

使用向导创建数据库的基本步骤如下：

① 选择"文件"→"新建"命令，或者直接单击常用工具栏上的"新建"按钮，打开"新建"对话框，如图 4-1 所示。

② 在"新建"对话框中，单击"文件类型"项目组中的"数据库"单选按钮，接着单击"向导"按钮，弹出"数据库向导"的"选择数据库"对话框，如图 4-2 所示。

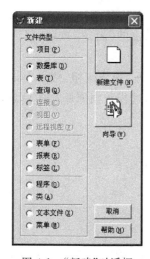

图 4-1　"新建"对话框

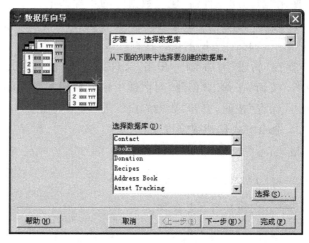

图 4-2　"数据库向导"的"选择数据库"对话框

③ 如果用户先前存在类似的数据库可以借鉴,则可以在"选择数据库"列表窗口中选择使用。若列表中未能列出需要的数据库,则可以单击"选择"按钮,在弹出的"打开"对话框中,选择并打开相应的数据库,再以该数据为模板在"数据库设计器中"进行修改。选择设置完成后,单击"完成"按钮,弹出"数据库向导"的"完成"对话框。如果用户需要建立全新的数据库,可以直接单击"完成"按钮,出现"数据库向导"的"完成"对话框,如图 4-3所示。

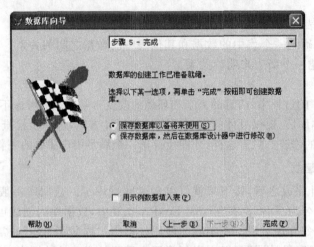

图 4-3 "数据库向导"的"完成"对话框

④ 在此步骤,若用户需要立即修改数据库的内容,可以单击"保存数据库,然后在数据库设计器中进行修改"单选按钮;否则单击"保存数据库以备将来使用"单选按钮。然后单击"完成"按钮。

⑤ 在出现的"另存为"对话框中,选择新建数据库的保存路径和名称后,单击"保存"按钮,完成新建数据库的步骤。

2) 使用"数据库设计器"创建数据库

使用"数据库设计器"建立数据库的步骤如下:

① 选择"文件"→"新建"命令,或者直接单击常用工具栏上的"新建"按钮,打开"新建"对话框,如图 4-1 所示。

② 在"新建"对话框中,单击"文件类型"项目组中的"数据库"单选按钮,接着单击"新建文件"按钮,在弹出"创建"对话框中输入新建的数据库名称,选择数据库保存的目录,然后单击"保存"按钮,打开"数据库设计器"窗口,如图 4-4 所示。

3) 命令方式创建数据库

格式:

CREATE DATABASE [<database_name>]?]

功能:创建并打开数据库。

说明:

① <database_name>子句用于指定要创建的数据库的名称,命名规则要符合文件

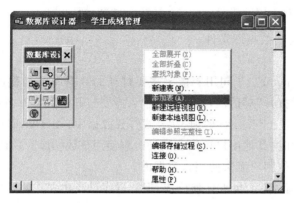

图 4-4　"数据库设计器"窗口

名的命名规则。

② 如果该命令不携带任何子句或仅携带"？"，将打开"创建"对话框，等待用户输入需要创建的数据库的名称。

需要注意的是，该命令执行后，虽然界面没有任何反应，但所创建的数据库文件已经建立，并处于打开状态。

4.2　数 据 库 维 护

数据库建立后，需要对数据库进行打开、关闭、修改等日常的维护操作，本节将详细介绍数据库的维护操作。

4.2.1　数据库的基本操作

1. 数据库的打开

要对数据库进行相应的操作，必须要先打开数据库。在 Visual FoxPro 6.0 中，可以同时打开多个数据库，并且提供了菜单操作方式和命令操作方式。

1）菜单方式

① 选择"文件"→"打开"命令，或者直接单击常用工具栏上的"打开"按钮，弹出"打开"对话框。

② 在"打开"对话框的"文件类型"下拉列表中选择"数据库(＊.DBC)"，选择数据库所在的目录，并在"文件名"文本框中输入或选择需要打开的数据库的名称，然后单击"确定"按钮，即可打开数据库文件。

在"打开"对话框的下方，包含了"以只读方式打开"和"独占"两个复选框，用于设定数据库打开的方式。当用户选中了"以只读方式打开"复选框时，被打开的数据库只能浏览和显示，但不能被修改；选中"独占"复选框时，表示被打开的数据库可以进行任何操作。

2）命令方式

格式：

```
OPEN DATABASE [<database_name>|?] [EXCLUSIVE |SHARED]
```

功能：打开指定的数据库文件。

说明：

① <database_name>子句用于指定需要打开的数据库的名称，若不选择该子句或仅选择"?"，则弹出"打开"对话框，等待用户输入需要打开的数据库名称。

② EXCLUSIVE 子句表示以"独占"方式打开数据库。SHARED 子句表示以"共享"方式打开数据库，此时，其他用户可以在同一时刻使用该数据库。默认采用"独占"方式打开，此时同一时刻其他用户无法使用该数据库。

③ 该命令执行后，界面也无任何反应，但数据库已经建立并处于打开状态。

2. 设置当前数据库

在 Visual FoxPro 6.0 中允许用户同时打开多个数据库，但同一时刻仅有一个数据库能够使用，这个数据库称为当前数据库。在打开多个数据库的时候，最后被打开的数据即为当前数据库。也可以使用 DBC() 函数来判断当前的数据库名。可以使用以下的命令来重新设置当前数据库。

格式：

```
SET DATABASE TO [<database_name>]
```

功能：将指定的数据库设置成当前数据库。

说明：

① <database_name>子句用于指定一个已打开的数据库名，在该命令执行完成后，该数据即成为当前数据库。

② 若仅使用 SET DATABASE 命令，而不携带任何子句，则可以取消当前数据库的设置，即所有已经打开的数据库都不会成为当前数据库。

3. 数据库的修改

对于已经创建好的数据库，在实际使用的过程中，可能需要进行修改，此时可以使用以下的命令实现。

格式：

```
MODIFY DATABASE [<database_name>]
```

功能：在数据库设计器中打开指定的数据库，以便对其进行修改。

说明：

① 如果当前系统中没有打开任何数据库，使用 MODIFY DATABASE <database_name>命令时，系统将先打开 database_name 子句指定的数据库，然后再打开数据库设计器窗口。若仅使用缺省 database_name 子句的 MODIFY DATABASE 命令，则弹出"打开"对话框，等待用户选择需要打开的数据库。

② 若当前系统中已经存在打开的数据库，则在执行 MODIFY DATABASE 命令时，会在数据库设计器中打开当前数据库。

4．数据库的关闭

当数据库使用完毕后,应该及时关闭数据库,防止由于误操作或断电等原因造成数据库内容不必要的损失。

格式1:

`CLOSE DATABASE [ALL]`

功能:关闭数据库文件。

说明:

① 使用 ALL 子句时,可关闭当前系统中已打开的所有数据库。缺省该子句时,仅关闭当前数据库。

② 该命令执行后,被关闭的数据库中,已打开的数据库表也被关闭。

格式2:

`CLOSE ALL`

功能:关闭所有已打开的数据库和数据表,同时关闭除系统主窗口以外的所有窗口。

说明:该命令执行完毕后,系统的所有设置回到初始化状态,并选择1号工作区作为当前工作区。

5．数据库的删除

当数据库不再需要时,就应该及时删除。

格式:

`DELETE DATABASE <database_name>[DELETE TABLES]`

功能:删除指定的数据库文件。

说明:

① 在删除数据库文件之前,需要删除的数据库必须处于关闭状态。

② DELETE TABLES 子句,表示在删除数据库的同时也将其中的数据库表一并删除。缺省该子句时,只删除指定的数据库文件,其中包含的数据库表将转变成自由表。

4.2.2 数据库表的基本操作

通常,数据库可以包含若干个数据表,在 Visual FoxPro 6.0 中,允许用户在已存在的数据库中,执行新建表、添加表、移除表和删除表等操作。

1．在数据库中新建表

Visual FoxPro 6.0 同样提供了菜单操作方式和命令方式两种方式,在当前数据库中新建表。

1）菜单方式

要在指定的数据库中新建表,必须先在"数据库设计器"中,打开相应的数据库。然后在该数据库中新建表,具体步骤如下:

① 选择"文件"→"打开"命令,在弹出的"打开"对话框中选择需要打开的数据库,单

击"打开"按钮。此时,系统打开"数据库设计器"对话框,并在其中打开指定的数据库,并在系统主菜单中添加"数据库"菜单项。

② 选择"数据库"→"新建表"命令,或者在"数据库设计器"对话框的空白处,右击,在弹出的快捷菜单中选择"新建表"菜单项;还可以选择"显示"→"工具栏"命令,在打开的"工具栏"对话框的列表中选择"数据库设计器"复选框,然后在出现的"数据库设计器"工具栏中单击"新建表"按钮,打开"新建表"对话框,如图 4-5 所示。

图 4-5　"新建表"对话框

③ 在"新建表"对话框中,单击"新建表"按钮,打开"创建"对话框,在"输入表名"文本框中输入表名后,单击"保存"按钮,即可打开如图 4-6 所示的"表设计器"对话框。

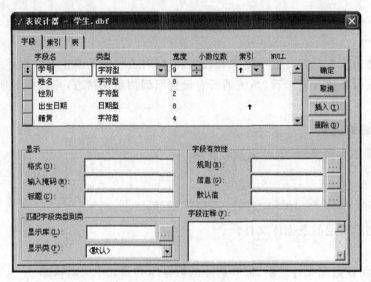

图 4-6　"表设计器"对话框

④ 与自由表的"表设计器"对话框相比,数据库的"表设计器"允许用户设置更多的选项。

2) 命令方式

命令方式下,建立数据库表的命令和建立自由表的命令相同,但是要求用户首先打开数据库,而且将其设置成当前数据库,然后再执行新建表的命令。

例 4-1　在数据库"学生成绩管理"中新建表。

```
CLOSE ALL
&& 打开"学生成绩管理"数据库,并设为当前数据库
OPEN DATABASE 学生成绩管理
CREATE 成绩                    && 在"学生成绩管理"数据库中新建表"成绩"
```

2. 向数据库添加表

Visual FoxPro 6.0 允许用户将已经建立的自由表添加到指定的数据库中。要完成

向数据库添加数据表,就需要先打开数据库并使之成为当前数据库,然后通过添加表的方法将自由表加入数据库。可以通过菜单方式和命令方式实现。

1) 菜单方式

① 首先打开需要添加表的数据库。如果数据库已经打开,可以在"常用"工具栏的"当前数据库"列表中,选择一个数据库作为当前数据库,如图 4-7 所示。

图 4-7　"常用"工具栏

② 选择"数据库"→"添加表"命令,或者在"数据库设计器"对话框的空白处,单击鼠标右键,在弹出的快捷菜单中选择"添加表"菜单项;还可以单击"数据库设计器"工具栏中的"添加表"按钮,弹出"打开"对话框。

③ 在"打开"对话框中,选择要添加的自由表名,单击"确定"按钮,该表即被加入数据库中。

2) 命令方式

格式:

ADD TABLE <table_name>|?

功能:向当前数据库添加指定的自由表,使之成为数据库表。

说明:<table_name>子句用于指定要添加到数据库的自由表表名,若仅携带"?"则打开"打开"对话框,等待用户从中选择需要添加的自由表表名。

例 4-2　向数据库添加表。

```
CLOSE ALL
OPEN DATABASE 学生成绩管理
MODIFY DATABASE
ADD TABLE 课程                    && 将表"课程"添加到"学生成绩管理"数据库
```

3. 数据库表的移出和删除

在 Visual FoxPro 6.0 中,数据表只能从属于一个数据库,加入某个数据库中的表由数据库管理,不能再将其添加到其他任何数据库。当数据库不再需要某个表时或需要将某个数据库表添加到另外一个数据库时,就必须先将数据表从数据库中移出,使该表成为自由表。系统提供了菜单操作方式和命令方式来实现数据库表的移出和删除。

1) 菜单操作方式

使用菜单方式从数据库中移出和删除数据库表的步骤如下:

① 首先在"数据库设计器"中选中需要移出的数据库表,然后选择"数据库"→"移去"命令,或者在"数据库设计器"工具栏中单击"移去表"按钮,打开如图 4-8 所示的对话框。

② 单击"移去"按钮,可以从数据库中移出指定的数据库表,此时被移出的数据库表即成为自由表,该表还可以被加入其他的数据库。单击"删除"按钮,则指定的数据库表将

图 4-8 移去或删除对话框

从磁盘中删除,此表将不复存在,因此,用户需要谨慎操作。

需要注意的是,当单击"移去"按钮时,系统将给出"一旦表被移出数据库长表名和长字段名就不能被用于索引或者程序。继续吗?"的提示对话框。如果用户单击了"是"按钮,则数据库表将从数据库中被移去,与移出表相关的主索引、字段有效性、记录有效性等属性将随之移去,在该表与其他数据库表之间建立的永久关系也将随之消失,这些改变都可能影响当前数据库中与该表有关的其他数据库表。

2) 命令方式

格式 1:

```
REMOVE TABLE <table_name>|? [DELETE]
```

功能:从当前数据库中移去或删除指定的数据库表。

格式 2:

```
DROP TABLE <table_name>|?
```

功能:从当前数据库中删除指定的数据库表。

说明:

① <table_name>子句用于指定将要被移去的数据库表的表名;若该命令仅携带"?",系统打开"移去"对话框,等待用户选择需要移去的数据库表。

② REMOVE TABLE 命令携带的 DELETE 子句用于指明当数据库表从数据库中移出时,一并删除该表,用户需要谨慎操作。缺省该子句时,系统仅仅将数据库表从数据库中移去。

例 4-3 数据库表的移出和删除。

```
CLOSE ALL
OPEN DATABASE 学生成绩管理
MODIFY DATABASE
ADD TABLE 学生
ADD TABLE 课程
ADD TABLE 成绩
REMOVE TABLE 课程              && 将表"课程"从数据库"学生成绩管理"中移去
DROP TABLE 成绩               && 删除数据库表"成绩"
CLOSE ALL
DROP TABLE 课程               && 删除自由表"课程"
```

4.3　数据库表的关联

Visual FoxPro 数据表之间的关联关系包括临时关联和永久关联关系。所谓临时关联关系，就是使不同工作区的记录指针建立一种联动关系，当一个表的记录指针移动时，另一个表的记录指针也能随之移动。所谓永久关系，就是指存储在数据库中的数据表之间的关系，在数据库设计器中表现为表的主索引和候选索引之间的连线。永久关系一旦建立，就会作为数据库的一部分存储在数据词典之中，直到将其删除为止，因此称为"永久关系"。临时关联关系的建立在本书的4.6.3节已经进行了详细的阐述，本节将介绍永久关系。

在 Visual FoxPro 6.0 中，临时关系与永久关联关系存在以下的不同：

① 数据表间的临时关系，可以存在于数据库表和自由表之间。而永久关联关系，则只能存在于数据库表之间。

② 若为临时关系，当相关联的数据表关闭时，关联将随之消失。而永久关联关系是作为数据库内容的一部分保存在数据库中的，当数据库重新打开时，永久关系自动恢复。

通常，表的永久关联关系可分为以下几种类型：

① 一对一关系。父表中的每一条记录只对应子表中的一条记录。表现在"数据库设计器"中，是连线的两端只有一个分支。

② 一对多关系。父表中的一条记录对应于子表中的多条记录。表现在"数据库设计器"中，是连线的一端是一个分支，另一端是三个分支。

1. 永久关系的建立

一个永久关系的建立需要涉及两个相关的数据库表，分别是父表和子表，在常见的一对多关系中，父表是"一方"所对应的表，子表是"多方"所对应的表。永久关系需要确定父表和子表，和临时关系类似，父表是关联的发出表，子表是关联的接受方。通常永久关系要求父表以相应的索引关键字建立主索引或候选关键字，而子表也以相同的索引关键字建立主索引、候选索引或普通索引。

永久关系需要在"数据库设计器"中建立，具体步骤如下：

① 选择 "文件"→"打开"命令，打开数据库文件"学生成绩管理.DBC"，进入"数据库设计器"窗口。

② 建立索引。首先确定父表和子表。选择"学生"为父表，"成绩"为子表，在"学生"表中以字段"学号"为索引关键字建立索引，并设置成主索引；在"成绩"表中以字段"学号"字段为索引关键字建立普通索引，如图4-9所示，在主索引标识前有一个钥匙形标志。

③ 建立表间关系。建立相应的索引后，只需在"数据库设计器"窗口中，将父表的主索引或候选索引标识拖放到子表中与其匹配的索引上即可。此时，数据库中的两表之间将以一条相应的"连线"来标识已经将关联建立成功，如图4-10所示。

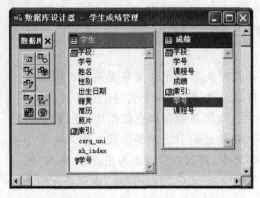
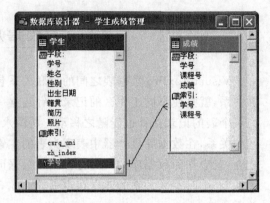

图 4-9　为永久关联建立索引　　　　　图 4-10　数据库表间的永久关系

2. 编辑表之间的永久关系

永久关系建立后,可以对其进行编辑和修改,具体方法是:将鼠标箭头指向表的关系连线上(此时关系连线变粗),单击鼠标右键,弹出如图 4-11 所示的"编辑关系"快捷菜单,在其中选择"编辑关系"命令,或者直接双击关系连线,打开"编辑关系"对话框,如图 4-12 所示,在该对话框中可以修改指定的关系。

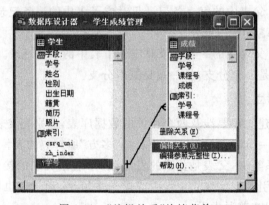

图 4-11　"编辑关系"快捷菜单

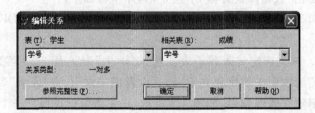

图 4-12　"编辑关系"对话框

3. 删除永久关系

永久关系建立后,可以根据需要删除掉,具体方法是:将鼠标箭头指向表的关系连线上,右击,在弹出的"编辑关系"快捷菜单中选择"删除关系"命令,或者鼠标单击需要删除的关系连线,然后按一下 Delete 键,即可删除指定的表间关系。

4.4　数　据　字　典

数据字典用于保存对数据库表各种数据的定义或设置信息,包括表的属性、字段属性、记录规则、表间关系和参照完整性等。这些属性和信息都可以通过"表设计器"或"数据库设计器"来设置完成,然后保存在数据库中。当表从数据库中移出时,这些属性也一并被删除。

4.4.1　设置表的记录属性

要设置表的记录属性,首先要打开数据库表,在"表设计器"对话框中打开"表"选项卡,如图 4-13 所示。在此可以设置记录验证规则、出错信息以及指定记录插入、更新和删除的触发器规则。

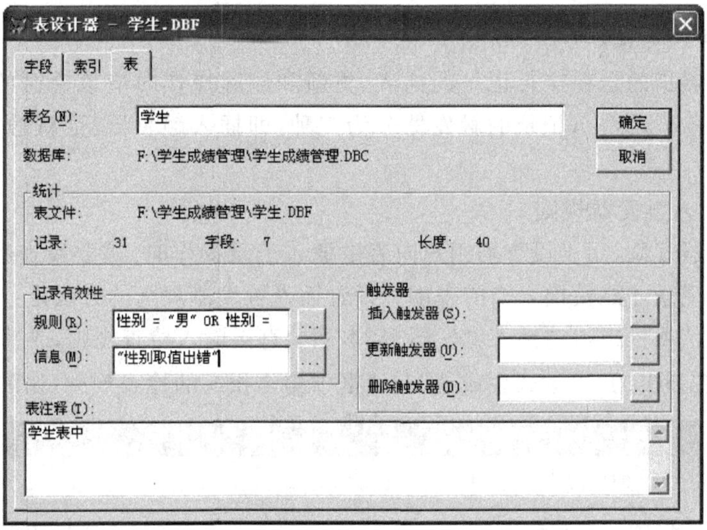

图 4-13　"表设计器"中的"表"选项卡

1. 设置记录有效性检查

记录有效性检查规则用于检查同一记录中不同字段之间的逻辑关系,这可以控制记录数据的完整性。只有输入的记录数据满足设置的记录有效性检查规则时,光标才可以离开当前记录。记录的有效性检查设置包括两个部分,即验证规则和出错信息。

1)记录有效性验证规则的设置

当用户输入记录数据,光标离开当前记录时,将检查相应的记录有效性规则。它应该是一个逻辑表达式。在"表"选项卡中找到"记录有效性"项目组,在"规则"文本框中直接输入检查规则,或单击该文本框右边的…按钮,在弹出的"表达式生成器"对话框中构建相应的检查规则。

2）出错信息的设置

出错信息用于当记录有效性检查未能通过时，系统给用户提示信息。在"表"选项卡中找到"记录有效性"项目组，然后在"信息"文本框中直接输入出错信息即可，或者单击该文本框右边的...按钮，在弹出的"表达式生成器"对话框中输入相应的出错信息。需要注意的是，此处的信息需要使用字符串定界符。

例如，在"学生"表中，设置记录有效性检验规则为"（性别＝"男". OR. 性别＝"女"）"，用于限定"学生"表中性别的取值为"男"或"女"，出错信息设为"性别取值出错"，设置完成后单击"确定"按钮，随即弹出如图 4-14 所示的提示对话框，用于询问用户是否要使用已设定的记录有效性检查规则验证表中现有的记录数据。此时，单击"是"按钮，即对当前表中的记录进行记录有效性检查，如果通过，系统将返回"表设计器"对话框。单击"否"则不对当前表中的记录进行检查，而仅对以后的记录修改和记录追加进行验证。

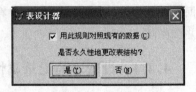

图 4-14　询问对话框

2. 记录触发器的设置

记录触发器指的是在执行记录的插入、更新和删除操作时应该遵循的规则或条件。在 Visual FoxPro 6.0 中，记录的触发器分为三种，即插入触发器、更新触发器和删除触发器。

1）设置插入触发器规则

插入触发器规则，用于设置当用户向表中插入记录操作时，需要检查的规则，只有满足规则条件的记录才能被插入当前表中。设置插入触发器规则的方法是：在"表"选项卡中找到"触发器"项目组，在"插入触发器"文本框中直接输入检查规则，或单击该文本框右边的...按钮，在弹出的"表达式生成器"对话框中构建相应的检查规则，如图 4-15 所示。

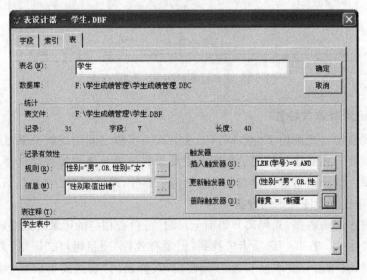

图 4-15　设置触发器

2）更新触发器的设置

插入触发器规则，用于设置当用户在表中更新记录操作时，需要检查的规则，只有满足规则条件的记录才能被更新至当前表中。设置更新触发器规则的方法类似于插入触发器。在"表"选项卡的"触发器"项目组的"更新触发器"文本框中设置。

3）删除触发器的设置

删除触发器的设置，用于在执行表记录的逻辑删除操作时，进行检验的规则。设置方法类似于更新触发器和插入触发器的设置方法。

在"表"选项卡中还可以设置指定表的注释行，在"表注释"文本框中输入相应的注释信息即可。

4.4.2 设置字段属性

要设置表的字段属性，首先要打开数据库表，在"表设计器"中打开"字段"选项卡。在此可以设置以下的属性，"显示"属性、字段有效性以及字段注释等。选定需要设置属性的字段，然后进行以下的设置。

1. 显示属性的设置

字段的显示属性设置，需要在"字段"选项卡的"显示"项目组中完成。在此，可以设置字段的显示格式、输入掩码和字段标题，如图 4-16 所示。

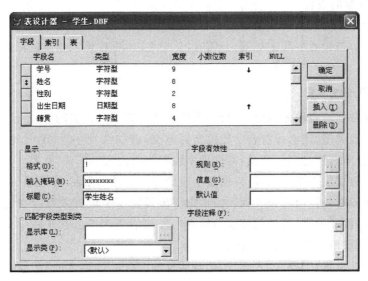

图 4-16 字段显示属性的设置

1）字段显示格式的设置

字段显示格式的设置是指为字段内容的输入或显示设置相应的格式表达式。若设置字段格式，只需在"字段"选项卡的"显示"项目组的"格式"文本框中输入相应的格式表达式即可。格式表达式一般由格式控制符构成。格式表达式中可以使用的格式控制符如下：

- A 表示仅允许输入字母。
- ! 表示自动将字母转换成大写。
- A! 表示仅允许输入字母,且自动将小写字母转换成大写。

2) 输入掩码的设置

字段的输入掩码用于对指定的字段内容设置输入格式或限制输入数据的范围,以控制数据输入的正确性。要设置字段的输入掩码,只需在"显示"项目组的"输入掩码"文本框中输入相应的输入掩码字符串即可。

输入掩码也由相应的控制符构成,输入掩码控制符如下:

- X 表示允许输入字符,包括字母、数字或其他字符。
- 9 表示允许输入数字。
- ♯ 表示允许输入数字、空格、＋和－。
- $ 表示在指定的位置显示相应的货币符号。
- * 表示在指定宽度中,字段值的左侧显示星号。
- . 表示要指出小数点位置。
- , 表示用逗号分隔小数点左边的数字。

例如,设置"学生"表的"姓名"字段,仅允许输入字符,且长度为 8 个字符,其输入掩码为 XXXXXXXX,如图 4-16 所示。

3) 字段标题的设置

标题设置用于为相应的字段指定显示标题,该标题通常出现在浏览窗口、编辑窗口、表单和报表中。若设置字段的标题,只需在"标题"文本框中输入相应的标题内容即可,如图 4-16 所示。

2. 字段有效性设置

用户在向数据库表输入数据的时候,需要输入的数据是合法的,即不但要求输入的数据能够符合字段类型,还必须符合字段的实际意义,例如性别字段,不但要求输入的数据是字符型,更要求其满足实际意义,即性别字段只能取值为"男"或"女"。

字段输入数据的类型要求,可以通过字段的显示属性来限制,字段输入的实际意义要求可以通过字段有效性检查来实现。当指定字段设置了字段有效性检查后,当用户输入数据,或更新字段取值时,系统能够自动检查字段取值是否符合其实际意义,如果输入数据不合法,光标就不能离开当前字段。

字段有效性设置,需要在"表设计器"对话框的"字段"选项卡的"字段有效性"项目组中完成,包括字段有效性规则、提示信息和字段的默认值设置,如图 4-17 所示。

1) 字段有效性规则的设置

字段有效性规则即用于对字段及数据进行正确性检查的规则,在实际应用中,它是一个表示条件的逻辑表达式,用于控制字段数据的完整性。当字段输入完成后,系统利用该逻辑表达式对字段的有效性进行检查,如果不满足条件,系统将不接受输入。字段有效性规则的设置方法是,在"字段有效性"项目组的"规则"文本框中直接输入需要设置的逻辑表达式,或单击文本框右边的 … 按钮,在弹出的"表达式生成器"中构建相应的逻辑表达式。

例如,对"学生"表的"性别"字段仅允许输入"男"和"女"两种数据,可以设置如下的规则"性别＝"男". OR. 性别＝"女"",如图 4-17 所示。

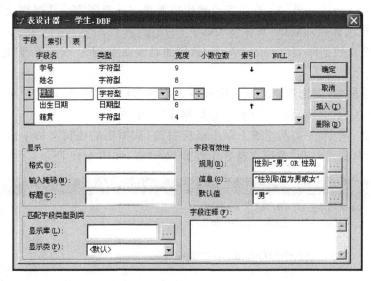

图 4-17　字段有效性设置

2) 设置提示信息

提示信息用于在相应的字段输入数据时,如果字段有效性检查没有通过,系统给出的出错信息。若要设置提示信息,只需在"字段有效性"项目组的"信息"文本框中直接输入需要设置的信息内容,或单击文本框右边的■按钮,在弹出的"表达式生成器"中输入需要设置的信息内容即可,需要注意的是,此处的信息内容需要使用字段串定界符。

3) 字段默认值的设置

默认值用于指定相应字段在无用户输入时的默认值。要设置用户字段的默认值,则只需要在"字段有效性"项目组的"默认值"文本框中直接输入需要设置的默认值,或单击文本框右边的■按钮,在弹出的"表达式生成器"中输入需要设置的默认值内容即可。字段默认值的类型由字段本身的类型决定。

4) 字段注释的设置

字段注释是指定字段的说明性信息。要设置字段注释,只需在"字段注释"文本框中输入相应的注释内容即可。

4.4.3　设置参照完整性

在相互关联数据库表之间,有关记录是相互关联的。当一个表的记录数据发生更新、插入或删除等操作时,就有可能造成表数据的不一致,甚至破坏数据的完整性。Visual FoxPro 6.0 的参照完整性可以避免这种情况的发生。

参照完整性(Referential Integrity,RI)用于控制数据库中各相关表间数据的一致性和完整性。与前面介绍的数据库的字段有效性和记录有效性的验证规则不同,参照完整性规则属于表间规则,对于已经建立了永久关系的相关表,参照完整性规则能够确保在相互关联的表间,当一个表的记录数据发生更新等操作时,其他表的记录数据也随之进行相应的自动调整操作,保证了表间数据的一致性和完整性。

Visual FoxPro 6.0 提供了参照完整性生成器来完成参照完整性规则的设置,包括更新规则、删除规则和插入规则,具体步骤如下:

① 首先建立数据库表之间的永久关系,例如对数据库"学生成绩管理"建立如图 4-11 所示的永久关系。

② 清理数据库,即物理删除数据库的各表中所有已做删除标记的记录。打开"数据库设计器",单击"数据库"菜单下的"清理数据库"菜单项。

③ 在任意一个永久关系连线上单击鼠标右键,从弹出的快捷菜单中选择"编辑参照完整性"菜单项,即可打开"参照完整性生成器"对话框,如图 4-18 所示。

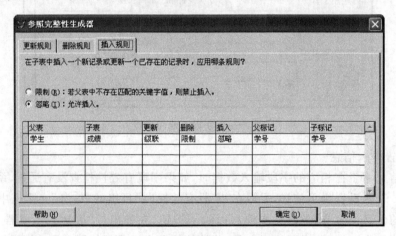

图 4-18   "参照完整性生成器"对话框

参照完整性的更新规则,可以在"参照完整性生成器"对话框的"更新规则"选项卡中完成。用于设置修改父表中的关键字值时所应遵循的规则。允许用户设置"级联"、"限制"和"忽略"三种规则,只要单击"更新规则"选项卡中的相应单选按钮即可,它们的含义如下:

- "级联"规则,表示在修改父表中的关键字值时,自动更新子表中的有关记录的相关字段值。
- "限制"规则,表示当子表中存在相关记录时,禁止修改父表中相关的关键字值,同时,系统给出"触发器失败"的提示信息。
- "忽略"规则,表示无论子表中是否存在相关记录,均允许修改父表中的关键字值。

删除规则用于设置删除父表中的记录时所应遵循的规则,可在"参照完整性生成器"对话框的"删除规则"选项卡中完成,用户可以通过单击"级联"、"限制"和"忽略"单选按钮,设置相应的规则,其含义如下:

- "级联"规则,表示在删除父表中的记录时,子表也自动删除相关记录。
- "限制"规则,表示当子表中存在相关记录时,禁止删除父表中的记录。

- "忽略"规则,表示无论子表中是否存在相关记录,均允许删除父表中的记录。

插入规则用于设置在子表中插入新的记录或更新已存在的记录时所应遵循的规则。"参照完整性生成器"的"插入规则"选项卡中给出了"限制"和"忽略"单选按钮,提供了可供选择的两种插入规则,其含义如下:

- "限制"规则,表示当父表中没有相应的关键字值时,将禁止在子表中插入与该关键字值对应的记录,或将原记录的相关字段值修改为该关键字值。
- "忽略"规则,表示不管父表中是否存在相关记录,均允许在子表中插入新记录。

④ 在"参照完整性生成器"对话框中,分别按照要求在"更新规则"、"删除规则"和"插入规则"选项卡中,单击相应的规则单选按钮,完成后单击"确定"按钮,以保存当前所设置的参照完整性规则。

4.5　上 机 实 验

【实验要求与目的】

(1) 认识和了解数据库、数据字典等概念。
(2) 掌握数据库的建立、打开、删除等基本操作。
(3) 掌握数据库中表的基本操作。
(4) 掌握数据字典的使用。

【实验内容与步骤】

1. 数据库的基本操作

新建目录"F:\学生成绩管理",设置默认存储目录为"F:\学生成绩管理"。

1) 菜单方式

(1) 新建数据库"学生成绩管理"。

① 选择菜单项"文件"→"新建",或者直接单击常用工具栏上的"新建"按钮,打开"新建"对话框,如图 4-1 所示。

② 在"新建"对话框中,单击"文件类型"项目组中的"数据库"单选按钮,接着单击"新建文件"按钮,在弹出的"创建"对话框中输入新建的数据库名称"学生成绩管理",选择数据库保存的目录"F:\学生成绩管理",然后单击"保存"按钮,打开"数据库设计器"对话框。

(2) 向数据库添加"学生"表。

① 选择菜单项"文件"→"打开",或者直接单击常用工具栏上的"打开"按钮,在打开的"打开"对话框中,选择"学生成绩管理.DBC"数据库,单击"确定"按钮(如果数据库已经打开,可以在"常用"工具栏的"当前数据库"列表中,选择一个数据库作为当前数据库)。

② 选择菜单项"数据库"→"添加表",或者在"数据库设计器"对话框的空白处,单击鼠标右键,在弹出的快捷菜单中选择"添加表"菜单项,如图 4-4 所示。还可以单击"数据库设计器"工具栏中的"添加表"按钮,弹出"打开"对话框。

③ 在"打开"对话框中,选择添加"学生"表,单击"确定"按钮,该表即被加入数据库中。

(3) 在数据库中新建表"成绩"和"课程"。

① 打开数据库"学生成绩管理",选择菜单项"数据库"→"新建表",或者在"数据库设计器"对话框的空白处,单击鼠标右键,在弹出的快捷菜单中选择"新建表"菜单项;还可以选择菜单项"显示"→"工具栏",在打开的"工具栏"对话框的列表中选择"数据库设计器"复选框,然后在出现的"数据库设计器"工具栏中单击"新建表"按钮,打开"新建表"对话框,如图 4-5 所示。

③ 在"新建表"对话框中,单击"新建表"按钮,打开"创建"对话框,在"输入表名"文本框中输入"成绩"后,单击"保存"按钮。

④ 用相同的方法在"学生成绩管理"数据库中新建"课程"表。

2) 命令方式

使用命令方式也可以完成上述数据库基本操作,在命令窗口输入以下命令:

```
SET DEFAULT OT f:\学生成绩管理
CLOSE ALL
CREATE DATABASE 学生成绩管理        && 新建数据库"学生成绩管理",数据库已打开
MODIFY DATABASE                    && 打开数据库设计器
CLOSE DATABASE                     && 关闭当前数据库,即"学生成绩管理"
OPEN DATABASE 学生成绩管理          && 打开库"学生成绩管理",并成为当前数据库
ADD TABLE 学生                     && 向数据库中添加"学生"表
CREATE 成绩                        && 在数据库中新建表"成绩",打开表设计器
CREATE 课程
```

2. 建立数据库中各表的永久关系,设置参照完整性规则

① 选择菜单项"文件"→"打开",打开数据库文件"学生成绩管理.DBC",进入"数据库设计器"窗口。

② 建立索引。选择"学生"为父表,"成绩"为子表,在"学生"表中以字段"学号"为索引关键字建立索引,并设置成主索引;在"成绩"表中以字段"学号"字段为索引关键字建立普通索引,如图 4-9 所示。在主索引标识前有一个钥匙形标志。

③ 建立表间关系。在"数据库设计器"窗口中,将父表的主索引或候选索引标识拖放到子表中与其匹配的索引上,如图 4-10 所示。

④ 将鼠标箭头指向表的关系连线上(此时关系连线变粗),单击鼠标右键,弹出如图 4-11 所示的"编辑关系"快捷菜单,在其中选择"编辑关系"命令,或者直接双击关系连线,打开"编辑关系"对话框,如图 4-12 所示,在该对话框中可以修改指定的关系。

⑤ 单击"数据库"菜单下的"清理数据库"菜单项。在任意一个永久关系连线上单击鼠标右键,在弹出的快捷菜单中选择"编辑参照完整性"菜单项,即可打开"参照完整性生成器"对话框,如图 4-18 所示。

⑥ 在"参照完整性生成器"对话框中,分别按照要求在"更新规则"、"删除规则"和"插入规则"选项卡中,单击相应的规则单选按钮,完成后单击"确定"按钮,以保存当前所设置

的参照完整性规则。

3. 数据字典的使用

1）设置表的记录属性

设置记录有效性检查，限定性别字段只能取"男"或"女"。

记录有效性检查规则用于检查同一记录中不同字段之间的逻辑关系，这可以控制记录数据的完整性。只有输入的记录数据满足设置的记录有效性检查规则时，光标才可以离开当前记录。记录的有效性检查设置包括两个部分，即验证规则和出错信息。

① 记录有效性验证规则的设置。打开数据库表，在"表设计器"中打开"表"选项卡。在"表"选项卡中找到"记录有效性"项目组，在"规则"文本框中直接输入检查规则"性别＝"男". OR. 性别＝"女""，或单击该文本框右边的 ⋯ 按钮，在弹出的"表达式生成器"对话框中构建相应的检查规则。

② 出错信息的设置。在"表"选项卡中找到"记录有效性"项目组，然后在"信息"文本框中直接输入出错信息"性别取值出错"，或者单击该文本框右边的 ⋯ 按钮，在弹出的"表达式生成器"对话框中输入相应的出错信息。需要注意的是，此处的信息需要使用字符串定界符，如图 4-13 所示。

③ 设置完成后单击"确定"按钮。在随即弹出的提示对话框中单击"是"按钮，即对当前表中的记录进行记录有效性检查，如果通过，系统将返回"表设计器"对话框；单击"否"则不对当前表中记录进行检查，而仅对以后的记录修改和记录追加进行验证。

2）记录触发器的设置

记录触发器指的是在执行记录的插入、更新和删除操作时应该遵循的规则或条件。

① 设置插入触发器规则。在"表"选项卡中找到"触发器"项目组，在"插入触发器"文本框中直接输入检查规则"LEN(学号)＝9. AND. (性别＝"男". OR. 性别＝"女")"，或单击该文本框右边的 ⋯ 按钮，在弹出的"表达式生成器"对话框中构建相应的检查规则。

② 更新触发器的设置。在"表"选项卡的"触发器"项目组的"更新触发器"文本框中设置规则"(性别＝"男". OR. 性别＝"女"). AND. LEN(学号)＝9"，或单击该文本框右边的 ⋯ 按钮，在弹出的"表达式生成器"对话框中构建相应的检查规则。

③ 删除触发器的设置。在"表"选项卡的"触发器"项目组的"删除触发器"文本框中设置规则"籍贯＝"新疆""，或单击该文本框右边的 ⋯ 按钮，在弹出的"表达式生成器"对话框中构建相应的检查规则，如图 4-15 所示。

4. 设置字段属性

1）显示属性的设置

打开数据库表"学生. DBF"，打开"表设计器"，打开"字段"选项卡，选中"学生"表的"姓名"字段。

① 字段显示格式的设置。在"显示"项目组的"格式"文本框中输入"!"。格式表达式中可以使用的格式控制符如下：

- A 表示仅允许输入字母。
- ！表示自动将字母转换成大写。
- A！表示仅允许输入字母，且自动将小写字母转换成大写。

② 输入掩码的设置。在"显示"项目组的"输入掩码"文本框中输入"XXXXXXXX"，表示仅允许输入字符，且长度为 8 个字符。输入掩码控制符如下：

- X 表示允许输入字符，包括字母、数字或其他字符。
- 9 表示允许输入数字。
- ♯表示允许输入数字、空格、＋和－。
- ＄表示在指定的位置显示相应的货币符号。
- ＊表示在指定宽度中，字段值的左侧显示星号。
- ．表示要指出小数点位置。
- ，表示用逗号分隔小数点左边的数字。

③ 字段标题的设置。在"显示"项目组的"标题"文本框中输入相应的标题内容"学生姓名"，如图 4-16 所示。

2）字段有效性设置

打开数据库表"学生.DBF"，打开"表设计器"，打开"字段"选项卡，选择"性别"字段。

① 字段有效性规则的设置。在"字段有效性"项目组的"规则"文本框中输入逻辑表达式"性别＝"男".OR.性别＝"女""。也可以单击文本框右边的 … 按钮，在弹出的"表达式生成器"中构建相应的逻辑表达式。

② 设置提示信息。在"字段有效性"项目组的"信息"文本框中输入""性别取值为男或女""，或单击文本框右边的 … 按钮，在弹出的"表达式生成器"中输入需要设置的信息内容。注意：此处的信息内容需要使用字段串定界符。

③ 字段默认值的设置。在"字段有效性"项目组的"默认值"文本框中输入""男""。注意：字段默认值的类型由字段本身的类型决定，如图 4-17 所示。

本 章 小 结

数据库是存放数据的仓库，是若干个相互关联的表以及表间关系的集合。在数据库应用中，把表以及表间关系集中到数据库中，将会给数据的管理带来极大的方便。本章主要介绍了数据库的基本操作，包括数据库的创建、数据库表的基本操作、数据表间关系的创建、数据库表关联的操作以及数据字典的设置等内容。重点介绍了数据库的基本操作、表间关系的基本操作等。

习 题

一、选择题

1. 从数据库中删除表"学生"的命令是（　　）。

A) DROP TABLE 学生.DBF　　　　B) ALTER TABLE 学生.DBF

C) DELETE TABLE 学生.DBF　　　D) USE 学生.DBF

2. 创建一个名为 test.DBC 的数据库,应使用命令(　　)。

A) CREATE　　　　　　　　　　B) CREATE test.DBC

C) CREATE TABLE test　　　　　D) CREATE DATABASE test

3. 在 Visual FoxPro 6.0 中,数据的完整性不包括(　　)。

A) 实体完整性　　B) 域完整性　　C) 属性完整性　　D) 参照完整性

4. 在两个数据库表建立永久关系之前,应先为父表和子表建立相应的索引,其中父表的索引应该为(　　)。

A) 主索引　　　　　　　　　　　B) 主索引或候选索引

C) 唯一索引　　　　　　　　　　D) 候选索引

5. 参照完整性的"插入规则"用于设置当在(　　)中插入规则时必须满足的规则。

A) 父表　　　　　B) 子表　　　　　C) 数据库表　　　D) 自由表

6. 要建立两个表的参照完整性规则,要求这两个表是(　　)。

A) 同一个数据库中的表　　　　　B) 两个自由表

C) 不同数据库中的表　　　　　　D) 一个是数据库表,另一个是自由表

7. 数据库表的记录有效性规则是一个(　　)。

A) 字符表达式　　B) 数值表达式　　C) 日期表达式　　D) 逻辑表达式

8. 在建立数据库表时,要求数据字段的取值必须满足实际意义的约束属于(　　)。

A) 实体完整性　　　　　　　　　B) 域完整性

C) 参照完整性　　　　　　　　　D) 数据安全性约束

9. 下面关系数据库系统的说法,正确的一项是(　　)。

A) 数据库中只存在数据项之间的联系

B) 数据库中只存在记录之间的联系

C) 数据库的数据项之间和记录之间都存在联系

D) 数据库的数据项之间和记录之间都不存在联系

10. 在数据库创建期间创建的永久关系保存在(　　)中。

A) 数据库表　　B) 数据库　　　C) 表设计器　　　D) 数据环境

二、填空题

1. 如果表中的一个字段不是本表的主关键字或候选关键字,而是另外一个表的主关键字或候选关键字,这个字段(属性)就称为_____。

2. 在"表设计器"中,字段有效性验证中可以设置_____、信息和默认值。

3. 在参照完整性的设置中,如果要求在删除父表中的记录的同时自动删除子表中的相对记录,则应将"删除规则"设置为_____。

4. 记录有效性检查规则用于检查同一记录中不同字段之间的逻辑关系,这可以控制记录数据的_____。

5. 在 Visual FoxPro 6.0 中的数据库被删除后,它所包含的数据表将释放,并转换成_____。

三、基本操作题

1. 建立数据库"学生成绩管理",首先将"学生"数据表加入其中,使之成为数据库表,然后,将该表"出生日期"字段的有效性设置为"出生日期>={^1970-01-01}"。

2. 在第 1 题建立的数据库中,添加"课程"和"成绩",然后分别建立"学生.DBF"、"课程.DBF"表和"成绩.DBF"表的永久关系,关联关键字段分别为"学生.学号"与"成绩.成绩"以及"课程.课程号"与"成绩.课程号"。

第 5 章　Visual FoxPro 程序设计基础

Visual FoxPro 6.0 数据库管理系统既支持结构化程序设计，又支持面向对象的程序设计。结构化程序设计采用模块化程序设计思想，程序由顺序结构、分支结构和循环结构三种基本控制结构组成。程序执行时从主程序开始，按照各模块间的相互调用顺序和控制结构规定的顺序依次执行。

本章讲解结构化程序设计的基本知识，其中包括程序及程序文件的建立、常用的程序命令、基本控制结构、子程序以及程序调试 5 个方面的内容。通过本章的学习，读者应该了解及掌握以下内容。

- 了解程序、程序文件的概念。
- 掌握程序中输入输出语句等常用命令。
- 掌握结构化程序设计中三种基本控制结构。
- 掌握自定义过程、函数的创建和使用。
- 掌握内存变量的作用域。
- 掌握程序调试的基本方法。

5.1　程序及程序文件

Visual FoxPro 数据库管理系统提供了交互式执行和程序执行两种工作方式。交互式方式包括前面介绍的命令操作法和菜单操作法，这种方式适合初学者，或者是完成简单、不需要反复执行的某些操作的用户，效率低下。但在实际应用中，往往有大量的操作需要反复执行，此时就需要使用程序执行方式。

5.1.1　基本概念

使用 Visual FoxPro 6.0 解决实际问题，就是用 Visual FoxPro 6.0 提供的命令来管理和处理数据，完成一些具体的操作。但许多任务是单条命令的一次执行无法完成的，通常需要连续执行一组命令才能达到预期的效果。如果采用命令方式，在命令窗口逐条数据执行，或采用菜单操作方式，不仅操作步骤繁杂，容易出错，并且有些操作是交互方式无法完成的，比如在条件满足的情况下，多次重复执行某条命令，此时就需要使用程序执行方式来完成。

1. 程序

程序是指能够完成一定任务的一组命令的有序集合。这些命令被存储在一个文件中,当需要完成该任务时,运行该文件,系统会按照程序规定的次序自动执行程序中包含的命令序列。

例 5-1 设计一个程序,首先将"学生"表复制到"学生_bak"中,然后删除"学生_bak"表中所有男同学,并显示结果。

根据题目要完成的任务,可设计程序如下:

```
SET TALK OFF                  && 关闭对话,不显示命令结果
CLEAR                         && 清屏
USE 学生                      && 打开数据表"学生"
COPY TO 学生_bak              && 将"学生"表复制到"学生_bak"中
USE 学生_bak
DELE ALL FOR 性别="男"        && 逻辑删除所有男同学
PACK                          && 物理删除
LIST                          && 显示结果
USE                           && 关闭表
SET TALK ON                   && 打开会话
```

说明:

① 命令注释语句。程序中可以插入命令注释语句,以提高程序的可读性。以 NOTE 或 * 开头的代码为注释行。命令行后,可以使用 && 作为该行命令的注释。注释并非程序代码,Visual FoxPro 6.0 并不会执行这些注释语句。

② SET TALK ON|OFF 命令。在 Visual FoxPro 6.0 中很多命令在执行时都会返回有关执行状态的信息,这些信息通常显示在主窗口、状态栏或用户自定义窗口内。在 Visual FoxPro 6.0 中可以使用 SET TALK OFF 命令关闭这些交互信息的显示,使用 SET TALK ON 开启。

③ 命令分行。如果程序中有一条命令行过程,就需要转行书写,此时就需要使用续行符号";"。

与交互执行方式相比,程序执行方式具有以下 4 个特点:
① 程序可被修改并重新运行;
② 程序可在菜单、表单和工具栏下启动;
③ 一个程序可以调用其他程序;
④ 程序一旦建立,可以多次重复执行。

2. 程序文件

在 Visual FoxPro 6.0 中程序是被存放在一个扩展名为.PRG 的文件中的,称为程序文件。程序文件是一个文本文件,其中包含了程序中命令代码,可以通过菜单操作或命令操作方式运行。

5.1.2   程序文件的建立、编辑和运行

在 Visual FoxPro 6.0 中可以使用命令方式、菜单操作方式和项目管理器方式创建和

编辑程序文件。

1. 程序文件的建立和编辑

1）命令方式

命令方式下可以使用 MODIFY COMMAND 命令创建程序文件。

格式：

```
MODIFY COMMAND <prg_file_name>
```

功能：创建或编辑由 prg_file_name 指定的程序文件。

说明：

① 该命令打开一个程序编辑窗口，用于建立、编辑和修改指定的程序文件。

② ＜prg_file_name＞用于指定程序文件的名称，其中可以包括完整的盘符和路径名。若缺省路径，则默认为当前路径。若＜prg_file_name＞缺省程序文件的扩展名，则在存盘时，系统自动添加.PRG 扩展名。

③ 若＜prg_file_name＞缺省时，系统自动为创建的程序文件以此命名为"程序 1"、"程序 2"等。

④ 程序文件编辑完成后，可按下 Ctrl＋W 组合键存盘退出，若需放弃本次编辑的程序文件可以按下 Ctrl＋Q 组合键。

2）菜单操作方式

使用菜单方式打开程序文件编辑窗口，创建程序文件的步骤如下：

① 在 Visual FoxPro 6.0 系统主菜单下，选择"文件"→"新建"命令，或者直接单击常用工具栏上的"新建"按钮，打开"新建"对话框。

② 在"新建"对话框中，单击"文件类型"项目组中的"程序"单选按钮，接着单击"新建文件"按钮，即可打开默认名称为"程序 1"的程序文件编辑框，如图 5-1 所示。

③ 在程序文件编辑窗口中输入程序代码后，按下组合键 Ctrl＋W，或选择菜单项"文件"→"保存"（也可以是"另存为"），或者单击常用工具栏上的"保存"按钮，弹出"另存为"对话框，在其中输入文件名后，单击"保存"按钮，即可为新创建的程序文件命名并保存。

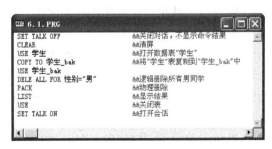

图 5-1　"程序文件"编辑窗口

3）项目管理器方式

使用项目管理器方式创建程序的步骤如下：

① 在 Visual FoxPro 6.0 系统主菜单下,选择"文件"→"新建"命令,打开"新建"对话框。单击"文件类型"项目组中的"项目"单选按钮,接着单击"新建文件"按钮,打开"创建"对话框,输入项目文件名后,单击"保存"按钮,即可打开"项目管理器"对话框。

② 在"项目管理器"对话框中,切换至"全部"选项卡,展开"代码"项目,选择"程序"选项后,单击"新建"按钮,如图 5-2 所示,即可打开程序文件编辑窗口。

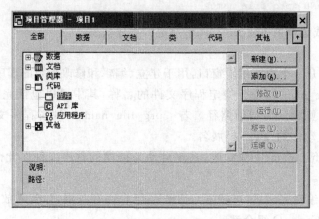

图 5-2　使用"项目管理器"创建程序文件

2. 程序文件的运行

在 Visual FoxPro 6.0 中,可以使用命令方式、菜单操作方式和项目管理器方式来运行程序。

1) 命令方式

格式:

```
DO <prg_file_name>
```

功能:运行由<prg_file_name>指定的程序文件。

说明:

① <prg_file_name>用于指定被执行的程序文件的名称,其中可包含文件的路径,若省略路径,默认在当前目录下。

② <prg_file_name>指定的程序文件名,可以省略文件的扩展名,此时系统默认为. PRG。

③ 该命令可以在命令窗口中执行,也可以在另一个程序中被调用。

2) 菜单操作方式

在 Visual FoxPro 6.0 系统主菜单下,选择"程序"→"运行"命令,或单击常用工具栏上的"运行"按钮,打开"运行"对话框。在其中选择需要运行的程序文件后,单击"运行"按钮,如图 5-3 所示。

3) 在项目管理器中执行命令

在"项目管理器"的"代码"选项卡中选中需要执行的程序文件后,单击"运行"按钮即可。

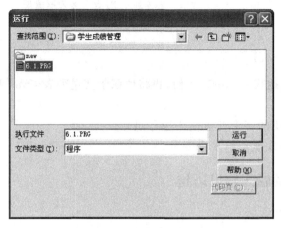

图 5-3　"运行"对话框

5.2　程序中常用的命令语句

在 Visual FoxPro 6.0 程序设计中,经常要给变量赋值,也需要从键盘中接受用户的输入,再将程序执行的结果输出给用户,这些就需要使用输入、输出语句。

5.2.1　赋值语句

在 Visual FoxPro 6.0 中,可以使用两种格式的赋值语句。

格式 1:

```
<var>=<expr>
```

功能:先计算表达式<expr>的值,然后赋予左边的变量<var>。

说明:

① 赋值语句中的赋值符号"="与等号形式相同,但含义完全不同。赋值语句的物理含义是将表达式的值计算出来后赋予变量所代表的存储单元,两者之间不存在相等的概念。例如 $X=X+1$,当"="代表赋值符号时,表示先将 X 的值取出后加1,再赋予 X。若"="代表等号,则该表达式无意义。

② 格式 1 的赋值语句一次只能给一个变量赋值。

③ 在 Visual FoxPro 6.0 中,变量的类型随着赋值语句右边表达式值的类型的改变而改变。

例 5-2　演示变量类型的变化。

在命令窗口输入以下语句,查看显示结果:

```
X={^1999-01-01}
?TYPE(X)                        && 显示 D,表示 X 为日期型
```

```
X=DATE()-X
?TYPE(X)                              && 显示 N,表示 X 为数值型
```

格式 2：

```
STORE <expr>TO <var_list>
```

功能：先计算表达式<expr>的值,再将值赋予变量列表<var_list>中所有的变量。

说明：

① <var_list>中的多个变量使用逗号隔开。

② STORE 能一次赋值给多个变量。

5.2.2　常用的输入输出语句

1. 输入单字符命令

格式：

```
WAIT [<messages>][ TO <mem_var>] [ WINDOWS [AT <row_num>,<col_num>]] [NOWAIT]
[CLEAR| NOCLEAR][ TIMEOUT <expN>]
```

功能：暂停程序的执行,显示提示信息<messages>,等待接受用户从键盘输入的一个字符。

说明：

① <messages>为提示信息,若缺省时,系统默认提示信息为"按任意键继续……"。

② WINDOWS [AT <row_num>,<col_num>]用于指定提示信息在主窗口的 row_num 行,col_num 列显示。若缺省,则系统在当前行的最左列显示。

③ TO <mem_var>子句将接收到的用户输入字符保存到内存变量<mem_var>中。用户输入时,无须使用字符定界符,否则,系统将把定界符的第一个字符作为输入。若用户直接按 Enter 键或单击鼠标,则内存变量将得到空值。若无 TO <mem_var>子句,系统不保留接受的用户输入。

④ 若无 NOWAIT 子句,系统不等待用户按键,程序直接往下执行。

⑤ TIMEOUT <expN>子句,用于设定系统等待用户输入的时间间隔,单位是秒,超过该间隔,程序不等待用户输入,自动向下执行,mem_var 也得不到输入。

⑥ CLEAR| NOCLEAR 子句,用于设定是否清除 WAIT 语句留在系统主窗口上的提示信息,CLEAR 表示清除,NOCLEAR 不清除。

例如：在命令窗口中输入以下命令。

```
WAIT "请选择是否继续执行(Y/N)" TO X WINDOWS AT 10,20 TIMEOUT 5 NOCLEAR
```

该命令在主窗口的 10 行 20 列处,弹出窗口,显示提示信息"请选择是否继续执行(Y/N)",等待用户输入,如果 5 秒内输入一个字符,该字符将被存入内存变量 X 中,如果 5 秒内用户未输入字符,X 变量为空,且提示信息窗口不清除。

2. 输入字符串命令

格式：

```
ACCEPT [ <messages>] TO <mem_var>
```

功能：程序暂停执行，显示提示消息<messages>，等待接受用户从键盘输入字符串。

说明：

① ACCEPT 只接受字符串，因此用户从键盘输入时，无须使用字符串定界符，否则会将定界符一起作为用户输入保存到内存变量中。即使用户输入的是纯数字，也将作为字符串保存到内存变量中。

② <messages>为提示信息，可以是字符串，也可以是字符串变量。

③ 如果用户不输入任何字符，直接按下 Enter 键，系统将空串赋予内存变量 mem_var。

例如：若程序中包含以下命令。

```
ACCEPT "请输入需要查找的学生的姓名:" TO sname
&& 显示提示信息"请输入需要查找的学生的姓名:",等待用户输入学生姓名
```

3. 输入任意数据命令

格式：

```
INPUT [<messages>] TO <mem_var>
```

功能：程序暂停执行，显示提示信息，等待用户从键盘输入数据。当用户以 Enter 键结束输入时，内存变量中得到相应的值，程序继续向下执行。

说明：

① <messages>为提示信息。<mem_var>为接受输入数据的内存变量。

② 与 WAIT 和 ACCEPT 命令只能接受字符或字符串数据不同，INPUT 命令可以接受任意类型的数据，因此用户在输入数据的时候需要使用定界符。数值数据直接输入；字符数据使用" "、' '或[ ]；逻辑性数据使用圆点，如 .T. 、.F. 等，日期型和日期时间型数据使用严格格式输入，或使用转换函数，如{^1989-01-12}、CTOT("1989-01-12 04:16:18 a")。

③ 不能不输入数据而直接按 Enter 键。

4. 输出命令

格式 1：

```
?[<expr>]
```

格式 2：

```
??<expr>
```

功能："?"命令先计算表达式 expr 的值，然后换行显示表达式的值。"??"命令先计算表达式 expr 的值，接着在当前光标位置显示表达式的值。

说明：

① 输出命令"?"和"??"的不同在于"?"在输出表达式的值之前先要换行，而"??"不换行。

② 当"?"命令省略其后的表达式时,只打印一个空行。

5. 文本输出命令

格式:

```
TEXT
      <context_txt>
ENDTEXT
```

功能:将文本内容 context_txt 按照输入的格式原样输出。

例如:下面的程序段用于演示 TEXT 命令的用法。

```
SET TALK OFF
CLEAR
TEXT
      1.新建表
      2.打开表
      3.添加表
      4.关闭表
      5.删除表
ENDTEXT
WAIT "请选择需要的操作:" TO ch TIMEOUT 5
SET TALK ON
RETURN
```

6. 格式输出命令

在 Visual FoxPro 6.0 中,当需要在窗口指定的位置显示数据时,可以使用格式输出命令。

格式:

```
@<row,col>SAY <expr>
```

功能:在有 row 和 col 指定的行、列位置显示表达式 expr 的值。

说明:

① row 为数据显示的行位置,col 为列位置,窗口最左上角的行列坐标为<0,0>。

② SAY 后面只能跟一个显示项目,如果希望同时显示字符串常量和其他类型的变量,可以使用字符串连接符"+"或"-"。

例如:@ 10,20 SAY "当前时间为:"+TIME()。

执行结果为在主窗口的 10 行 20 列处显示

当前的时间为:22:03:15

7. 格式输入输出命令

格式:

```
@<row,col>[ SAY <messages>] GET <var>
```

READ

功能：在 row 和 col 指定的行、列位置建立一个反像显示编辑区，对变量 var 现有的值进行显示，等待用户编辑，并将结果存放到该变量中。

说明：

① row 为数据显示的行位置，col 为列位置，窗口最左上角的行列坐标为<0,0>。

② SAY 子句用于显示提示信息 messages。

③ GET 子句中的变量 var 可以是已赋值的内存变量，也可以是字段变量，类型可以是任意类型。

④ READ 子句用于激活 GET 子句的编辑区，所以在 READ 子句前面的所有 GET 子句仅起显示变量值的作用，不能编辑。

⑤ 当 GET 子句后面的变量 var 是备注类型或通用性字段时，双击该变量，或将光标停到该变量上，按下 Ctrl＋Home、Ctrl＋PgUp、Ctrl＋PgDn 组合键才能编辑其内容。其他类型字段的内容可以在指定变量的显示位置单击鼠标或通过键盘直接在编辑域修改，按 Enter 键结束编辑，将编辑区的内容保存到相应的变量中。

例 5-3　编写程序 prg5-3. PRG，使用格式输入输出命令，修改"学生. DBF"中指定记录的内容。

```
* prg5-3.PRG
SET TALK OFF
CLEAR
USE 学生
INPUT "请输入记录号:" TO n
GO n
@ 3,10 SAY "学号" GET 学号
@ 3,30 SAY "姓名" GET 姓名
@ 4,10 SAY "性别" GET 性别
@ 4,30 SAY "出生日期" GET 出生日期
@ 5,10 SAY "简历" GET 简历
@ 5,30 SAY "照片" GET 照片
READ
USE
SET TALK ON
CANCLE
```

程序运行的结果如图 5-4 所示。

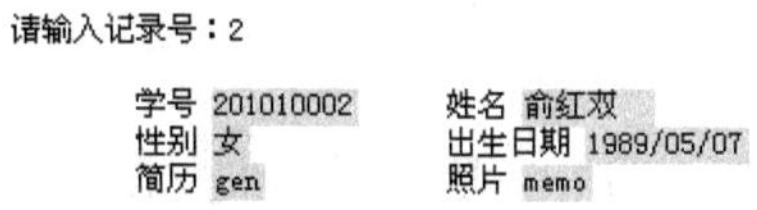

请输入记录号：2

学号 201010002　　姓名 俞红双
性别 女　　出生日期 1989/05/07
简历 gen　　照片 memo

图 5-4　例 5-3 运行结果

5.2.3 其他命令

1. 清屏命令

格式：

CLEAR

功能：清除整个屏幕，光标回到屏幕的左上角。

2. 终止程序命令

格式：

CANCLE

功能：结束程序运行，返回命令窗口，同时释放所有私有变量，通常在主程序的最后使用该命令。

3. 设置会话状态命令

格式：

SET TALK ON|OFF

功能：ON 用户打开用户会话状态，OFF 用于关闭会话状态。在 Visual FoxPro 6.0 中，会话是指命令在执行时给用户反馈的命令执行后的状态信息。默认情况下会话状态是打开的，但在程序执行模式下，这种会话状态通常是不需要的，故关闭。

4. 注释语句

在 Visual FoxPro 6.0 中注释语句有三种格式。

格式 1：

* <comment_txt>

格式 2：

NOTE <comment_txt>

格式 3：

&& <comment_txt>

功能：格式 1 和格式 2 可以用于程序的任何位置，对程序块或整个程序进行说明。格式 3 用在某条命令之后，多用于对某行命令进行说明。

5.3 程 序 控 制 结 构

结构化程序设计方法规定，一个程序只能包含三种基本控制结构。这三种基本控制结构分别是顺序结构、分支结构和循环结构。每一种结构都可以包含若干条命令，但只能有一个人口,一个出口。利用这三种基本结构的组合构成的算法,可以解决任何问题。

5.3.1 顺序结构

顺序结构是一种最简单的控制结构,在这种结构中,程序的执行完全按照编写时语句的先后顺序,逐条执行,其流程如图 5-5 所示。

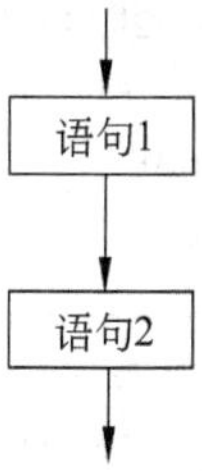

例 5-4 从键盘中输入 5 个分数,去掉一个最高分,去掉一个最低分,求其余三个的平均分,显示结果。

```
* prg5-4.PRG
SET TALK OFF
CLEAR
@1,1 SAY "请输入 5 个分数:"
INPUT TO a
INPUT TO b
INPUT TO c
INPUT TO d
INPUT TO e
mx=MAX(a,b,c,d,c)
mn=MIN(a,b,c,d,e)
sum1=a+b+c+d+e
aver1=(sum1-mx-mn)/3
?"平均分为:",ROUND(aver1,2)
SET TALK ON
CANCEL
```

图 5-5 顺序结构流程

5.3.2 分支结构

分支结构,又称为选择结构,用于程序中,根据给定的条件,判定程序在执行过程中选择不同的执行分支。在 Visual FoxPro 6.0 中分支结构包括 IF 语句和 DO CASE 语句两种。

1. IF 语句

IF 语句根据实际的使用场合,可以分为三种不同的形式,分别是单向选择、双向选择和 IF 语句的嵌套。

1) 单向分支

格式:

```
IF <条件表达式>
    <语句块>
ENDIF
```

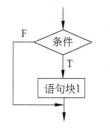

图 5-6 单项选择的 IF 结构

功能:先计算条件表达式的值,若为真(.T.),则执行语句块中的语句;若为假(.F.),则退出 IF 结构,执行后面的语句,其流程如图 5-6 所示。

说明:

① 在 IF 结构中,IF…ENDIF 是一个整体,不能分开单独使用。

② "条件表达式"可以是逻辑表达式,也可以是关系表达式。

③ 语句块中可以是一条语句,也可以是多条语句。

例 5-5　从键盘接受用户输入的学生籍贯,在学生表中查找符合条件的学生名单,如果找到,显示结果。

```
* prg5-5.PRG
SET TALK OFF
CLEAR
USE 学生
ACCEPT "请输入需要查找的籍贯:" TO jh
LOCATE FOR 籍贯=jh
IF FOUND()
    ?"学号:"+学号
    ?"姓名:"+姓名
    ?"性别:"+性别
    ?"出生日期:"+DTOC(出生日期)
ENDIF
USE
SET TALK ON
```

2) 双向分支

格式:

```
IF <条件表达式>
        <语句块 1>
    ELSE
        <语句块 2>
ENDIF
```

功能:先计算条件表达式的值,若为真(.T.),则执行语句块中的语句;若为假(.F.),则执行语句块 2,然后退出 IF 结构,执行后面的语句,其流程如图 5-7 所示。

说明:

① 在 IF 结构中,IF…ENDIF 是一个整体,不能分开单独使用,ELSE 只能配合 IF…ENDIF 使用,也不能单独使用。

② "条件表达式"可以是逻辑表达式,也可以是关系表达式。

③ 语句块中可以是一条语句,也可以是多条语句。

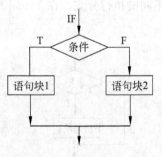

图 5-7　双分支的 IF 结构

例 5-6　从键盘中接收一个整数,判断该整数的奇偶性,显示结果。

```
* prg5-6.PRG
SET TALK OFF
CLEAR
```

```
INPUT "请输入一个整数:" TO n
IF MOD(n,2)=0
    ?STR(n,4,0)+"是偶数!"
ELSE
    ?STR(n,4,0)+"是奇数!"
ENDIF
SET TALK ON
```

例 5-7　从键盘上接收一个年份,判断该年份是不是闰年。

(提示:判断闰年的标准是:能被 4 整除且不能被 100 整除的年份,或者能被 400 整数的年份是闰年。)

```
SET TALK OFF
CLEAR
INPUT "请输入一个年份:" TO yr
IF MOD(yr,4)=0 .AND. MOD(yr,100)<>0 .OR. MOD(yr,400)=0
    ?yr,"是一个闰年!"
ELSE
    ?yr,"是一个平年!"
ENDIF
SET TALK ON
CANCEL
```

3) IF 语句的嵌套

在 IF…ELSE…ENDIF 结构中,其语句块可以是任何符合 Visual FoxPro 6.0 的语句,因此也可以包含一个 IF 语句,这样就构成了 IF 语句的嵌套。一般来说,IF 语句的嵌套可以使得程序具有一个入口,三个以上的出口,从而解决多分支的选择问题。在实际应用中,IF 结构的嵌套可以多种多样的。例如流程如图 5-8 所示的嵌套。

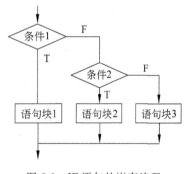

上述流程对应的 IF 语句嵌套为:

```
IF <条件表达式 1>
    <语句块 1>
ELSE
    IF <条件表达式 2>
        <语句块 2>
    ELSE
        <语句块 3>
    ENDIF
ENDIF
```

图 5-8　IF 语句的嵌套流程

说明:

① IF 的嵌套可以出现在 IF 和 ELSE 语句块的任何位置。

② 在 IF 语句的嵌套中,各部分都必须成对出现,且不能交叉,ELSE 和 ENDIF 都与

距离它最近的没有成对的 IF 匹配,如图 5-9 所示。

③ 为了提高程序的可读性,建议按照缩进的方式编辑程序源代码。

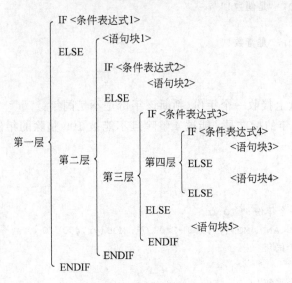

图 5-9　IF 嵌套的关键词匹配

例 5-8　从键盘输入变量 X 的值,按下式计算 Y 的值。

$$Y = \begin{cases} |X| & (X < 0) \\ X^2 & (0 \leqslant X < 100) \\ \sqrt{X} & (X \geqslant 100) \end{cases}$$

```
* prg5-8.PRG
SET TALK OFF
CLEAR
INPUT "请输入 x 的值:" TO x
IF x<0
    y=abs(x)
ELSE
    IF x>=100
        y=sqrt(x)
    ELSE
        y=x*x
    ENDIF
ENDIF
?"x 的输入值为:",x,"Y=",y
SET TALK ON
CANCEL
```

2. DO CASE 语句

上节我们学习了 IF 语句的使用。不难看出,虽然通过 IF 语句的嵌套可以实现较为复杂的多分支结构,但是程序的可读性大大降低了。IF 语句的嵌套层次越深,程序员在编写程序的时候就越容易导致结构匹配的错误。为了避免这种错误的发生,提高程序的编写效率,Visual FoxPro 6.0 提供了更加简单、直观地实现多分支的语句,即 DO CASE 语句。

格式:

```
DO CASE
    CASE <条件表达式 1>
        <语句块 1>
    CASE <条件表达式 2>
        <语句块 2>
         ⋮
    CASE <条件表达式 n-1>
        <语句块 n-1>
        [OTHERWISE]
            <语句块 n>
ENDCASE
```

功能:依次检查 CASE 后面的条件表达式的值,一旦某个 CASE 后面的条件成立,就执行相应的语句块,然后跳出 DO CASE 结构,转而执行 ENDCASE 后面的语句。如果所有 CASE 子句后面的条件表达式都不成立为假,且存在 OTHERWISE 子句,则执行其后的语句块,然后跳出 DO CASE 结构,转而执行 ENDCASE 后面的语句;否则,不执行任何语句,直接跳出 DO CASE 结构,转而执行 ENDCASE 后面的语句,其流程如图 5-10 所示。

说明:

① DO CASE 和 ENDCASE 必须成对出现,OTHERWISE 子句可以省略,但不能单独使用。

② 在 DO CASE 结构中,语句块内可以包含所有 Visual FoxPro 6.0 合法的语句,因此也可以嵌套 IF 和其他的 DO CASE 语句。

例 5-9　使用 DO CASE 结构实现例 5-8。

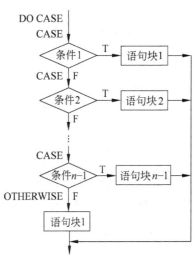

图 5-10　DO CASE 语句流程

```
* prg5-9.PRG
SET TALK OFF
CLEAR
INPUT "请输入 x 的值:" TO x
DO CASE
    CASE x<0
        y=abs(x)
```

```
    CASE x>=0 .AND. x<100
        y=x*x
    CASE x>=100
        y=sqrt(x)
ENDCASE
?"X 的输入值为:",x,"Y=",y
SET TALK ON
CANCEL
```

例 5-10 从键盘中输入一个字符,判断它是大写字母、小写字母、数字还是其他符号。

```
*prg5-10.PRG
SET TALK OFF
CLEAR
WAIT "请输入一个字符:" TO ch
DO CASE
    CASE asc(ch)>=65 .AND. asc(ch)<=90
        ?ch,"是大写字母!"
    CASE asc(ch)>=97 .AND. asc(ch)
    <=122
        ?ch,"是小写字母!"
    CASE asc(ch)>=48 .AND. asc(ch)<=57
        ?ch,"是数字!"
    OTHERWISE
        ?ch,"是其他字符!"
ENDCASE
SET TALK ON
CANCEL
```

例 5-11 从键盘输入一个同学的成绩,然后输出成绩等级:90 分以上为优秀,80~89 分为良好,70~79 分为中等,60~69 分为及格,59 分以下为不及格。

```
*prg5-11.PRG
SET TALK OFF
CLEAR
INPUT "请输入成绩:" TO scr
IF scr<0 .OR. scr>100
    ?"输入有误!"
    RETURN
ENDIF
tscr=int(scr/10)
DO CASE
    CASE tscr=10
    CASE tscr=9
        grd="优秀"
```

```
    CASE tscr=8
        grd="良好"
    CASE tscr=7
        grd="中等"
    CASE tscr=6
        grd="及格"
    OTHERWISE
        grd="不及格"
ENDCASE
?"该生的成绩等级为:"+grd
SET TALK ON
CANCEL
```

5.3.3　循环结构

在前面介绍的程序结构中,程序运行时,所有语句最多只运行一次。但在解决实际问题时,有些代码是需要反复执行多次的,此时就需要使用循环结构。在 Visual FoxPro 6.0 中提供了三种构成循环结构的语句,分别是：DO WHILE 语句、FOR 语句和 SCAN 语句。

1. DO WHILE 语句

格式：

```
DO WHILE <条件表达式>
        <循环体>
ENDDO
```

功能：首先计算条件表达式的值,当条件表达式成立,即为真时,执行一次循环体,接着再检查条件表达式,直到条件表达式不成立,退出 DO WHILE 语句,转而执行 ENDDO 的下一条语句,其流程如图 5-11 所示。

说明：

① DO WHILE 语句构成的循环结构通常称为当循环,循环起始语句 DO WHILE 与结束语句 ENDDO 成对出现,它们之间的语句块称为循环体,循环体可以反复多次执行。

② 循环开始时,首先计算条件表达式(称为循环控制条件)的值,如果条件表达式一开始就不成立,则循环体一次也不执行,程序跳至 ENDDO 下一条语句。如果条件表达式成

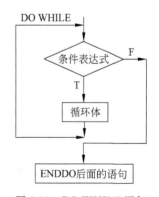

图 5-11　DO WHILE 语句

立,则依次执行循环体,当遇到 ENDDO 语句时,再返回循环起始语句,重复上述的条件表达式验证和循环体的执行过程。

③ 在 Visual FoxPro 6.0 中,如果循环控制条件永远成立,则循环体会一直被执行下去,从而形成死循环,这是不允许的。因此为避免死循环的产生,通常在 DO WHILE 语

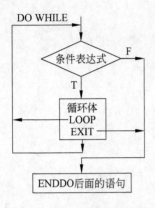

图 5-12　含 LOOP 或 EXIT 的
DO WHILE 循环

句中,必须存在能够改变循环控制条件取值的表达式。

④ 当循环的次数事先未知时,优先使用 DO WHILE 循环。

⑤ 在循环体中,通常可以根据需要放置 LOOP 语句和 EXIT 语句,其中 LOOP 语句用于结束循环体的本次执行,不再执行 LOOP 语句后面的循环体语句,而转到循环的起始语句 DO WHILE 处,重现判断循环控制条件。EXIT 语句则结束整个循环的执行,跳出 DO WHILE 语句,转而执行 ENDDO 后面的语句,其流程如图 5-12 所示。

⑥ DO WHILE 语句通常有三种常见的形式。

形式 1:

```
i=1
DO WHILE i<100
    ⋮
    i=i+1            && 该语句用于改变循环控制条件的值
ENDDO
```

形式 2:

```
USE <data_table>
DO WHILE NOT eof()
    ⋮
    SKIP             && 该语句用于改变循环控制条件的值
ENDDO
```

形式 3:

```
DO WHILE .T.
    ⋮
    IF <条件表达式>   && 提供退出循环的出口
        EXIT
    ENDIF
ENDDO
```

例 5-12　利用 DO WHILE 语句计算 $1+2+3+\cdots+100$ 的值。

```
* prg5-12.PRG
SET TALK OFF
CLEAR
s=0
i=1
DO WHILE i<=100
    s=s+i
```

```
    i=i+1
ENDDO
? "1+2+...+100="+ltrim(str(s))
SET TALK ON
CANCEL
```

例 5-13　从键盘中输入需要查找的籍贯,统计"学生.DBF"中该籍贯下的学生人数,并显示他们的记录。

```
* prg5-13.PRG
SET TALK OFF
CLOSE ALL
CLEAR
ACCEPT "请输入需要查找的籍贯:" TO jg
USE 学生
n=0
DO WHILE NOT eof()
    IF ltrim(籍贯)=jg
        DISPLAY OFF
        n=n+1
    ENDIF
    SKIP
ENDDO
? "籍贯在"+jg+"的人数有:"+STR(n,2)+"人"
USE
SET TALK ON
CANCEL
```

例 5-14　从键盘输入两个整数,求它们的最大公约数和最小公倍数。

分析:设输入的两个数分别为 m 和 n,则其最小公倍数$=m*n/$最大公约数,而最大公约数可以使用辗转相除法求得,即用较大的数作为被除数,较小的数作为除数,相除后,取除数和余数,并将除数作为被除数,余数作为除数,作除法,直到余数为 0,除数即为最大公约数。

```
* prg5-14.PRG
SET TALK OFF
CLEAR
INPUT "请输入第一个整数:" TO m
INPUT "请再输入一个整数:" TO n
IF m<n                   && 确保 m>n
    tmp=m
    m=n
    n=tmp
ENDIF
m1=m                     && 备份 m 和 n
```

```
n1=n
t=mod(m,n)
DO WHILE t<>0
    m=n
    n=t
    t=mod(m,n)
ENDDO
cdv=n                    && 最大公约数
cml=m1 * n1/cdv          && 最小公倍数
?m1,"和",n1,"的最大公约数为：",STR(cdv,4)
?m1,"和",n1,"的最小公倍数为：",STR(cml,4)
SET TALK ON
CANCEL
```

2. FOR 语句

格式：

```
FOR <循环控制变量>=<初值>TO <终值>[STEP <步长>]
        <循环体>
ENDFOR|NEXT
```

功能：首先将＜初值＞赋给＜循环控制变量＞，然后判断循环条件是否成立（若＜步长＞为正值，则循环条件为＜循环控制变量＞＜＝＜终值＞；若＜步长＞为负值，则循环条件为＜循环控制变量＞＞＝＜终值＞），若循环条件成立，则执行循环体，然后给＜循环控制变量＞增加一个＜步长＞值，再判断循环条件是否成立。一旦循环条件不成立，则退出循环，继续执行 ENDFOR 后面的下一条语句。步长为正的 FOR 循环流程如图 5-13 所示。

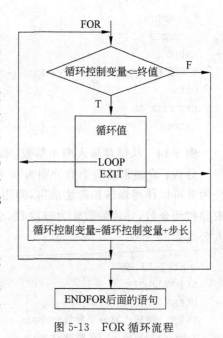

图 5-13　FOR 循环流程

说明：

① 由于在 FOR 语句构成的循环中，通常循环体执行的次数是已知的，故称为计数循环。循环次数可用以下的公式计算：int(abs(终值－初值)/步长)＋1。

② 步长值可正可负，当步长为 1 时，可省略 STEP 子句。

③ LOOP 和 EXIT 语句可以出现在循环体内，其功能同 DO WHILE 循环一样。

④ 如非必要尽量不要在 FOR 语句的循环体内改变循环控制变量的值，以免影响循环次数，引起混乱。

⑤ 循环结束语句一般用 ENDFOR,但也可以使用 NEXT。

例 5-15　求 $1 \sim 100$ 之间所有自然数之和、奇数之和以及偶数之和。

```
* prg5-15.PRG
SET TALK OFF
CLEAR
&& 累加器清零
STORE 0 TO sz,sj,so
FOR i=1 TO 100
    sz=sz+i
    IF i/2=int(i/2)
        so=so+i
    ELSE
        sj=sj+i
    ENDIF
ENDFOR
?"1~100之间的自然数之和为:",sz
?"1~100之间的偶数之和为:",so
?"1~100之间的奇数之和为:",sj
SET TALK ON
CANCEL
```

例 5-16　从键盘中输入一个正整数,判断该整数是不是素数。

分析:除能被 1 和自身整除外,不能被其他数整除的正整数 n 是素数。因此,只要检查整数 n 是否能被 $2 \sim n-1$ 整除,如果能被其整数,则不是素数,否则即为素数。

```
* prg5-16.PRG
SET TALK OFF
CLEAR
INPUT "请输入一正整数:" TO n
flag=.T.
&& 实际上无须除到 n-1,
&& 而只需除到 sqrt(n)
FOR i=2 TO n-1
    IF n%i=0
        flag=.F.
        EXIT
    ENDIF
ENDFOR
IF flag=.T.
    ?n,"是素数!"
ELSE
    ?n,"不是素数!"
ENDIF
SET TALK ON
```

```
CANCEL
```

例 5-17　计算并输出 Fibonacci 数列的前 20 项。

分析：Fibonacci 数列的各项规律是：第一、第二项都是 1，其余各项是前两项之和，即 $f[i]=f[i-1]+f[i-2]$，其中 $i>2$，如 $1,1,2,3,5,8,\cdots$。

```
* prg5-17.PRG
SET TALK OFF
CLEAR
DIMENSION f(20)
STORE 1 TO f(1),f(2)
FOR i=3 TO 20           && 计算数列
    f(i)=f(i-1)+f(i-2)
ENDFOR
FOR i=1 TO 20           && 显示数列
    ??str(f(i),5)
ENDFOR
SET TALK ON
CANCEL
```

3. SCAN 语句

格式：

```
SCAN[ <范围>][ FOR <条件表达式>]
        <循环体>
ENDSCAN
```

功能：首先判断记录指针是否到达文件尾，若未到达，则在当前表指定的范围内，逐条检查记录是否符合条件表达式的要求，如果符合，则执行循环体一次，直到规定范围的最后，其流程如图 5-14 所示。

说明：

① 由于 SCAN 循环是专门用来对数据表进行循环操作的，故也称为扫描循环语句。

② 范围子句的可取值有 ALL、Next N、Record N 和 Rest，默认值为 ALL。

③ SCAN 语句能够自动移动表指针，并判断当前指针是否到达表文件的文件尾，因此相当于 DO WHILE 循环的第二种常用形式。

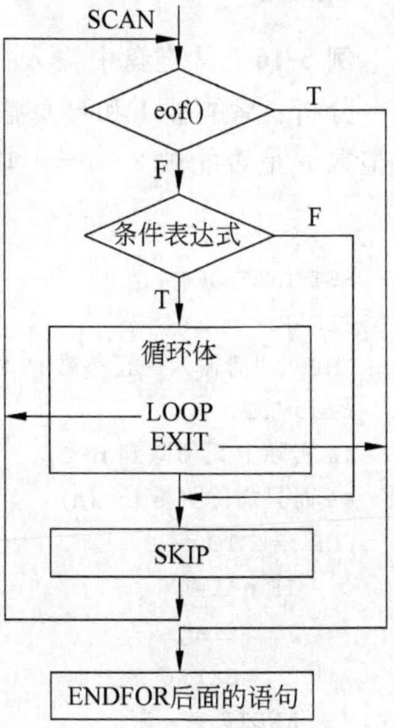

图 5-14　SCAN 循环流程

④ LOOP 和 EXIT 子句同样可以用于 SCAN 语句。

例 5-18　给成绩表中所有同学的课程号为 c001 的课程加 5 分，但不能超过 100 分。

```
* prg5-18.PRG
SET TALK OFF
```

```
CLOSE ALL
CLEAR
USE 成绩
SCAN FOR 课程号="c001"
    IF 成绩+5>=100
        REPLACE 成绩 WITH 100
        DISP
    ELSE
        REPLACE 成绩 WITH 成绩+5
        DISP
    ENDIF
ENDSCAN
USE
CLOSE ALL
SET TALK ON
CANCEL
```

4. 循环的嵌套

在 Visual FoxPro 6.0 中,循环体是由多条语句构成的,当然也可以包含另一个循环,这样就构成了循环的嵌套。DO WHILE、FOR 和 SCAN 三种形式可以互相嵌套,但需要注意的是,循环的嵌套是不能交叉的。

例 5-19　编写程序,打印如图 5-15 所示的图形。

分析:该图形是一个二维图形,可以使用二重循环,其中外层循环决定打印的行数,内层循环决定打印的列数。由于图形的上半部分星号数递增,下半部分星号数递减,故分别处理上半部分和下半部分。在每行开始时,先打印决定缩进的空格,再打印星号。

```
        *
       ***
      *****
     *******
    *********
     *******
      *****
       ***
        *
```

图 5-15　例 5-19 打印图形

```
* prg5-19.PRG
SET TALK OFF
CLEAR
&& 打印上半部分 5 行
FOR i=1 TO 5
    ?? space(5-i)          && 打印空格
    FOR j=1 TO 2*i-1       && 打印列
        ?? "*"
    ENDFOR
    ?                      && 每行打印完成后,换行
ENDFOR
&& 打印下半部分
FOR i=4 TO 1 STEP -1
    ?? space(5-i)
```

```
        FOR j=1 TO 2 * i-1
            ??" * "
        ENDFOR
        ?
    ENDFOR
SET TALK ON
CANCEL
```

例 5-20　编写程序,计算 1!+2!+3!+…+10!。

分析:本题可以采用双重循环,外层循环计算累加,内层循环计算阶乘。

```
* prg5-20.PRG
SET TALK OFF
CLEAR
s=0
FOR i=1 TO 10              && 计算累加
    m=1
    FOR j=1 TO i           && 计算阶乘
        m=m * j
    ? "10!=",s
SET TALK ON
CANCEL
    ENDFOR
    s=s+m
ENDFOR
```

实际上本题也可以使用单重循环来完成,因为 $n!=n*(n-1)!$,代码如下:

```
* prg5-20-1.PRG
SET TALK OFF
CLEAR
s=0
ENDFOR
    ? "10!=",s
m=1
FOR i=1 TO 10
    m=m * i        && n!=n * (n-1)!
    s=s+m
SET TALK ON
CANCEL
```

例 5-21　编程求 100~200 所有素数之和。

分析:外层循环进行累加,内层循环判断素数。

```
* prg5-21.PRG
SET TALK OFF
```

```
CLEAR
s=0
&&除 2 以外,偶数肯定不是素数
FOR i=101 TO 199 STEP 2
    n=sqrt(i)
    FOR j=2 TO n
        &&能被整除的肯定不是素数
        IF mod(i,n)=0
            EXIT
        ENDIF
    ENDFOR
    &&i 不能给 2~sqrt(i)整数,为素数
    IF j>n
        s=s+i
    ENDIF
ENDFOR
    ? "100~200 之间的素数和为:",s
SET TALK ON
CANCEL
```

5.4　子程序、过程和自定义函数

任何一种支持结构化程序设计的编程语言,都拥有自己的模块概念。在 Visual FoxPro 6.0 中,模块就是功能和结构相对独立的程序块,称为子程序。子程序的表现形式有过程、自定义函数和方法三类。子程序间的相互调用可以完成相当复杂的任务。

5.4.1　子程序

通常,把被其他模块调用的模块称为子程序,而把调用其他模块,没有被其他模块调用的模块称为主程序。主程序能调用子程序,但子程序不能调用主程序。子程序也可以调用其他子程序,构成子程序的嵌套调用。

1. 子程序的调用语句

格式:

DO <proc_name>[WITH <real_param_list>]

功能:用实际参数调用子程序。

说明:

① proc_name 为被调用的子程序的名称,WITH 子句为可选项,根据实际情况选择,用于携带 real_param_list 作为实际的调用参数列表,多个实际参数之间用逗号隔开。

② 实参列表中的各项可以是常量、变量和一般表达式。

2. 子程序返回语句

格式：

RETURN[TO MASTER| TO <proc_name>]

功能：将程序流程返回指定的模块。

说明：执行子程序时，遇到 RETURN 命令，返回上一级子程序或主程序中，子程序调用命令的下一条语句继续执行。遇到 RETURN TO MASTER 则直接返回主程序。通常子程序的最后一条语句是 RETURN，如果缺省，则当程序执行到最后时自动执行RETURN 的功能，返回调用程序。子程序的嵌套调用返回如图 5-16 所示。

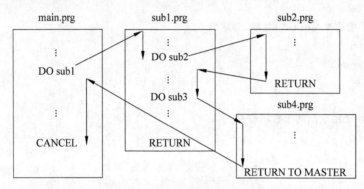

图 5-16　子程序的嵌套调用返回

3. 子程序中的参数传递

格式：

PARAMETERS |LPARAMETERS <formal_param_list>

功能：指明模块在调用时需要接收的形式参数列表。

说明：

① PARAMETERS 和 LPARAMETERS 必须是被调用程序的第一条语句，子句PARAMETERS 声明形式参数（简称形参）为私有变量，LPARAMETERS 子句声明形参为局部变量。

② formal_param_list 指明需要接收的形式参数列表，其中各变量之间以逗号隔开，其参数的个数与模块调用时 WITH 子句的参数个数相同。

5.4.2　过程

过程是相对独立的程序单位，完成各自特定的功能，其表现形式有内部过程、外部过程（子程序）和过程文件。

1. 内部过程

定义格式：

PROCEDURE <proc_name>

```
    [PARAMETERS |LPARAMETERS <formal_param_list>]
    <语句块>
        [RETURN [TO <return_proc_name>]] |[RETURN <expr>]
        [ENDPROC]
```

调用语句格式：

```
DO <proc_name>[WITH <real_param_list>]
```

说明：

① 过程定义由 PROCEDURE 起始，以 ENDPROC 结束（可省略），proc_name 指明过程的名称，用于以后调用该过程时使用。

② PARAMETERS 和 LPARAMETERS 子句执行过程需要的形参列表，其参数个数与调用语句中的 WITH 子句保持一致。

③ 语句块可以为一条或多条 VFP 语句，以完成特定的功能。

④ RETURN 用于返回调用程序，可省略。其中 return_proc_name 可以是过程名，用于指明需要返回的目的地，或取 MASTER 表示直接返回主程序。如果仅使用 RETURN，则返回.T.，RETURN <expr>表示子程序将表达式 expr 的值返回给调用程序。

⑤ 过程可以放在主程序代码的后面，也可以将多个过程保存在一个独立的程序文件（称为过程文件）中。

⑥ 参数的传递。

调用过程时，采用了形参和实参相结合的参数传递方式。将每个实参的值按次序一一传送给形参变量。通常实参个数与形参个数相等，但在 Visual FoxPro 6.0 中允许形参个数多于实参个数，多余的形参自动取值.F.。

如果实参为常量或表达式，则按值单向传递给形参；如果实参是变量，则按地址传递，此时实参变量和形参变量共同使用同一个存储单元，因此在过程内部对形参值的改变，在返回主调程序后，实参变量的值也相应改变，即按地址传递时，值的改变是双向的。

如果实参不需要按照双向的方式传递，则可以使用强制传值，方法：(mem)，即在实参的内存变量外边用括号括起。

例 5-22　从键盘中输入需要查找的籍贯，统计"学生.DBF"中，该籍贯下的学生人数，并显示他们的记录，调用过程 LINE，每条记录之间显示有"-"组成的分割直线。

```
* prg5-22.PRG
SET TALK OFF
CLOSE ALL
CLEAR
ACCEPT "请输入需查找的籍贯:" TO jg
USE 学生
n=0
DO WHILE NOT eof()
    IF ltrim(籍贯)=jg
```

```
        DISPLAY OFF
        DO line
    n=n+1
      ENDIF
      SKIP
ENDDO
?"籍贯在"+jg+"人数有:"+str(n,2)+"人"
USE
SET TALK ON
CANCEL
PROCEDURE line              &&line 过程
    FOR i=1 TO 70
        ??"-"
    ENDFOR
    RETURN
ENDPROC
```

2. 外部过程

内部过程是存放在主程序文件中的程序块,它只能被本程序文件中的调用语句调用。如果程序开发者希望任何程序都可以调用过程,则可以使用外部过程。外部过程是将一个过程写成一个程序文件独立存放的,通用性强。

外部过程的过程名是被调用的文件的名称(主文件名)。程序文件中的第一条语句是PROCEDURE <proc_name>,其中 proc_name 用于指明过程的名称,同文件的主文件名同,不能省略。但 PROCEDURE <proc_name>语句可以省略。

需要注意的是,在 Visual FoxPro 6.0 中,如果内部过程和外部过程的主文件名同名,调用时系统优先选择内部过程。

例 5-23 编写程序,使用外部过程,计算 1!+2!+3!+…+10!。

分析:在主程序中计算累加和,在外部过程中计算 $n!$。

```
* prg5-23.PRG
SET TALK OFF
CLEAR
s=0
m=0
FOR i=1 TO 10               && 计算累加
DO factorial WITH m,(i)
s=s+m
ENDFOR
    ?"10!=",s
SET TALK ON

**factorial.prg
PROCEDURE factorial        && 计算阶乘
```

```
PARAM m,n
p=1
FOR j=1 TO n
    p=p*j
ENDFOR
m=p
RETURN
```

3. 过程文件

外部过程虽然使得模块的通用性得到了增强,但是一个大型的应用系统需要调用多个外部过程,这样势必要多次读取磁盘文件,因而会影响系统的执行效率。另外,计算机系统允许同时打开的文件数是受限的。在 Visual FoxPro 6.0 中,可以通过过程文件来解决此矛盾。

一个过程文件中包含多个过程,其建立的方法与一般程序文件的建立完全相同。但过程文件不能单独运行,只能打开和被调用,且一旦过程文件被打开后,其中的所有过程均称为内部过程,供程序调用。打开过程文件的命令如下。

格式:

```
SET PROCEDURE TO [<proc_file_list>][ADDITIVE]
```

功能:打开过程文件列表中的过程文件,使其中的所有过程均可供调用。

说明:

① proc_file_list 用于给出多个过程文件,各过程文件名之间使用逗号隔开。

② ADDITIVE 子句用于声明在打开过程文件列表中的过程文件时,不关闭先前打开的过程文件。

③ 如果仅用 SET PROCEDURE TO 则说明要关闭所有已打开的过程文件。

④ 用 CLOSE PROCEDURE 命令也可以关闭过程文件。

过程文件的组成格式如下:

```
PROCEDURE <proc_file_name1>
    [PARAMETERS |LPARAMETERS <formal_param_list>]
    <语句块 1>
    [RETURN [TO <return_proc_name>]] |[RETURN <expr>]
ENDPROC
PROCEDURE <proc_file_name2>
    [PARAMETERS |LPARAMETERS <formal_param_list>]
    <语句块 2>
    [RETURN [TO <return_proc_name>]] |[RETURN <expr>]
ENDPROC
   ⋮
PROCEDURE <proc_file_nameN>
    [PARAMETERS |LPARAMETERS <formal_param_list>]
    <语句块 n>
```

```
                [RETURN [TO <return_proc_name>]] |[RETURN <expr>]
ENDPROC
```

例 5-24　编写过程文件,求当 $x=2, n=4$ 时 e^x 的值,其中 e^x 的计算公式如下:

$$e^x = 1 + x + \frac{x^2}{2!} + \frac{x^3}{3!} + \cdots + \frac{x^{n-1}}{(n-1)!}$$

```
* prg5-24.PRG
SET TALK OFF
CLEAR
SET PROCEDURE TO factpower
s=1
fm=0
px=0
INPUT "请输入 x 的值:" TO x
INPUT "请输入 n 的值:" TO n
FOR i=1 TO n-1              && 计算累加
DO factorial WITH fm,(i)
DO mypower WITH px,x,(i)
s=s+px/fm
ENDFOR
? "e(2)=",s
SET TALK ON
```

过程文件 factpower.prg:

```
* factpower.PRG
PROCEDURE factorial        && 计算阶乘
    PARAM m,n
    p=1
    IF n=0 .OR. n=1
        p=1
    ELSE
        FOR j=2 TO n
            p=p * j
        ENDFOR
    ENDIF
    m=p
    RETURN
ENDPROC
PROCEDURE mypower           && 计算乘法
    PARAM p,x,n
    ? "n="+str(n,2)
    ? "x="+str(x,2)
    mult1=1
    FOR j=1 TO n
```

```
        mult1=mult1 * x
    ENDFOR
    p=mult1
    ?x,"(",n,")=",p
    RETURN
ENDPROC
```

5.4.3　自定义函数

虽然 Visual FoxPro 6.0 提供了多个标准函数,提供给编程人员直接调用,但这些函数无法满足实际问题的需要,程序员仍然需要根据实际任务编写自己的函数,这在 Visual FoxPro 6.0 中是允许的,并且一旦定义就可以像使用标准函数一样调用自定义函数。

自定义函数是一个预先编写的计算模块,由用户自行创建。一个函数允许接收一个或多个参数,而返回一个函数值,所以函数可以作为表达式的一个组成部分嵌入表达式使用。函数的定义形式如下。

格式:

```
FUNCTION <func_name>
        [PARAMETERS |LPARAMETERS <formal_param_list>]
        <语句块>
        [RETURN <expr>]
    ENDFUNC
```

调用格式:

```
func_name(real_param_list)
```

说明:

① 函数也和过程类似,有内部函数、外部函数和过程文件。内部函数存储在主程序文件的底部,仅供本程序调用。外部函数存储在一个独立的程序文件中,其扩展名为.PRG,此时可以省略自定义函数的起始语句 FUNCTION <func_name>,如果不省略,则 func_name 必须与存储它的程序文件同名。另外,自定义函数也可以集中存储在一个过程文件中。

② 函数调用时,实参与形参个数相等,依次结合。如果没有参数,则括号也不能省略。

③ 自定义函数总会返回一个值,如果在函数尾部的 RETURN 语句中没有携带表达式 expr,则函数自动返回.T.。如果函数尾部连 RETURN 语句也省略了,则系统自动执行一个相同的操作。

例 5-25　编写自定义函数,计算 $1!+2!+3!+\cdots+10!$。

分析:在主程序中计算累加和,在自定义函数中计算 $n!$。

```
* prg5-25.PRG
SET TALK OFF
```

```
CLEAR
s=0
FOR i=1 TO 10                &&计算累加
s=s+factorial(i)
ENDFOR
    ?"10!=",s
SET TALK ON
FUNCTION  factorial         &&计算阶乘
    PARAM n
    p=1
    FOR j=1 TO n
        p=p*j
    ENDFOR
    RETURN p
ENDFUNC
```

例 5-26 编写程序计算一元二次方程 $ax^2+bx+c=0$ 的解。

分析：本例将求解一元二次方程解过程中的 Δ、$\dfrac{-b}{2a}$ 以及 $\dfrac{\sqrt{|\Delta|}}{2a}$ 分别使用自定义函数，存储在过程文件中。

```
* prg5-26.PRG
SET TALK OFF
CLEAR
INPUT "请输入二次项系数:" TO a
INPUT "请输入一次项系数:" TO b
INPUT "请输入常数项:" TO c
SET PROCEDURE TO myfun
dt=delt(a,b,c)
ba=bsub2a(a,b)
sd=sqdlt(dt)
IF dt=0
    x1=ba
    result=str(x1,6,2)
ELSE
    IF dt>0
        x1=ba+sd
        x2=ba-sd
        result="x1="+str(x1,6,2)+
        space(7)+"x2="+str(x2,6,2)
    ELSE
        x1=str(ba,6,2)+"+"+str(sd,6,2)+"i"
        x2=str(ba,6,2)+"-"+str(sd,6,2)+"i"
        result=x1+space(7)+x2
    ENDIF
```

```
    ENDIF

    ?result
    SET TALK ON
    CANCEL
```

过程文 myfun.PRG

```
* myfun.PRG
FUNCTION bsub2a              && 计算 b² - 4ac
    PARAM a,b
    RETURN -b/2/a
ENDFUNC
FUNCTION delt               && 计算 delt
    PARAM a,b,c
    dlt=b*b-4*a*c
    RETURN dlt
ENDFUNC
FUNCTION sqdlt              && 计算 sqrt(|delt|)/a/2
    PARAM dlt
    IF dlt>0
        rslt=sqrt(dlt)/2/a
    ELSE
        IF dlt<0
            rslt=sqrt(-dlt)/2/a
        ELSE
            rslt=0
        ENDIF
    ENDIF
    RETURN rslt
ENDFUNC
```

5.4.4　内存变量的作用域

内存变量在程序中的作用范围称为内存变量的作用域。根据作用域的不同,可将内存变量分为三类:局部变量、私有变量和全局变量。

1. 局部变量

定义格式:

```
LOCAL <mem_var_list>
```

功能:将内存变量列表 mem_var_list 中的变量定义为局部变量(本地变量)。

作用域:只包括本模块,不能在上层或下层模块中使用。

说明:

① LOCAL 命令和 LOCATE 命令的前 4 个字符相同,因此不能缩写成 LOCA。

② LOCAL 命令可以定义局部内存变量和局部数组,且它们的初值都是.F.。

③ 局部变量一旦定义,就临时分配存储空间,程序流程一旦离开本模块,局部变量所占的存储单元就被释放,局部变量从此无意义,也不能被引用。

例如:

```
LOCAL a,b,c(4)
    ?a,b,c(2)                     ??显示结果为:.F. .F. .F.
```

2. 私有变量

定义格式:

```
PRIVATE <mem_var_list>
```

功能:将内存变量列表 mem_var_list 中的变量定义为私有变量。

作用域:只包括本模块及在下层模块中使用。

说明:

① PRIVATE 命令可以定义私有内存变量和私有数组,且它们的初值都是.F.。

② 在 Visual FoxPro 6.0 中,系统默认凡是在程序中未作显式说明的变量均为私有变量。因此通常不必对私有变量进行显式说明,但当被调子程序与主调程序中有同名变量时,可在被调子程序中对相应变量进行显式说明,使主调程序中的同名变量在子程序中暂时无效。返回主调程序后,同名变量有效,原来的值得到保留。而被调子程序中的变量无效,所占存储单元得到释放。

③ 为了避免各子程序之间因变量同名而相互影响,可以在各子程序中定义自己的私有变量,用于屏蔽主调程序中的同名变量。

3. 全局变量

定义格式:

```
PUBLIC <mem_var_list>
```

功能:将内存变量列表 mem_var_list 中的变量定义为全局变量(公共变量)。

作用域:涵盖所有程序。

说明:

① PUBLIC 命令可以定义全局内存变量和全局数组,且它们的初值都是.F.。

② 在命令窗口中使用的变量都是全局变量或全局数组,但这些变量及数组不能在程序中引用。

③ 用 PUBLIC 定义的全局变量和全局数组在整个程序运行过程中始终有效,并始终占有存储单元。即使程序运行结束,也不自动释放。删除全局变量并释放占用的空间只有使用 REALEASE 或 CLEAR ALL 命令。

④ 同一模块中如果使用同名的各种变量,其优先次序为:

本地变量→私有变量→全局变量

例 5-27　以下程序演示局部变量、私有变量和全局变量的作用域。

```
* prg5-27.PRG
CLEAR
LOCAL c
a=1
b=2
c=3
?"------------------------"
?a,b,c
DO sub1
?a,b,c
?"------------------------"
CANCEL
* sub1.PRG
PRIVATE a
LOCAL b
a=4
c=5
DO sub2
?a,b,c
RETURN
* sub2.PRG
PRIVATE c
a=6
b=7
c=8
?a,b,c
RETURN
```

程序运行结果如图 5-17 所示。

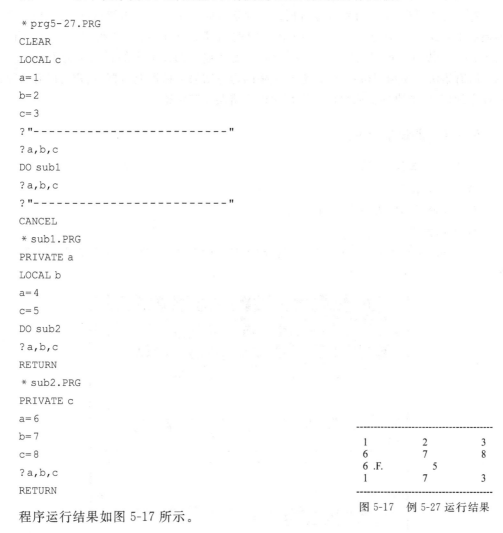

图 5-17　例 5-27 运行结果

5.5　程序调试

　　程序设计完成后,很少有一次就能够运行成功的,尤其是复杂程序。存在的错误有两类:语法错误和逻辑错误。语法错误源于程序设计人员对 Visual FoxPro 6.0 的理解和掌握不够,可以通过实践和练习加以克服,常见的语法错误有:

　　① 遗漏关键字与变量之间的空格;

　　② 定界符不匹配;

　　③ 关键字、文件名、变量名拼写错误;

　　④ 内存变量没有初始化;

　　⑤ 表达式和函数中的数据类型不匹配;

　　⑥ 控制语句嵌套错误、缺少结束语句;

⑦ 不符合调用过程和自定义函数以及实参和形参结合的规则等。

对于语法错误,通常在程序编译时或程序运行时系统会给出出错信息,可以根据系统的提示予以纠正。但是对于程序中出现的逻辑错误处理就复杂得多。为此,Visual FoxPro 6.0 提供了可视化调试工具——调试器。程序调试的最终目的是为了改正程序中的所有语法错误和逻辑错误,以获得正确的运行结果。借助调试器,用户可以有效地进行程序的调试,解决各种明显的或隐藏的语法错误和逻辑错误。

5.5.1 调试器环境

1. 打开调试器的方法

1) 命令方式

在命令窗口中输入命令 DEBUG。

2) 菜单方式

在 Visual FoxPro 6.0 主菜单中,选择"工具"→"调试器"命令,打开如图 5-18 所示的窗口。

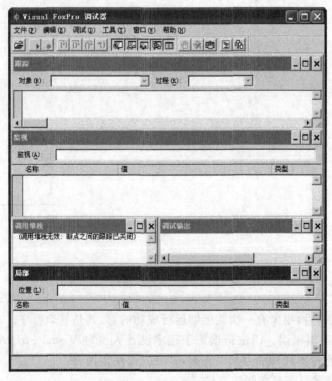

图 5-18 "调试器"窗口

默认情况下,调试器窗口中同时打开 5 个子窗口,分别是:"跟踪"、"监视"、"调用堆栈"、"调试输出"和"局部"。可以根据需要在"窗口"菜单或工具栏中打开或关闭子窗口,也可以单击子窗口右上方的"关闭"按钮关闭子窗口。

2.“跟踪”窗口

“跟踪”用于显示正在调试的程序。从“调试器”窗口选择“文件”→“打开”命令,在打开的“添加”窗口中选择程序文件后,带调试的程序文件在“跟踪”窗口中被打开。窗口左侧显示“→”符号表示调试中正待执行的代码行,红色“●”符号表示该行设置了断点。若需要“调试”窗口显示程序命令的行号,可以在 Visual FoxPro 6.0 的系统菜单中选择工具“工具”→“选项”命令,然后在弹出的“选项”对话框中打开“调试”选项卡,单击“跟踪”单选项→“显示行号”复选框,如图 5-19 所示。

图 5-19　显示行号设置

3.“监视”窗口

监视指定表达式在程序调试执行过程中的取值变化情况。在“监视”子窗口的文本框中输入表达式并按 Enter 键,表达式就被添加到列表中了。调试程序时,列表框内动态显示监视表达式的名称、当前值和类型。

双击监视表达式,可对其进行编辑;右击监视表达式,在弹出的快捷菜单中选择“删除监视”命令,可删除该表达式。

4.“调用堆栈”窗口

“调用堆栈”窗口显示当前正在执行的程序、过程或方法程序。若正在执行的是一个子程序,则显示该子程序名和主调程序名。左侧的“→”符号指向正在执行的程序模块。

5.“调试输出”窗口

编程时在程序的适当位置插入一些调试命令,如:DEBUGOUT,则在调试程序时,当执行到该命令,就将表达式的值显示在本窗口中。

调试命令格式:

```
DEBUGOUT <expr>
```

说明：该命令不能使用省略格式，即不能只写前 4 个字符。

6."局部"窗口

"局部"窗口显示内存变量、对象及对象成员的名称、当前取值及类型。从"位置"下拉列表框中选择一个程序模块，于是就在下方的列表窗口中显示该模块执行时各变量的当前值。右击列表窗口还可以选择"公共"、"局部"、"常用"或"对象"等选项。

5.5.2　断点设置

断点是指在程序执行中设置断点，当程序执行到该句代码时，中断执行，供用户测试此时程序的运行状态。在 Visual FoxPro 6.0 中有 4 类断点可供选择。

1. 在定位处中断

指定某一代码行，当程序执行到此行代码时中止程序运行。这种类型的断点是系统默认使用的断点，也是在程序调试中使用最多的断点。

设置时可双击某代码行的左侧灰色区域，即可出现红色中断标记符"●"，或先将光标定位在某行代码上，再按 F9 键。若双击中断标记符"●"，则取消该断点。

2. 如果表达式值为真，则在定位处中断

指定一代码行及表达式，当执行到此行代码时，若表达式的值为真，则中断程序的执行，设置步骤如下：

① 在代码行左侧灰色区域双击标记中断符"●"。

② 在"调试器"窗口中，选择"工具"→"断点"命令，打开"断点"对话框，如图 5-20 所示。

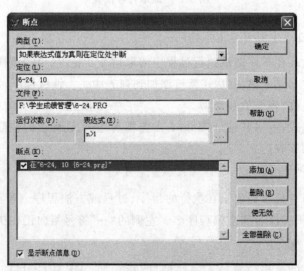

图 5-20　设置定位条件中断

③ 在"类型"下拉列表中,选择"如果表达式值为真,则在定位处中断"。

④ 在"断点"列表中勾选中断定位的位置。

⑤ 在"表达式"文本框中输入条件表达式,或单击右边的"…"按钮,在打开的表达式生成器中构造表达式。

⑥ 单击"确定"按钮,完成设置。

3. 表达式值为真时中断

程序运行时,只要指定的表达式值为真就中断。断点的设置步骤同上,但须在"类型"下拉列表中选择"表达式值为真时中断"。

4. 表达式值改变时中断

指定一个表达式,在调试程序时,当表达式的值改变时产生中断。断点的设置步骤同上,但须在"类型"下拉列表中选择"表达式值改变时中断"。

5.5.3   调试菜单选项介绍

1. "运行"选项

执行在"跟踪"窗口中打开的程序。若"跟踪"窗口中没有打开的程序,则在打开的"运行"窗口中选择程序后,调试器立即执行此程序,并中断于第一条可执行代码上。

2. "继续执行"选项

当程序第一次执行前,调试菜单中出现"运行"命令;当程序中断时,调试菜单中出现的是"继续执行"命令。单击它,程序继续向下执行。

事实上,不管是初次执行还是中断后执行,按 F5 键或工具栏上的"继续执行"按钮都可以。

3. "取消"按钮

用于终止程序的执行,并关闭程序。

4. "定位修改"选项

用于终止程序的调试执行,再在文本编辑窗口中打开调试程序。

5. "单步"选项

单步执行下一行代码。若下一行代码是调用模块程序或方法程序的,则被调用模块或方法程序在后台执行,即代码指示符"→"仍然指向本模块调用语句的下一行代码。

6. "单步跟踪"选项

单步执行下一行代码。若下一行代码是调用模块程序或方法程序,则代码指示符"→"跟踪到被调用模块或方法程序的第一条可执行语句代码。

7. "运行到光标处"选项

用于从当前位置执行到光标所在位置。光标位置可在开始时或程序中断时设置。

8. **"调速"选项**

用于打开"调整运行速度"窗口,设置执行两代码行之间的延时秒数。

9. **"设置下一条语句"选项**

程序中断后,可使光标所在行成为恢复执行后要执行的语句。

5.6　上机实验

【实验要求与目的】

(1) 认识和了解程序文件的概念。

(2) 掌握分支、循环等控制结构的使用。

(3) 掌握过程、函数的使用。

(4) 掌握常用的编程算法。

【实验内容与步骤】

1. **分支结构的使用**

(1) 编程计算下面分段函数的值,要求:

① 使用 IF 语句实现分支。

② 自变量从键盘中输入。

③ 分别输入三个区间的 x 值,检查输出函数值是否正确。

$$f(x) = \begin{cases} 2x+5 & x < 0 \\ x^2 - x + 3 & 0 \leqslant x < 10 \\ x^3 - 7x & x \geqslant 10 \end{cases}$$

参考代码:

```
SET TALK OFF
CLEAR
INPUT "请输入 x 的值:" TO x
IF x<0
    f=2*x+5
ELSE
    IF x>=0 .AND. x<10
        f=x*x-x+3
    ELSE
        IF x>=10
            f=x*x*x-7*x
        ENDIF
    ENDIF
ENDIF
```

```
? "f=",f
SET TALK ON
```

运行结果如图 5-21 所示。

(2) 从键盘输入两个数和一个运算符(＋、－、＊、/),求运算结果,要求:

① 根据提示,先从键盘接收两个数,再接收一个运算法。

② 根据运算符进行相应的运算,给出运算结果。

③ 若输入的运算符不是上述 4 个运算符中的一个,提示错误。

④ 输入测试数据,测试程序的正确性。

图 5-21　运行结果

参考代码:

```
SET TALK OFF
CLEAR
INPUT "请输入第一个数:" TO x
INPUT "请输入第二个运算数:" TO y
WAIT "请输入运算符(+、-、*、、/):" TO ch
DO CASE
    CASE ch="+"
        @ 6,1 SAY x+y
    CASE ch="-"
        @ 7,1 SAY x-y
    CASE ch="*"
        @ 8,1 SAY x*y
    CASE ch="/"
        @ 9,1 SAY x/y
    OTHERWISE
        @ 6,1 SAY "输入运算符错误!"
ENDCASE
SET TALK ON
```

运行结果如图 5-22 所示。

图 5-22　运行结果

2. 循环结构的使用

(1) 从键盘输入一个字符串,统计其中的英文字母数、数字字符数和其他字符数,要求:

① 从键盘输入一串字符,其中包括英文字母、数字和其他符号,以"!"符号结束。

② 统计各种字符的个数,英文字母个数存放在数组变量 $a(1)$ 中,数字字符个数放在 $a(2)$ 中,其他字符个数放在 $a(3)$ 中,结束符"!"不算在字符数内。

③ 输入字符串"abc,D1234,eFb"测试程序的正确性。

参考代码:

```
SET TALK OFF
```

```
CLEAR
ACCEPT "请输入字符串,以!结束:" TO s
DIMENSION a(3)
STORE 0 TO a
i=1
tmp=substr(s,i,1)
DO WHILE tmp!="!"
    tmp=upper(tmp)
    DO CASE
        CASE asc(tmp)>=asc("A").AND. asc(tmp)<=asc("Z")
            a(1)=a(1)+1
        CASE asc(tmp)>=asc("0").AND. asc(tmp)<=asc("9")
            a(2)=a(2)+1
        OTHERWISE
            a(3)=a(3)+1
    ENDCASE
    i=i+1
    tmp=substr(s,i,1)
ENDDO
?"英文字母的个数为:"+str(a(1),3)
?"数字字符的个数为:"+str(a(2),3)
?"其他字符的个数为:"+str(a(3),3)
SET TALK ON
```

请输入一串字符,以!结束: abc,12,ds!

英文字母的个数为: 5
数字字符的个数为: 2
其他字符的个数为: 2

图 5-23　运行结果

运行结果如图 5-23 所示。

(2) 使用 FOR 循环,统计学习 c001 课程的同学人数。

```
SET TALK OFF
CLOSE ALL
CLEAR
USE 成绩
COUNT ALL TO num
GO TOP
rs=0
FOR i=1 TO num
    IF 课程号="c001"
        rs=rs+1
    ENDIF
    SKIP
ENDFOR
USE
?"学习 cool 的同学的人数为:"+str(rs)
```

（3）打印如图 5-24 所示的图形。

```
SET TALK OFF
CLEAR
FOR i=1 TO 5              && 打印前 5 行
    ?space(10-i)         && 打印字母前空格
    FOR j=1 TO 2*i-1
        ??chr(64+i)      && 打印大学字母
    ENDFOR
ENDFOR
FOR i=4 TO 1 STEP -1     && 打印后 4 行
    ?space(10-i)
    FOR j=1 TO 2*i-1
        ??chr(64+i)
    ENDFOR
ENDFOR
SET TALK ON
```

```
        A
       BBB
      CCCCC
     DDDDDDD
    EEEEEEEEE
     DDDDDDD
      CCCCC
       BBB
        A
```

图 5-24　待打印图形

3. 过程和函数的使用

有 8 个黑子和 8 个白子，从中随机取出 8 个子，问取出 5 个黑子 3 个白子的概率是多少？其中概率 P 和组合的计算公式如下：

$$P = \frac{C_8^5 \cdot C_8^3}{C_{16}^8} \quad C_m^n = \frac{m!}{n!\,(m-n)!}$$

分析：过程 fac 用于就 $n!$，过程 cmn 用于求 C_m^n，都存储在过程文件 gl. PRG 中。主程序文件 prg6-1-6. PRG 中打开 gl. PRG 过程文件，并调用其中的子过程。

主程序文件 prg6-1-6. PRG

```
* prg6-1-6.PRG
SET TALK OFF
CLEAR
SET PROCEDURE TO gl
INPUT "请输入黑子的个数:" TO h
b=8-h
r=0
DO cmn WITH 8,h,r
y1=r
DO cmn WITH 8,b,r
y2=r
DO cmn WITH 16,8,r
y3=r
p=y1*y2/y3
?"取"+str(h,1)+"黑子"+str(b,1)+"白子的概率是:"+str(p,6,4)
SET PROCEDURE TO
SET TALK ON
```

```
CANCEL
```

过程文件 gl.PRG，其中存放过程 fac 用于求 $n!$，cmn 用于求 C_m^n。

```
* gl.PRG
PROC fac
    PARA t,y
    q=1
    FOR i=1 TO t
        q=q*i
    ENDFOR
    y=q
ENDPROC
PROC cmn
    PARA m,n,c
    x=0
    DO fac WITH m,x
    x1=x
    DO fac WITH n,x
    x2=x
    DO fac WITH m-n,x
    x3=x
    c=x1/(x2*x3)
    RETURN
ENDPROC
```

4. 变量的隐藏

阅读并运行下面程序，分析程序运行的结果。

```
SET TALK OFF
CLEAR
CLEAR MEMORY
PUBLIC x1
STORE "abc" TO x1,x2,x3,x4
?"主程序显示为:"
LIST MEMO LIKE x*
DO p1
?"主程序第二次显示为:"
LIST MEMO LIKE x*
RETURN
PROC p1
    LOCAL x2
    PRIVATE x4
    STORE "xxx" TO x1,x2,x3,x4
    ?"过程 p1 显示为:"
```

```
        LIST MEMO LIKE x *
        DO p2
        RETURN
ENDP
PROC p2
        STORE "yyy" TO x1,x2,x3,x4
        ?"过程 p2 显示为:"
        LIST MEMO LIKE x *
        RETURN
ENDP
```

【思考题】

(1) 将第 3 点的过程文件 gl. PRG 中的子过程改写成函数的方式实现。

(2) 将第 2 点第(2)题改写成 DO WHILE 循环和 SCAN 循环实现。

本 章 小 结

Visual FoxPro 6.0 提供了面向过程和面向对象两种程序设计方法。本章主要介绍程序及程序文件等概念,主要阐述了结构化程序设计的基本控制结构、过程、函数的基本结构。重点讲述了它们的定义和使用方法,同时分析用于解决实际问题的常用算法,最后本章介绍了程序调试器的使用。

习　　题

一、选择题

1. 在 Visual FoxPro 6.0 中,关于过程调用的叙述正确的是(　　)。

　　A) 当实参的个数少于形参的个数时,多余的形参取逻辑值假

　　B) 当实参的个数多于形参的个数时,多余的实参被忽略

　　C) 实参与形参的数量必须相等

　　D) 上面 A 和 B 都正确

2. 关于过程,以下叙述正确的是(　　)。

　　A) 过程必须以单独的文件保存

　　B) 过程只能放在另一个程序文件的后面

　　C) 过程只能放在过程文件中

　　D) 过程既可以单独保存,也可以放在程序文件的后面,还可以放在过程文件中

3. 在 DO WHILE…ENDDO 循环中,若循环条件设置为. T. ,则下列说法中正确的是(　　)。

　　A) 程序无法跳出循环　　　　　　　　B) 程序不会出现死循环

C) 用 EXIT 可跳出循环　　　　　　　　D) 用 LOOP 可跳出循环

4. 在命令窗口赋值的变量默认的作用域是(　　)。

A) 公用　　　　　　B) 私有　　　　　　C) 局部　　　　　　D) 不一定

5. 有以下程序,运行后显示 m 的值为(　　)。

```
SET TALK OFF
m=0
n=100
DO WHILE n>m
    m=m+n
    n=n-10
ENDDO
?m
RETURN
```

A) 0　　　　　　B) 10　　　　　　C) 100　　　　　　D) 99

6. 如果执行 LIST NAME OFF 命令依次显示:计算机、电视、计算器,则接着执行下列命令的结果应该为(　　)。

```
GO TOP
SCAN WHILE LEFT(name,2)="计"
        ??name
ENDSCAN
```

A) 计算机　　　　B) 计算机计数器　　C) 电视　　　　　　D) 计算器

7. 运行以下程序,屏幕显示的结果为(　　)。

```
DIME k(2,3)
i=1
DO WHILE i<=2
   j=1
   DO WHILE j<=3
      k(i,j)=i*j
      ??k(i,j)
      ??space(1)
      j=j+1
   ENDDO
?
i=i+1
ENDDO
RETURN
```

A)　1 2 3　　　　　B)　2 4 6　　　　C)　1 4 9　　　　D)　　　　2 4 6
　2 4 6　　　　　　　1 2 3　　　　　　2 4 6　　　　　　　1 4 9

8. 运行以下程序,屏幕显示的结果为(　　)。

```
PRIVATE x,y
x="中国"
y="大学"
DO sub WITH x
? x+y
RETURN
PROC sub
PARA x1
LOCAL x
x="科技"
y="合肥"+y
RETURN
```

A) 中国科技大学　　B) 科技中国大学　　C) 科技合肥大学　　D) 中国合肥大学

二、填空题

1. 下列代码用于求出 100~999 的所有"水仙花数",即一个三位数,其中 x 表示三位数,i、j 和 k 分别表示该三位数百位、十位和个位上的三个数字,满足 $x=i^3+j^3+k^3$。

实现一

```
SET TALK OFF
FOR x=100 TO 999
    _____
    _____
    _____
IF x=i^3+j^3+k^3
    ? x
ENDIF
ENDFOR
SET TALK ON
```

实现二

```
FOR i=1 TO 9
    FOR j=0 TO 9
        FOR k=0 TO 9
            s=_____
            IF _____=s
                ? s
            ENDIF
        ENDFOR
    ENDFOR
ENDFOR
CANCEL
```

2. 过程 a2. PRG 中的"?"命令输出结果是_____;过程 a1. PRG 中的"?"命令输出

的结果是_____;主程序 main. PRG 中的"?"命令输出的结果是_____。

```
SET TALK OFF
a=0
b=0
DO a1
?a,b
RETURN
****a1.PRG****
PRIVATE a
a="Welcome"
b="Yes"
DO a2
?a,b
RETURN
****a2.PRG****
?a,b
PRIVATE b
a=999
b=888
RETURN
```

3. 运行 xy. PRG 程序后,将在屏幕上显示以下九九乘法表,请填空。

(1) 1

(2) 2　4

(3) 3　6　9

(4) 4　8　12　16

(5) 5　10　15　20　25

(6) 6　12　18　24　30　36

(7) 7　14　21　28　35　42　49

(8) 8　16　24　32　40　48　56　64

(9) 9　18　27　36　45　54　63　72　81

```
****xy.PRG****
SET TALK OFF
CLEAR
FOR j=1 TO 9
    ?"("+str(j,2)+")"
FOR _____
    ?? _____
ENDFOR
?
ENDFOR
RETURN
```

```
SET TALK ON
```

4. 为使 x2. PRG 和 x3. PRG 的功能与 ex1. PRG 完全相同,在下列程序中填上适当的代码。

```
**ex1.PRG**
USE 学生
LIST NEXT 3
SCAN
    DISPLAY
ENDSCAN
USE
CANCEL
**ex2.PRG**
USE 学生
LIST NEXT 3
_____
DO WHILE NOT eof()
    DISPLAY
    _____
ENDDO
USE
CANCEL
**ex3.PRG**
USE 学生
LIST NEXT 3
FOR i=1 TO recc()
    _____
ENDFOR
USE
CANCEL
```

5. 下列程序段的功能是接收键盘输入的 Y 或 y 字符才退出循环,补全空余代码。

```
DO WHILE .T.
    WAIT "输入 Y/N" TO yn
    IF upper(yn)="Y"
        EXIT
    ELSE
        _____
    ENDIF
ENDDO
```

6. 下列代码功能是打开某自由表,表名从键盘输入,显示该表的前两条记录,等待 3s 后再显示最后 4 条记录,补全程序。

```
ACCEPT "请输入表文件名" TO bm
USE &bm
_____
WAIT "" TIMEOUT 3
GO BOTTOM
_____
_____
USE
CANCEL
```

7. 设有两个数据表文件 xsda 和 score,分别用于保存某班级学生的基本情况和考试成绩,其结构如下:

xsda(姓名(C,8),学号(C,2))
score(学号(C,2),课程号(C,2),成绩(N,3))

下面程序的功能是列出"平均成绩＞＝80"的学生学号、姓名和平均成绩,将程序补全。

```
USE score
INDEX ON 学号 TAG xh
SELECT 0
USE xsda
SET RELATION TO 学号 INTO score
SET SKIP TO score
DO WHILE NOT eof()
SELECT 1
AVERAGE 成绩 TO 平均分 FOR _____
SELECT 2
IF _____
    ?学号,姓名,平均分
ENDIF
    _____
ENDDO
CANCEL
```

三、读程题

1. 写出下列程序的运行结果。

```
SET TALK OFF
DIMENSION a(6)
FOR k=1 TO 6
    a(k)=20-2*k
ENDFOR
k=5
DO WHILE k>=1
```

```
        a(k)=a(k)-a(k+1)
        k=k-1
ENDDO
?a(1),a(3),a(5)
SET TALK ON
```

2. 写出下面程序运行后屏幕显示的结果。

```
SET TALK OFF
CLEAR
FOR i=1 TO 5
    ?space(7-i)
    FOR j=1 TO i
        ??[*]
    ENDFOR
ENDFOR
FOR i=4 TO 1 STEP -1
    ?space(7-i)
    FOR j-1 TO j
        ??[*]
    ENDFOR
ENDFOR
SET TALK ON
CANCEL
```

3. 设在下面程序运行时,输入 100110,试写出输出结果并说明程序的功能。

```
CLEAR
s=0
ACCEPT "请输入一个二进制数" TO n
l=len(n)
FOR i=1 TO l
    s=s+val(substr(n,1,1))*2**(l-1)
ENDFOR
?str(s)
SET TALK ON
CANCEL
```

4. 下面的程序运行后,写出屏幕显示的结果。

```
SET TALK OFF
CLEAR
STORE 0 TO m,n
DO WHILE .T.
    n=n+2
    DO CASE
        CASE int(n/3) * 3=n
```

```
            LOOP
        CASE n>10
            EXIT
        OTHERWISE
            m=m+n
    ENDCASE
ENDDO
?[m=],m,[n=],n
SET TALK ON
CANCEL
```

四、编程题

1. 完成下面分段函数的计算。运行时用户从键盘中输入一个 x 值,在屏幕上输出 y 值。分别使用 IF 语句和 CASE 语句实现。

$$y = \begin{cases} x^2 & x > 0 \\ 0 & x = 0 \\ -x^2 & x < 0 \end{cases}$$

2. 从键盘输入一个字符串,统计其中的英文字母数和数字数以及其他字符数。

3. 打印杨辉三角(打印 8 行,每个数的宽度为 5)。

```
    1
    1    1
    1    2    1
    1    3    3    1
    1    4    6    4    1
    1    5   10   10    5    1
    1    6   15   20   15    6    1
    1    7   21   35   35   21    7    1
```

第6章 关系数据库结构化查询语言

SQL 是 Structure Query Language(结构化查询语言)的缩写。可以说查询是 SQL 的重要组成部分,但不是全部,SQL 还包含数据定义、数据操纵和数据控制功能等部分。SQL 已经成为关系数据库的标准数据语言,所以现在所有的关系数据库管理系统都支持 SQL。FoxPro 从 2.5 版(For DOS)开始就支持 SQL,现在的 Visual FoxPro 更加完善。

6.1 SQL 概述

SQL 是目前美国国家标准组织(American National Standards Institute,ANSI)的标准数据语言。最早的是 IBM 的圣约瑟研究实验室为其关系数据库管理系统 SYSTEM R 开发的一种查询语言,它的前身是 SQUARE 语言。最早的 SQL 标准是 1986 年 10 月由美国 ANSI 公布的。随后,ISO(International Organization for Standardization)于 1987 年 6 月正式采纳它为国际标准,并在此基础上进行了补充。到 1989 年 4 月,ISO 提出了具有完整性特征的 SQL,并称之为 SQL89。此标准推出以后,对数据库技术的发展和数据库的应用都起到了很大的推动作用。在 1992 年 11 月,ISO 又公布了 SQL 新标准,即 SQL92。这些标准的出台意味着 SQL 作为标准的关系数据库语言的地位更加巩固,大多数数据库供应商纷纷采用 SQL。

SQL 具有以下 4 个特征。

1. 非过程化语言

SQL 是一个非过程化的语言,用户只需要说明"要做什么",而不必要告诉计算机"如何去做",SQL 就可以将要求交给系统,自动完成全部工作。

2. 统一的语言

SQL 可用于所有用户的 DB 活动模型,包括系统管理员、数据库管理员、应用程序员、决策支持系统人员及许多其他类型的终端用户。SQL 集数据库定义语言(Database Define Language, DDL)、数据操纵语言(Database Manufacture Language, DML)、数据控制语言(Database Control Language, DCL)的功能于一体,可以独立完成数据库生命周期中的全部活动,包括:

- 查询数据。
- 在表中插入、修改和删除记录。
- 建立、修改和删除数据对象。
- 控制对数据和数据对象的存取。
- 保证数据库的一致性和完整性。

以前的数据库管理系统为上述各类操作提供单独的语言,而SQL将全部任务统一在一种语言中。

3. 面向集合的操作方式

SQL是一种面向集合的语言,与面向记录的方式截然不同,每个命令的操作对象是一个或多个表,结果也是一个表。这种采用集合的操作方式不仅操作对象、查找结果可以是记录的集合,而且一次插入、删除、更新操作的对象也可以是记录的集合。

4. 同一种语法结构,两种使用方式

SQL既是自含式语言,又是嵌入式语言,或独立使用也可嵌入宿主语言中。作为自含式语言它能够独立地用于联机交互方式,即在终端机上进行数据库操作,这适用于终端用户、应用程序员和DBA。作为嵌入式语言,SQL语句能够嵌入高级语言(例如C、COBOL、FORTRAN、PL/1)程序中,供开发使用。在这两种方式下,SQL语法结构基本一致,为用户提供了极大的灵活性和方便性。

Visual FoxPro在SQL方面支持数据定义、数据查询和数据操纵功能,但在具体实现方面也存在一些差异。另外由于Visual FoxPro自身在安全控制方面的缺陷,所以它没有提供数据控制功能。

6.2 查 询 功 能

SQL的核心是查询。SQL的查询命令也称做SELECT命令,它的基本形式由SELECT-FROM-WHERE查询组成,多个查询块可以嵌套执行。Visual FoxPro的SQL SELECT命令的语法格式如下:

SELECT [ALL | DISTINCT] [TOP <expN>[PERCENT]]
[<别名>.]<SELECT 表达式>[AS [列名>][, [<别名>.]<SELECT 表达式>[AS<列名>]...]
FROM [FORCE][<数据库名?!]<表名>[[AS] <本地别名>]
[[INNER | LEFT [OUTER] | RIGHT [OUTER] | FULL [OUTER]
JOIN<数据库名>!]<表名>[[AS] <本地别名>] [ON <连接条件>...]]
[[INTO<目标>]][TO FILE <文件名>[ADDITIVE]]
[PREFERENCE<参照名>][NOCONSOLE] [PLAIN] [NOWAIT]
[**WHERE** <连接条件 1>[AND<连接条件 2>...][AND | OR<过滤条件 1>[AND | OR<过滤条件 2>...]]]
[GROUP BY<分组列名 1>[, <分组列名 2>...]][HAVING<过滤条件>]
[UNION [ALL] SELECT命令]
[ORDER BY<排序项 1>[ASC | DESC] [,<排序项 2>[ASC | DESC]...]]

注意：命令中"[]"表示可选项。"|"表示或者。"<>"表示由用户提供。

从 SELECT 命令的格式看起来非常复杂，实际上只要理解命令中各个短语的含义就可以很好地掌握 SELECT 命令了，其主要的短语含义如下。

1. SELECT 短语

（1）ALL 表示对表中的所有记录进行选择时，如果重复记录则全部保留；而 DISTINCT 表示对表中的所有记录进行选择时，若有重复的只保留第一条。

（2）[<别名>.]<SELECT 表达式>[AS<列名>]：<SELECT 表达式>可以是字段名，也可以包含用户自定义函数和系统函数（参见 6.2.5 节）。<别名>是字段所在的表名，<列名>用于指定输出时使用的列标题，可以不同于字段名。

2. FROM 短语

该短语用于指定查询的表联接类型。

（1）选择工作区与打开<表名>所指的表均由用户指定。对于非当前数据库，用"<数据库名>!<表名>"来指定该数据库中的表。<本地名>表的暂用名，取决于本地名，本命令中的表只可以使用这个名字了。

（2）JOIN 关键字用于联接其左右两个<表名>所指的表。

（3）INNER | LEFT [OUTER] | RIGHT [OUTER] | FULL [OUTER]选项指定两表联接时的 4 种联接类型。默认选项为内部联接，详情如表 6-1 所示。OUTER 选型表示外部联接，指查询结果包括满足联接条件的记录，也包括不满足联接条件的记录。

表 6-1 联接类型

联 接 类 型	意 义
INNER JOIN（内部联接）	只有满足联接条件的记录包含在结果中
LEFT [OUTER] JOIN （左联接）	左表记录与右表记录比较字段值。若有满足联接条件的，则产生真实值记录；若都不满足条件，则产生一个含有.NULL.值的记录。直到左表所有记录都比较完
RIGHT [OUTER] JOIN（右联接）	右表某记录与左表所有记录比较字段值，如果满足联接条件，则产生真实值记录；如果都不满足，则产生一个含.NULL.值的记录。直到左表所有记录都比较完
FULL [OUTER] JOIN（完全联接）	先按右联接比较字段值，再按左联接比较字段值，不列入重复记录

（4）ON<联接条件>短语用于指定联接条件。

（5）FORCE 短语表示严格按指定的联接条件来连接表，避免 Visual FoxPro 因进行联接优化而降低查询速度。

3. INTO 与 TO 短语

用于指定查询结果的输出去向，默认查询结果在浏览窗口中显示。

（1）INTO 短语中的<目标>可以有三种选项，如表 6-2 所示。

（2）TO 短语中的<目标>可以有三种选项，如表 6-3 所示。

表 6-2　INTO 短语的目标选项

目　标	意　义
ARRAY ＜数组名＞	查询结果输出到数组
CURSOR ＜临时表名＞	查询结果输出到临时表
DBF ＜表名＞	查询结果输出到表

表 6-3　TO 短语的目标选项

目　标	意　义
TO FILE ＜文件名＞	输出到指定的文本文件,若文件存在,则覆盖原文件内容。ADDITIVE 表示值添加新数据,不清除原文件内容,即在原文件内容后追加新数据
TO PRINTER [PROMPT]	输出到打印机,PROMPT 表示打印前先显示打印确认框
TO SCREEN	输出到屏幕

4. WHERE 短语

表示联接条件或者筛选条件。如果已用 JOIN ON 短语指定联接条件,则在 WHERE 短语中指定筛选条件,表示在已按联接条件产生的记录中筛选记录。如果省略了 JOIN ON 短语,则可用 WHERE 短语表示联接条件和筛选条件。

5. GROUP BY 短语

对记录按照＜组表达式＞值进行分组,常用于负责统计。

6. HAVING 短语

当有 GROUP BY 短语时,HAVING 短语表示对同组记录的筛选条件;如果无 GROUP BY 短语,HAVING 短语的作用和 WHERE 短语的作用相同。

7. ORDER BY ＜表达式＞短语

指定查询结果中的记录按＜表达式＞排序,默认为升序方式。＜表达式＞只能是字段,或表示查询结果中列位置的数字。选项 ASC 表示升序,DESC 表示降序。

8. TOP ＜数值表达式＞[PERCENT]短语

TOP 短语必须和 ORDER BY 短语同时使用。＜数值表达式＞表示在符合条件的记录中选取的记录个数,取值范围为 $1\sim32\,767$,排序后并列的若干个记录只计一个。含 PERCENT 选项时,＜数值表达式＞表示百分比,记录数位小数时,自动取整,取值范围为 $0.01\sim99.99$。

SELECT 查询命令的使用非常灵活,用它可以构造各种各样的查询。本节将通过大量的实例介绍 SELECT 命令的使用,在实际使用过程中理解各个短语的含义。

本章所用的数据库表结构和数据,请参考第 4 章。

6.2.1　简单查询

首先从最简单的只有 SELECT 和 FROM 短语构成(无条件查询)或者 SELECT、

FROM 和 WHERE 短语构成(条件查询)的单表查询开始,慢慢了解各个短语的含义。

例 6-1 从课程表中查询所有的学分值。

SELECT 学分 FROM 课程

结果如图 6-1 所示。

可以看到,在结果中有重复的值,如果需要去掉重复值,其语句可以修改成以下语句:

SELECT DISTINCT 学分 FROM 课程

DISTINCTD 短语的作用就是去掉查询结果中的重复值。

例 6-2 查询课程表中的所有记录。

SELECT * FROM 课程

结果如图 6-2 所示。

其中"*"是通配符,表示所有字段,也可以用以下的命令:

SELECT 课程号,课程名,学分,开课学期 FROM 课程

 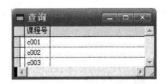

图 6-1　例 6-1 结果　　　　图 6-2　例 6-2 查询结果

例 6-3 查询成绩在 85 分以上的学生的学号。

SELECT 学号 FROM 成绩 WHERE 成绩>85

其结果如图 6-3 所示。

本例中用到 WHERE 短语指定了查询条件,查询条件可以是任意复杂的逻辑表达式。

例 6-4 查询哪门课程有成绩大于 85 分的。

SELECT DISTINCT 课程号 FROM 成绩 WHERE 成绩>85

结果如图 6-4 所示。

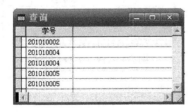

图 6-3　例 6-3 查询结果　　　　图 6-4　例 6-4 查询结果

例 6-5 查询选了课程 c001 或 c002 并且成绩大于 85 分的学生的学号。

```
SELECT 学号 FROM 成绩;
WHERE 成绩>85 AND (课程号="c001" OR 课程号="c002")
```

结果如图 6-5 所示。

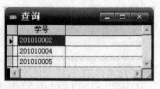

注意：这里的分号是续行符，后同。

前面的几个例子在 FROM 之后只指定了一个关系，也即只查询了一张表。6.2.2 节举例说明简单的两表之间的连接查询。

学号
201010002
201010004
201010005

图 6-5 例 6-5 查询结果

6.2.2 简单的连接查询

连接是关系的基本操作之一，连接查询是一种基于多个关系的查询。下面先给出几个简单的连接查询实例。一些稍微复杂的连接查询将在后面介绍。

例 6-6 查询成绩大于 85 分的学生的学号和姓名。

分析：这里所要查询的信息分别出自学生表(学号、姓名)和成绩表(学号，成绩)两个关系，这样的查询是基于多个关系的，所以应该使用一般的连接查询来实现。

```
SELECT DISTINCT 学生.学号,学生.姓名 FROM 学生,成绩;
WHERE(成绩>85)AND(学生.学号=成绩.学号)
```

查询结果如图 6-6 所示。

这里的"学生.学号=成绩.学号"就是连接条件。通过查询命令 FROM 之后有两个关系，那么这两个关系之间肯定有一种联系。从第 4 章中已经知道，学生表和成绩表之间的关系是一对多的关系。

当 FROM 之后的多个关系中含有相同的属性名时，必须用关系前缀指明字段所属的关系(表)，例如"学生.学号"，"."前面是关系名(表名)，后面的是字段名。

例 6-7 查询成绩大于等于 90 分的学生的学号和该门课程的名称。

```
SELECT DISTINCT 成绩.学号 ，课程.课程名 FROM 课程,成绩;
WHERE(成绩 >=90)AND(课程.课程号=成绩.课程号)
```

其结果如图 6-7 所示。

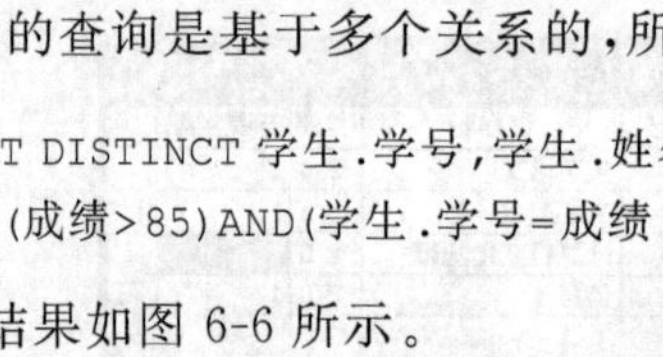

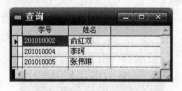

学号	姓名
201010002	俞红双
201010004	李珂
201010005	张伟琳

图 6-6 例 6-6 查询结果

学号	课程名
201010005	大学数学
201010005	计算机文化基础

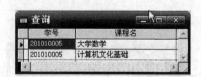

图 6-7 例 6-7 查询结果

6.2.3 嵌套查询

嵌套查询即查询要求的结果出自一个关系，但是相关的条件却涉及多个关系。在

6.2.2 节的例子中,WHERE 之后是一个相对独立的条件,这个条件或者为真,或者为假。但是,有时需要用另外的方式来表达查询要求。例如,当查询表 X 中的记录时,它的条件依赖于相关的表 Y 中的记录的字段值,这时使用 SQL 的嵌套查询功能将非常方便。下面用几个例子来说明使用方法。

例 6-8 查询哪些学生至少有一门课的成绩为 78 分。

```
SELECT 姓名 FROM 学生 WHERE 学号 in ;
(SELECT 学号 FROM 成绩 WHERE 成绩=78)
```

查询结果如图 6-8 所示。

在本例的命令中,有两个 SELECT-FROM-WHERE 查询块,即内层查询块和外层查询块,内层查询块查询到的学号的值为 201010001 和 201001003,这样就可以写出以下的等价命令:

```
SELECT 姓名 FROM 学生 WHERE 学号 in("201010001","201010003")
```

这里的 in 是集合运算符。

例 6-9 查询所有课程的成绩都大于等于 70 分的课程信息。

```
SELECT * FROM 课程 WHERE 课程号 not in;
(SELECT 课程号 FROM 成绩 WHERE 成绩<70)
```

其查询结果如图 6-9 所示。

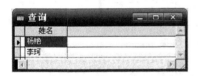

图 6-8 例 6-8 查询结果

图 6-9 例 6-9 查询结果

内层 SELECT-FROM-WHERE 查询块查询出所有课程的成绩小于 70 分的课程号值的集合,在这里该集合有 c003 和 c004 两个值;然后再从课程表中查询记录的课程号字段值不在该集合中的每个记录。

例 6-10 查询所有学生的成绩都大于等于 70 分的学生信息。

```
SELECT * FROM 学生 WHERE 学号 not in;
(SELECT 学号 FROM 成绩 WHERE 成绩<70)
```

其查询结果如图 6-10 所示。

在查询结果中,除了 201010004 和 201010005 两个学生在成绩表中是有成绩的,其他的学生在成绩表中都没有记录成绩,但是也被查询出来了,所以这条查询语句是有错误的。

如果查询要求要排除那些还没有登记成绩的学生,查询要求可以叙述为:查询所有学生的成绩都大于等于 70 分的学生信息,并且该学生在成绩表中至少有一门课的成绩。这样叙述就很清楚了,因为对没有成绩的学生不需要其信息,如此,写出的 SQL 命令就复

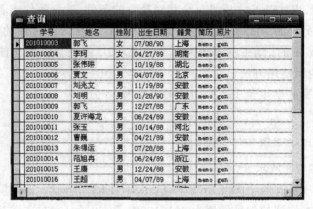

图 6-10   例 6-10 查询结果

杂一些了。

```
SELECT * FROM 学生 WHERE 学号 not in;
(SELECT 学号 FROM 成绩 WHERE 成绩<70);
and 学号 in(SELECT 学号 FROM 成绩)
```

其查询结果如图 6-11 所示。

图 6-11   修改后的查询结果

这样内层是两个并列的查询,在结果中将不包含没有成绩的学生信息。

6.2.4   几个特殊运算符

本节介绍查询语句中几个特殊的运算符,它们是 BETWEEN-AND 和 LIKE 等。下面通过例子来解释这些运算符的含义和用途。

例 6-11   查询成绩在 70 到 85 之间的学生的成绩信息。

```
SELECT * FROM 成绩 WHERE 成绩 BETWEEN 70 AND 85
```

其查询结果如图 6-12 所示。

BETWEEN-AND 的意思就是在"-和-之间",这个查询条件等价于:

```
(成绩>=70)AND (成绩<=85)
```

例 6-12   从学生表中找出姓"刘"的学生信息。

分析:这是一个字符串匹配的查询,可以使用 LIKE 运算符。

```
SELECT * FROM 学生 WHERE 姓名 LIKE "刘%"
```

其结果如图 6-13 所示。

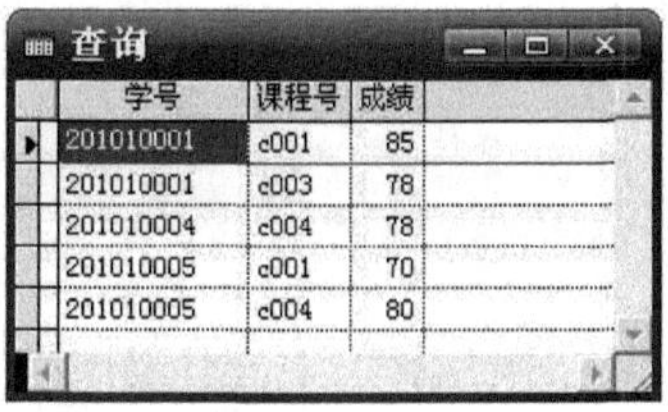

学号	课程号	成绩
201010001	c001	85
201010001	c003	78
201010004	c004	78
201010005	c001	70
201010005	c004	80

图 6-12 例 6-11 查询结果

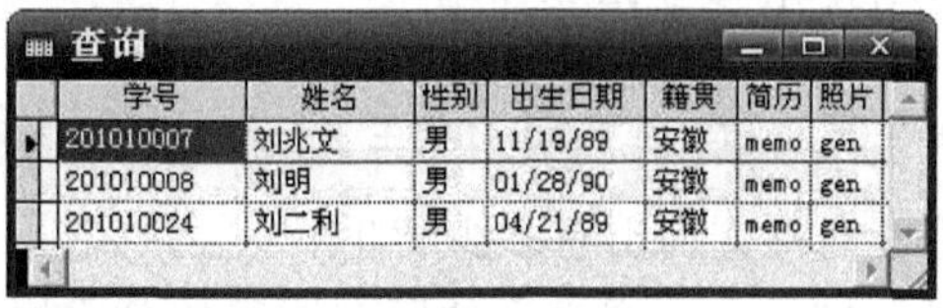

学号	姓名	性别	出生日期	籍贯	简历	照片
201010007	刘兆文	男	11/19/89	安徽	memo	gen
201010008	刘明	男	01/28/90	安徽	memo	gen
201010024	刘二利	男	04/21/89	安徽	memo	gen

图 6-13 例 6-12 查询结果

这里的 LIKE 是字符串匹配运算符，通配符“%”表示 0 个或者多个字符，“_”（下划线）表示一个字符。

例 6-13 查询籍贯不是“安徽”的所有学生信息。

```
SELECT * FROM 学生 WHERE 籍贯!="安徽"
```

其查询结果如图 6-14 所示。

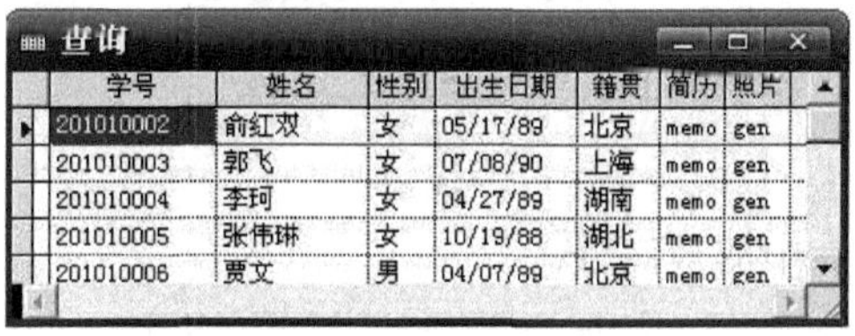

学号	姓名	性别	出生日期	籍贯	简历	照片
201010002	俞红双	女	05/17/89	北京	memo	gen
201010003	郭飞	女	07/08/90	上海	memo	gen
201010004	李珂	女	04/27/89	湖南	memo	gen
201010005	张伟琳	女	10/19/88	湖北	memo	gen
201010006	贾文	男	04/07/89	北京	memo	gen

图 6-14 例 6-13 查询结果

在 SQL 中，“不等于”用“!=”表示，另外还可以使用否定运算符写出等价命令：

```
SELECT * FROM 学生 WHERE NOT(籍贯="安徽")
```

NOT 的应用很广泛，例如可以用 NOT IN(参见例 6-9)，NOT BETWEEN 等。例如查询和例 6-11 相反的查询，即查询成绩不在 70 到 85 之间的学生的成绩信息，可以用下面命令：

```
SELECT * FROM 成绩 WHERE 成绩 NOT BETWEEN 70 AND 85
```

6.2.5 简单的计算查询

SQL 是完备的，只要数据按照表的方式存入数据库，就能构造合适的 SQL 命令把它查询出来。SQL 除了前面讲的一般查询能力外，还具有计算方式的查询能力，例如查询学生的平均成绩、查询每门课程的最高成绩等。用于计算查询的函数有：COUNT(计数)、SUM(求和)、AVG(计算平均值)、MAX(求最大值)和 MIN(求最小值)。这些函数都可以用在 SELECT 语句中对查询结果进行计算。下面通过例子来说明这些函数的使用方法。

例 6-14 查询学生籍贯地的数目。

```
SELECT COUNT(DISTINCT 籍贯)FROM 学生
```

其结果是：8，说明学生是来自于 8 个省的。注意，除非对表中的记录个数进行计数，一般 COUNT 函数应该使用。

```
SELECT COUNT(*) FROM 学生
```

此查询将查询出有多少学生。

例 6-15　求所有学生的所有课程的总成绩。

```
SELECT SUM(成绩) FROM 成绩
```

其结果是：1022。

这个结果是所有学生所有课程的总和，它并不管是否有重复值。这时若使用命令：

```
SELECT SUM(DISTINCT 成绩) FROM 成绩
```

将得出错误的结果 856。

例 6-16　求学号为 201010001 的学生的平均成绩。

```
SELECT AVG(成绩)FROM 成绩 WHERE 学号="201010001"
```

其结果是：76.00。

例 6-17　求所有学生中的最高分。

```
SELECT MAX(成绩) FROM 成绩
```

其结果是：92。

与 MAX 函数对应的是 MIN 函数，例如，求所有学生的最低分，可以用以下命令：

```
SELECT MIN(成绩) FROM 成绩
```

6.2.6　排序

使用 SQL SELECT 可以对结果进行排序，排序的短语是 ORDER BY，可以对结果进行升序（ASC，默认）和降序（DESC）排序。下面通过例子来说明其用法。

例 6-18　按照成绩的降序查询所有成绩的信息。

```
SELECT * FROM 成绩 ORDER BY 成绩 DESC
```

其结果如图 6-15 所示。

上句也可以写成

```
SELECT 学号,课程号,成绩 FROM 成绩 ORDER BY 3 DESC
```

或者

```
SELECT * FROM 成绩 ORDER BY 3 DESC
```

这两种写法中的 3 表示排序字段在 SELECT 后面的字段列表中的位置，如果按照课

程号进行排序，ORDER BY 后面就可以根据课程号字段，排在第二位，就可以就是“2”。如果是升序排序，可以直接写成

```
SELECT * FROM 成绩 ORDER BY 3
```

例 6-19　先按学号升序排序，再按照成绩降序排序。

```
SELECT * FROM 成绩 ORDER BY 学号 ASC,成绩 DESC
```

其结果如图 6-16 所示。

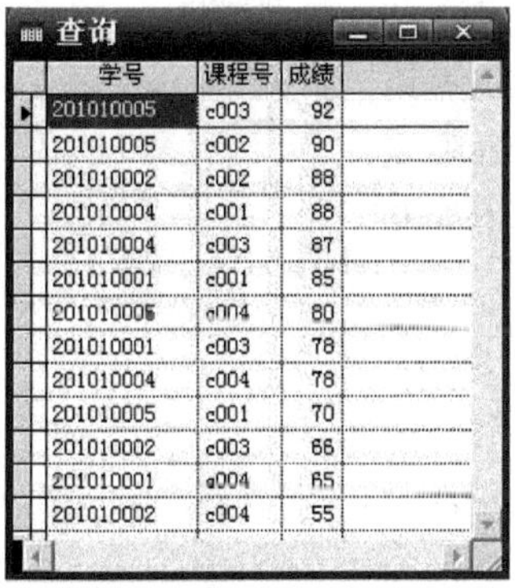

学号	课程号	成绩
201010005	c003	92
201010005	c002	90
201010002	c002	88
201010004	c001	88
201010004	c003	87
201010001	c001	85
201010005	c004	80
201010001	c003	78
201010004	c004	78
201010005	c001	70
201010002	c003	66
201010001	c004	65
201010002	c004	55

图 6-15　例 6-18 查询结果

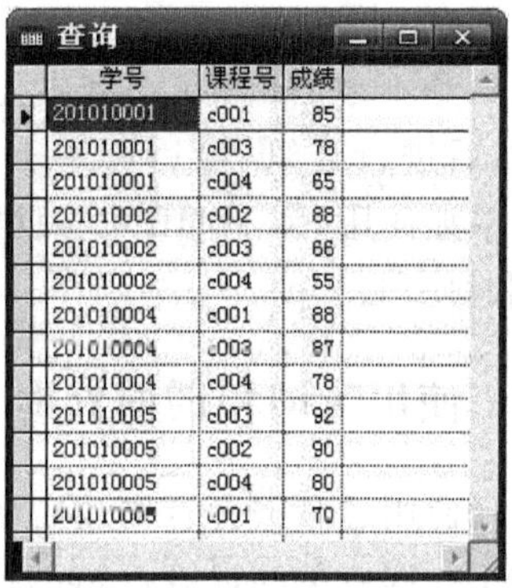

学号	课程号	成绩
201010001	c001	85
201010001	c003	78
201010001	c004	65
201010002	c002	88
201010002	c003	66
201010002	c004	55
201010004	c001	88
201010004	c003	87
201010004	c004	78
201010005	c003	92
201010005	c002	90
201010005	c004	80
201010005	c001	70

图 6-16　例 6-19 查询结果

这是一个多列排序的例子，学号排序要求是升序，因此学号后面的 ASC 是可以省略的。

注意：ORDER BY 是对最终的查询结果进行排序，不可以在子查询中使用该短语。

6.2.7　分组与计算查询

6.2.5 节中的几个例子是针对整个表的计算查询，利用 GROUP BY 短语进行分组计算查询使用得更加广泛。可以根据一列或者多列进行分组，还可以使用 HAVING 进一步限定分组的条件。下面通过几个例子来说明其用法。

例 6-20　求每个学生的平均成绩。

```
SELECT 学号,AVG(成绩) FROM 成绩 GROUP BY 学号
```

其查询结果如图 6-17 所示。

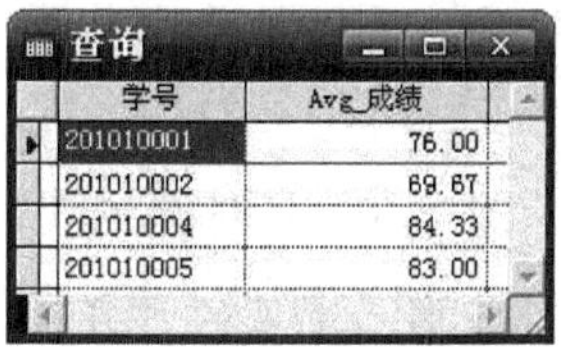

学号	Avg_成绩
201010001	76.00
201010002	69.67
201010004	84.33
201010005	83.00

图 6-17　例 6-20 查询结果

和 ORDER BY 短语类似，可以使用分组字段在 SELECT 短语后的字段里表中的位置来指定排序字段，例如本例也可以写成：

```
SELECT 学号,AVG(成绩) FROM 成绩 GROUP BY 1
```

在这个查询中，首先按照学号字段进行分组，再计算每个学生的平均成绩。要注意的是，分组依据字段（本例中的学号字段）必须出现在 SELECT 后面的字段里表中，否则不能分组。另外 GROUP BY 短语一般跟在 WHERE 短语后面，如果没有 WHERE 子句，

则跟在 FROM 短语后。

在分组查询时,有时要求分组满足某个条件时才查询,这时可以使用 HAVING 短语来限定分组。

例 6-21　求只考了三门课程的每个学生的平均成绩。

```
SELECT 学号,COUNT( * ),AVG(成绩)FROM 成绩;
GROUP BY 学号 HAVING COUNT( * )<=3
```

其查询结果如图 6-18 所示。

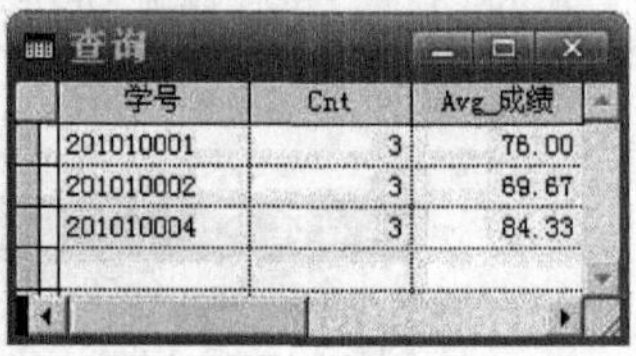

HAVING 短 语 跟 在 GROUP BY 短 语 后 面, 和 WHERE 短语是不矛盾的,在查询中先用 WHERE 短语 限定记录,然后进行分组,最后再用 HAVING 短语限定 分组。 如果单独使用,和 WHERE 短语功能相同,不能和 WHERE 同时使用。

图 6-18　例 6-21 查询结果

6.2.8　使用量词和谓词查询

前面已经使用过和嵌套查询或者子查询有关的 IN 和 NOT IN 运算符了,除此之外还有两类和子查询有关的运算符,它们是

```
<表达式><比较运算符>[ANY|ALL|SOME](子查询)
```

和

```
[NOT] EXISTS(子查询)
```

ANY、ALL 和 SOME 是量词,其中 ANY 和 SOME 是同义词,在进行比较运算符时只要子查询中有一行能使结果为真,则结果为真;而 ALL 则要求子查询中的所有行都使结果为真时,结果才是真。

EXISTS 是谓词,EXISTS 或者 NOT EXISTS 用来查询在子查询中是否有结果返回(即存不存在记录)。

下面通过几个例子来说明这些量词和谓词在查询语句中的用法。

例 6-22　查询那些还没有成绩的学生的信息。

```
SELECT * FROM 学生 WHERE not exists;
(SELECT * FROM 成绩 WHERE 学号=学生.学号)
```

注意:这里的内层查询引用了外层查询的表,只有这样,使用谓词 EXISTS 或者 NOT EXISTS 才有意义。 所以这类查询也都是内外层互相嵌套的查询。

也可以用下面的等价语句:

```
SELECT * FROM 学生 WHERE not IN;
(SELECT 学号 FROM 成绩)
```

其结果如图 6-19 所示。

例 6-23　查询所有学生的成绩大于或者等于学号为 201010001 的学生任何一门课程

的成绩的学号。

分析：这个查询可以使用 ANY 或者 SOME 量词。

```
SELECT DISTINCT 学号 FROM 成绩 WHERE 成绩>=ANY;
(SELECT 成绩 FROM 成绩 WHERE 学号="201010001")
```

等价于：

```
SELECT DISTINCT 学号 FROM 成绩 WHERE 成绩>=;
(SELECT MIN(成绩)FROM 成绩 WHERE 学号="201010001")
```

其结果如图 6-20 所示。

图 6-19　例 6-22 查询结果　　　　图 6-20　例 6-23 查询结果

例 6-24　查询所有学生的成绩大于或者等于学号为 201010001 的学生所有课程的成绩的学号。

分析：这个是大于该学生的所有成绩，所以可以使用 ALL 量词。

```
SELECT DISTINCT 学号 FROM 成绩 WHERE 成绩>=ALL;
(SELECT 成绩 FROM 成绩 WHERE 学号="201010001")
```

等价于：

```
SELECT DISTINCT 学号 FROM 成绩 WHERE 成绩>=;
(SELECT MAX(成绩)FROM 成绩 WHERE 学号="201010001")
```

其结果如图 6-21 所示。

图 6-21　例 6-24 查询结果

6.2.9　几个其他选项

1. 只显示前几项记录

当需要查询满足条件的前几条记录的时候，可以使用 TOP 短语。TOP 短语必须要和 ORDER BY 短语同时使用才有效。

例 6-25　查询成绩前三名的学号、课程号和成绩。

```
SELECT * TOP 3 FROM 成绩 ORDER BY 成绩 DESC
```

其结果如图 6-22 所示。

2. 将查询结果存放到数组中

可以使用 INTO ARRAR <数组名>短语将查询结果
存放到数组中,数组名可以是任意的数组变量。一般将存放
查询结果的数组作为二维数组来使用,每行一条记录,每列
对应于查询结果的一列。查询结果存放在数组中,可以非常
方便地在程序中使用。

图 6-22 例 6-25 查询结果

以下语句将查询到的学生信息存放在数组 students 中:

```
SELECT * FROM 学生 INTO ARRAY students
```

students(1,1)存放的就是第一条记录的第一个字段学号的值,students(1,5)存放的
是第一条记录的籍贯字段的值。

3. 将查询结果存放在临时文件中

使用短语 INTO CURSOR <临时表名>可以将查询结果存放到临时数据文件中,其
中"临时表名"是临时文件名,该短语产生的临时文件是一个只读的 DBF 文件,当查询结
束后该临时文件是当前文件,可以像一般的 DBF 文件一样使用(还是只读的),当关闭文
件时,该文件将自动删除。

以下语句将查询到的学生信息存放在临时 DBF 文件 students 中:

```
SELECT * FROM 学生 INTO CURSOR students
```

一般利用 INTO CURSOR 短语存放临时结果,一些复杂的汇总可能需要分阶段完
成,需要根据几个中间结果再汇总等。

4. 将查询结果存放到永久表中

使用短语 INTO DBF|TABLE <表名>可以将查询结果存放到永久表中(DBF 文
件)。例如将籍贯是"安徽"的学生信息存放到表 anhui.DBF 中,可以使用以下语句:

```
SELECT * FROM 学生 WHERE 籍贯="安徽" INTO DBF anhui
```

5. 将查询结果存放到文本文件中

使用短语 TO FILE <文件名> [ADDITIVE]可以将查询结果存放到文本文件中,
其中<文件名>给出文本文件名(默认的扩展名是 TXT),如果使用 ADDTIVE 选项,则
将结果追加到原文件尾部,否则覆盖原文件。

例如上例中,可以用以下语句将籍贯是"安徽"的学生信息存入 anhui.TXT 文件中:

```
SELECT * FROM 学生 WHERE 籍贯="安徽"TO FILE anhui
```

6. 将查询结果直接输出到打印机或者屏幕

使用短语 TO PRINTER [PROMPT]可以直接将查询结果输出到打印机,如果使用

了 PROMPT 选项,在开始打印前会打开打印机设置对话框,否则直接打印。

使用短语 TO SCREEN 可以直接将查询结果输出到工作区屏幕。

6.3 操 作 功 能

SQL 的操作功能针对数据库中的数据的操作功能,主要包括数据的插入、更新和删除三个方面的内容。

6.3.1 插入数据

插入数据的语句是 INSERT 语句,其标准格式如下:

```
INSERT INTO 表名 [(字段名 1 [, 字段名 2,...])]
            VALUES(表达式 1 [,表达式 2,...])
```

其中,

- INSERT INTO 表名:说明向由表名指定的表中插入记录;
- 当插入的不是所有字段的值时,可以用[(字段名 1 [,字段名 2,…])]指定字段;
- VALUES(表达式 1 [,表达式 2,…])指定了具体的记录值。

下面用几个例子来说明 INSERT 命令的使用方式。

例如向订购单中插入元组("c005","大学政治",2.5,"1"),可用以下命令:

```
INSERT INTO 课程 VALUES("c005","大学政治",2.5,"1")
```

如果需要插入学生的信息,但是照片和简历两个字段尚未确定,这时可以用以下命令来完成:

```
INSERT INTO 学生(学号,姓名,性别,出生日期,籍贯);
VALUES("201010031","李阳","男",{^1989-06-08},"安徽")
```

此时照片和简历两个字段值为空。

6.3.2 更新数据

SQL 的数据更新命令格式如下:

```
UPDATE 表名
SET 字段名 1=表达式 1 [,字段名 2=表达式 2...]
WHERE 条件表达式
```

一般使用 WHERE 短语指定条件,已更新满足条件的一些记录的字段值,并且一次可以更新多个字段;如果不使用 WHERE 短语,则更新全部记录。

例如给每个学生的成绩都加上 5 分,可以用以下命令:

```
UPDATE 成绩 SET 成绩=成绩+5
```

如果是给课程号为 c001 的所有成绩加 5 分,可以使用以下命令:

```
UPDATE 成绩 SET 成绩=成绩+5
WHERE 课程号="c001"
```

6.3.3   删除数据

SQL 从表中删除数据的命令格式如下:

```
DELETE FROM 表名 [WHERE 条件]
```

这里的 FROM 指定从哪张表中删除数据,WHERE 指定被删除的记录所满足的条件,如果不使用 WHERE 短语,则删除该表中的全部记录。

例如在学生表中,要删除学号为 201010031 的学生信息,可以使用以下命令:

```
DELETE FROM 学生 WHERE 学号="201010031"
```

注意:Visual FoxPro 中的 DELETE 命令同样是逻辑删除,如果需要物理删除记录需要继续使用 PACK 命令。

6.4   定   义   功   能

标准的 SQL 数据定义功能非常广泛,一般包括数据库的定义、表的定义、视图的定义、存储过程的定义、规则的定义和索引的定义等。本节主要介绍 Visual FoxPro 支持的表的定义功能。

6.4.1   表的定义

在第 4 章中介绍了通过表的设计器建立表的方法,在 Visual FoxPro 中也可以通过 SQL 的 CREATE TABLE 命令建立表,相应的命令格式如下:

```
CREATE TABLE|DBF <表名 1>[FREE]
(<字段名 1><字段类型>[(<字段宽度>[,<小数位数>])]
[NULL|NOT NULL]
[PRIMARY KEY|UNIQUE]
[REFERENCES <表名 2>[TAG <索引标识名>]]
[CHECK <有效性规则>[ERROR <出错信息>]]
[DEFAULT <默认值>]
    [,<字段名 2><字段类型>[(<字段宽度>[,<小数位数>])…])
```

其参数意义说明如下。

- TABLE|DBF:这两个选项等价,都是建立表文件。
- <表名 1>:指出要建立新表的名称。
- [FREE]:表示建立的表是自由表,不添加到当前打开的数据库中。若当前没有打开任何数据库,有无该选项,建立的表都是自由表。

- <字段名 1> <字段类型>[(<字段宽度> [,<小数位数>])…]: 指定第一个字段的字段名、字段类型、字段宽度以及小数位数。使用的字段类型和宽度定义可以参照第 3 章表 3-2。
- [NULL|NOT NULL]: 说明该字段是否可以为空,缺省时默认为 NOT NULL,即不能为空。
- [PRIMARY KEY|UNIQUE]: 说明该字段是主索引或候选索引。此选项对数据库表有效。
- [REFERENCES <表名 2> [TAG <索引标识名>]]: 说明与<表名 2>建立永久连接关系,<表名 2>是父表的表名,如果以父表的主索引关键字建立永久关系,TAG <索引标识名>可以省略,否则不能省略,父表不能是自由表。此选项对数据库表有效。
- [CHECK <有效性规则> [ERROR <出错信息>]]: 定义该字段的有效性规则,以及在不满足规则时的出错信息,该信息只有在浏览或编辑窗口中修改数据时显示。此选项对数据库表有效。
- [DEFAULT <默认值>]: 定义该字段的默认值。此选项对数据库表有效。

使用该命令建立的表自动在最小空闲工作区中打开。如果定义的是自由表,其中对数据库表的特有定义将无效。

表 6-4 给出了 CREATE TABLE 命令中可以使用的数据类型以及说明,这些数据类型的详细说明请参考第 3 章。

表 6-4 数据类型说明

数据类型	字段宽度	小数位数	说　明
C	n	—	字符型字段的宽度为 n
D			日期类型
T			日期时间类型
N	n	d	数值字段类型,宽度为 n,小数位数为 d
F	n	d	浮点数值字段类型,宽度为 n,小数位数为 d
I			整数类型
B		d	双精度类型
Y			货币类型
L			逻辑类型
M			备注类型
G			通用类型

在第 4 章中利用数据设计器和表设计器建立了数据库,现在用 SQL 命令来建立相同的数据库,并且在该数据库中建立学生 1 表、成绩 1 表和课程 1 表,完成相应的功能。

用命令建立"学生成绩管理 1"数据库,命令如下:

```
CREATE DATABASE 学生成绩管理 1
用 SQL CREATE TABLE 命令建立"学生 1"表
CREATE TABLE 学生 1(
学号 C(9)PRIMARY KEY,
姓名 C(8),
性别 C(2),
出生日期 D,
籍贯 C(4),
简历 M,
照片 G)
```

执行该命令后,就可以在学生成绩管理 1 数据库中看到学生 1 表。该例中使用 PRIMARY KEY 命令指定学号为主关键字。

用 SQL 建立课程表的命令如下:

```
CREATE TABLE 课程 1(
课程号 C(4) PRIMARY KEY , 课程名 C(20),学分 F(4,1),开学学期 C(1))
```

用 SQL 建立成绩表的命令如下:

```
CREATE TABLE 成绩 1(
学号 C(9),课程号 C(4),成绩 F(3,0),
FOREIGN KEY  学号 TAG 学号 REFERENCES 学生 1,
FOREIGN KEY  课程号 TAG 课程号 REFERENCES 课程 1)
```

建立好的学生成绩管理 1 如图 6-23 所示,通过 FROEIGN KEY 命令,来建立表与表之间的联系。

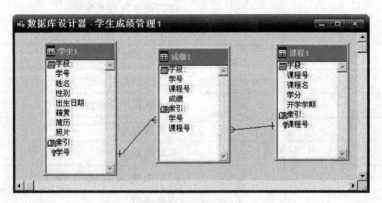

图 6-23 学生成绩管理 1 数据库

6.4.2 表的删除

删除表的 SQL 命令格式如下:

DROP TABLE 表名

DROP TABLE 直接从磁盘上删除表名所对应的 DBF 文件。如果表名所对应的表是数据库中的表,且相应的数据库是当前数据库,则从数据库中直接删除表;否则虽然从磁盘上删除了 DBF 文件,但是在数据库中的信息却没有被删除,此后,再打开被删除表所在的数据库时,将会出错。所以要删除数据库中的表,最好先打开该表所在的数据库,再进行删除操作。

6.4.3　表结构的修改

修改表结构的命令是 ALTER TABLE,该命令有三种格式。

1. 添加字段或修改已有字段

其格式如下:

ALTER TABLE <表名 1>ADD <新字段名>|ALTER <已有字段名><字段类型>[(<字段宽度>[,<小数位数>])]
[NULL|NOT NULL]
[PRIMARY KEY|UNIQUE]
[REFERENCES <表名 2>[TAG <索引标识名>]]
[CHECK <有效性规则 1>[ERROR <出错信息 1>]]
[DEFAULT <默认值>]

其中各参数的说明如下:

- <表名 1>:指定要修改的表的名称。
- ADD <新字段名> <字段类型>[(<字段宽度> [,<小数位数>])]:指出新添加字段的字段名、字段类型、字段宽度和小数位数。如果在该子句中使用 CHECK、PRIMARY KEY 或 UNIQUE 选项时,需要删除所有数据,否则违反有效性规则,命令将不被执行。
- ALTER <已有字段名> <字段类型>[(<字段宽度> [,<小数位数>])]:修改表中已有字段的字段类型、字段宽度、小数位数。如果在该子句中使用 CHECK 选项时,需要被修改字段的已有字段值满足 CHECK 规则;使用 PRIMARY KEY 或 UNIQUE 选项时,需要被修改字段的已有字段值满足唯一性,不能有重复值。
- 其他选项的含义与 CREATE TABLE 命令中的选项含义相同,后 4 个参数只对数据库表有效,对自由表无效。

该命令可以修改字段的字段类型、字段宽度、有效性规则及错误信息、字段默认值等,但是不能修改字段名,不能删除字段,也不能删除已经定义的规则。

例如为学生 1 表增加"地址"字段(字符类型),可以使用以下命令:

ALTER TABLE 学生 1 ADD 地址 C(50)

再如,将学生 1 表中"姓名"字段的宽度改为 10(原先为 8):

```
ALTER TABLE 学生 1 ALTER 姓名 C(10)
```

2. 设置字段有效性规则

命令格式如下：

```
ALTER TABLE <表名>ALTER <已有字段名>
[NULL|NOT NULL]
[SET DEFAULT <新默认值>]
[SET CHECK <新有效性规则>[ERROR <出错信息>]]
[DROP DEFAULT] [DROP CHECK]
```

其中各参数的说明如下：

- <表名>：指定要修改的表的名称。
- <已有字段名>：指定要修改的字段名。
- [NULL|NOT NULL]：说明该字段是否可以为空。
- [SET DEFAULT <新默认值>]：重新设置该字段的默认值。
- [SET CHECK <新有效性规则> [ERROR <出错信息>]]：重新设置该字段的有效性规则，以及在不满足规则时的出错信息。
- [DROP DEFAULT]：删除默认值。
- [DROP CHECK]：删除该字段的有效性规则。

该命令主要用于定义、修改或删除字段有效性规则和默认值定义，不能修改字段名，也不能删除字段，所有修改操作都是在字段这一级，修改后不影响表中原有的数据，但该命令只对数据库表有效。

例如，修改成绩 1 表中"成绩"字段的有效性规则。

```
ALTER TABLE 成绩 1
ALTER 成绩 SET CHECK 成绩>=0 AND 成绩<=100 ERROR "成绩在 0 到 100 之间！"
```

而以下命令可以删除成绩 1 表中的"成绩"字段的有效性规则。

```
ALTER TABLE 成绩 1 ALTER 成绩 DROP CHECK
```

3. 设置表一级有效性规则

命令格式如下：

```
ALTER TABLE <表名 1> [DROP <字段名>]
[SET CHECK <新有效性规则> [ERROR <出错信息>]]
[DROP CHECK]
[ADD PRIMARY KEY <字段表达式 1>TAG <索引标识名 1> [FOR <条件 1>]] [DROP PRIMARY KEY]
[ADD UNIQUE <字段表达式 1> [TAG <索引标识名 2> [FOR <条件 2>]]] [DROP UNIQUE TAG <索引标识名 3>]
[ADD FOREIGN KEY [<字段表达式 3>] TAG <索引标识名 4> [FOR <条件 3>] REFERENCES <表名 2> [TAG <索引标识名 4>]]
[DROP FOREIGN KEY TAG <索引标识名 5>]
```

```
[RENAME COLUMN <旧字段名>TO <新字段名>]
[NOVALIDATE]
```

前两种格式都不能删除字段,也不能更改字段名,所有修改都是在字段一级。第三种格式可以删除字段、修改字段名,也可以定义、修改和删除表一级的有效性规则。

例如,将学生 1 表中的"地址"字段名改为"家庭地址"。

```
ALTER TABLE 学生 1 RENAME COLUMN 地址 TO 家庭地址
```

以下命令可以删除学生 1 表中的"地址"字段:

```
ALTER TABLE 学生 1 DROP COLUMN 家庭地址
```

以下命令将成绩 1 表中的"学号"和"课程号"字段定义为候选关键字,索引名为 CJ:

```
ALTER TABLE 成绩 1 ADD UNIQUE 学号+课程号 TAG CJ
```

以下命令删除学生 1 表中的候选关键字 CJ:

```
ALTER TABLE 成绩 1 DROP UNIQUE TAG CJ
```

6.5 上机实验

【实验要求与目的】

(1) 掌握 SQL 的 SELECT 语句的使用方法。
(2) 掌握 SQL 的 INSERT、UPDATE 和 DELETE 语句的使用方法。
(3) 掌握 SQL 的 CREATE TABLE、DROP TABLE 和 ALTER TABLE 语句的使用方法。

【实验内容与步骤】

以下使用的所有命令,均是在命令窗口中运行的,请在实验的过程中,在命令窗口输入命令(如果命令过长,可以使用续行符";"),然后按 Enter 键运行命令。

1. 使用 SQL 的 SELECT 语句进行查询

使用课本中的"学生成绩管理"数据库,其中有"学生"、"成绩"和"课程"三张表,如图 6-23 所示。

三表中有若干记录,在命令窗口中输入以下 SELECT 命令,然后查看其运行结果。

1) 简单查询

输出"学生"表中的所有内容:

```
SELECT * FROM 学生
```

给姓名、性别和出生日期指定标题:

```
SELECT 姓名 AS NAME,性别 AS SEX,出生日期 AS BIRTHDAY FROM 学生
```

不允许出现重复记录：

SELECT DISTINCT 籍贯 FROM 学生

查询经过计算的值：

SELECT 学号,姓名,YEAR(DATE())-YEAR(出生日期))AS 年龄 FROM 学生

用 WHERE 短语筛选原表记录,并按照课程号降序排序：

SELECT 学号,课程号 WHERE 成绩>70 ORDER BY 课程号 FROM 学生

2）连接查询

用 WHERE 短语连接三张表查询。

SELECT 学生.姓名,课程.课程名,成绩 FROM 学生,课程,成绩 WHERE 学生.学号=成绩.学号 AND 成绩.课程号=课程.课程号

3）库函数

统计每个课程的最高分和平均分：

SELECT 课程名,MAX(成绩)AS 最高分,AVG(成绩)AS 平均分 FROM 成绩,课程 WHERE 成绩.课程号=课程.课程号 GROUP BY 课程名

2. 插入、更新和删除表中的数据

使用 5.3.1 节中的数据库表,向表中插入数据,在命令窗口中输入以下命令。

1）插入数据

向学生表插入一条记录,只写入学号、姓名、性别、出生日期和籍贯字段,其他字段值为空：

INSERT INTO 学生(学号,姓名,性别,出生日期,籍贯)VALUES("201010033","王宏","男",{^1989-08-08},"河南")

向成绩表插入一条记录,所有字段都赋值：

INSERT INTO 成绩 VALUES("201010033","c001",85)

2）更新数据

例如给每个学生的成绩都减去 5 分,可以用以下命令：

UPDATE 成绩 SET 成绩=成绩-5

如果是给课程号为 c002 的所有成绩减 5 分,可以使用以下命令：

UPDATE 成绩 SET 成绩=成绩-5
WHERE 课程号="c002"

3）删除数据

某个学生因故退学了,因此要删除该学生的信息和所有成绩,该学生的学号为201010033,可以通过以下步骤完成。

先删除该学生的所有成绩：

DELETE FROM 成绩 WHERE 学号="201010033"

再删除该学生的信息：

DELETE FROM 学生 WHERE 学号="201010033"

3. 表的创建、修改和删除

1）表的定义

使用 CREATE 语句创建图 6-24 中的三张表和表之间的关系。

首先创建数据库。

CREATE DATABASE 学生成绩管理

创建学生表，在命令窗口运行以下命令：

CREATE TABLE 学生 (学号 C(9)PRIMARY KEY,姓名 C(8),性别 C(2),出生日期 D,籍贯 C(4),简历 M,照片 G)

在命令窗口中输入以下命令,创建课程表：

CREATE TABLE 课程 (课程号 C(4)PRIMARY KEY ,课程名 C(20),学分 F(4,1),开学学期 C(1))

再在运行以下命令,创建成绩表,并建立三张表之间的关系,其命令如下：

CREATE TABLE 成绩 (学号 C(9),课程号 C(4),成绩 F(3,0),FOREIGN KEY 学号 TAG 学号 REFERENCES 学生,FOREIGN KEY 课程号 TAG 课程号 REFERENCES 课程)

此时就可以创建出如图 6-24 所示的数据库以及其中的数据库表。

2）表的修改

为学生表增加一个"身高"字段,字段类型是浮点型,保留两位小数。

ALTER TABLE 学生 ADD 身高 F(4,2)

修改学生表中"籍贯"字段的宽度为 6（原为 4）：

ALTER TABLE 学生 ALTER 籍贯 C(6)

设置学生表中"身高"字段的有效性规则：

ALTER TABLE 学生 ;
ALTER 身高 SET CHECK 身高>0 AND 身高<3.00 ERROR "身高要在 0 到 3 米之间"

删除学生表中"身高"字段的有效性规则：

ALTER TABLE 学生 ALTER 身高 DROP CHECK

修改学生表中的"姓名"字段名为 Name：

ALTER TABLE 学生 RENAME COLUMN 姓名 TO Name

删除学生表中的"身高"字段：

ALTER TABLE 学生 DROP COLUMN 身高

3）表的删除

首先打开"学生成绩管理"数据库（如果已经打开了，就可以不执行此条命令，直接执行下面的删除命令即可）：

OPEN DATABASE 学生成绩管理

删除"学生"表：

DROP TABLE 学生

本 章 小 结

本章比较全面地介绍了关系数据库标准语言 SQL，其中包括 SQL 的核心 SELECT查询的介绍，还有 SQL 的数据插入、删除和表的定义、删除和修改等功能。本章的查询语句可以结合第 6 章的查询和视图设计器参考学习，也是第 6 章查询和视图设计器的基础。所以，学号 SQL 语句也是学号 Visual FoxPro 的基础。

习 题

一、选择题

1. 以下有关 SELECT 语句的叙述中错误的是（　　）。

    A）SELECT 语句中可以使用别名

    B）SELECT 语句中只能包含表中的列及其构成的表达式

    C）SELECT 语句规定了结果集中的顺序

    D）如果 FORM 短语引用的两个表有同名的列，则 SELECT 短语引用它们时必须使用表名前缀加以限定

2. 设有关系 SC(SNO,CNO,GRADE)，其中 SNO、CNO 分别表示学号、课程号（两者均为字符型），GRADE 表示成绩（数值型），若要把学号为 S101 的同学，选修课程号为C11，成绩为 98 分的记录插到表 SC 中，正确的语句是（　　）。

    A）INSERT INTO SC(SNO,CNO,GRADE)VALUES('S101','C11','98')

    B）INSERT INTO SC(SNO,CNO,GRADE)VALUES(S101, C11, 98)

    C）INSERT ('S101','C11','98') INTO SC

    D）INSERT INTO SC VALUES ('S101','C11',98)

3. 在 SQL 语句中，与表达式"年龄 BETWEEN 12 AND 46"功能相同的表达式是（　　）。

    A）年龄>=12 OR<=46　　　　　　　B）年龄>=12 AND<=46

    C）年龄>=12 OR 年龄<=46　　　　　D）年龄>=12 AND 年龄<=46

4. 在 SELECT 语句中，以下有关 HAVING 语句的正确叙述是（　　）。

　　A) HAVING 短语必须与 GROUP BY 短语同时使用

　　B) 使用 HAVING 短语的同时不能使用 WHERE 短语

　　C) HAVING 短语可以在任意的一个位置出现

　　D) HAVING 短语与 WHERE 短语功能相同

5. 在 SQL 的 SELECT 的查询结果中,消除重复记录的方法是(　　)。

　　A) 通过指定主索引实现　　　　　　　　B) 通过指定唯一索引实现

　　C) 使用 DISTINCT 短语实现　　　　　　D) 使用 WHERE 短语实现

6. 在 Visual FoxPro 中,在数据库中创建表的 CREATE TABLE 命令中定义主索引、实现实体完整性规则的短语是(　　)。

　　A) FOREIGN KEY　　　　　　　　　　B) DEFAULT

　　C) PRIMARY KEY　　　　　　　　　　D) CHECK

7. 在 Visual FoxPro 中,如果要将学生表 S(学号,姓名,性别,年龄)中"年龄"属性删除,正确的 SQL 命令是(　　)。

　　A) ALTER TABLE S DROP COLUMN 年龄

　　B) DELETE 年龄 FROM S

　　C) ALTER TABLE S DELETE COLUMN 年龄

　　D) ALTEER TABLE S DELETE 年龄

8. 设有学生表 S(学号,姓名,性别,年龄),查询所有年龄小于等于18岁的女同学,并按年龄进行降序生成新的表 WS,正确的 SQL 命令是(　　)。

　　A) SELECT * FROM S WHERE 性别 = '女'AND 年龄 <= 18 ORDER BY 4
　　　DESC INTO TABLE WS

　　B) SELECT * FROM S WHERE 性别 = '女'AND 年龄 <= 18 ORDER BY 年龄
　　　INTO TABLE WS

　　C) SELECT * FROM S WHERE 性别 = '女'AND 年龄 <= 18 ORDER BY'年龄'
　　　DESC INTO TABLE WS

　　D) SELECT * FROM S WHERE 性别 = '女'OR 年龄 <= 18 ORDER BY'年龄'
　　　ASC INTO TABLE WS

9. 设有学生选课表 SC(学号,课程号,成绩),用 SQL 检索同时选修课程号为 C1 和 C5 的学生的学号的正确命令是(　　)。

　　A) SELECT 学号 RORM SC
　　　WHERE 课程号 = 'C1'AND 课程号 = 'C5'

　　B) SELECT 学号 RORM SC
　　　WHERE 课程号 = 'C1'AND 课程号 = (SELECT 课程号 FROM SC WHERE
　　　课程号 = 'C5')

　　C) SELECT 学号 RORM SC
　　　WHERE 课程号 = 'C1'AND 学号 = (SELECT 学号 FROM SC WHERE 课程
　　　号 = 'C5')

　　D) SELECT 学号 RORM SC

WHERE 课程号＝'C1'AND 学号 IN（SELECT 学号 FROM SC WHERE 课程号＝'C5'）

10. 设学生表 S(学号,姓名,性别,年龄),课程表 C(课程号,课程名,学分)和学生选课表 SC(学号,课程号,成绩),检索号,姓名和学生所选课程名和成绩,正确的 SQL 命令是（　　）。

A) SELECT 学号,姓名,课程名,成绩 FROM S,SC,C

　　WHERE S.学号 ＝SC.学号 AND SC.学号＝C.学号

B) SELECT 学号,姓名,课程名,成绩

　　FROM (S JOIN SC ON S.学号＝SC.学号)JOIN C ON SC.课程号 ＝C.课程号

C) SELECT S.学号,姓名,课程名,成绩

　　FROM S JOIN SC JOIN C ON S.学号＝SC.学号 ON SC.课程号 ＝C.课程号

D) SELECT S.学号,姓名,课程名,成绩

　　FROM S JOIN SC JOIN C ON SC.课程号＝C.课程号 ON S.学号 ＝SC.学号

11. "图书"表中有字符型字段"图书号"。要求用 SQL DELETE 命令将图书号以字母 A 开头的图书记录全部打上删除标记,正确的命令是（　　）。

A) DELETE FROM 图书 FOR 图书号 LIKE"A％"

B) DELETEFROM 图书 WHILE 图书号 LIKE"A％"

C) DELETE FROM 图书 WHERE 图书号＝"A＊"

D) DELETE FROM 图书 WHERE 图书号 LIKE"A％"

12. 假设"订单"表中有订单号、职员号、客户号和金额字段,正确的 SQL 语句只能是（　　）。

A) SELECT 职员号 FROM 订单

　　GROUP BY 职员号 HAVING COUNT(＊)＞3 AND AVG_金额＞200

B) SELECT 职员号 FROM 订单

　　GROUP BY 职员号 HAVING COUNT(＊)＞3 AND AVG(金额)＞200

C) SELECT 职员号 FROM 订单

　　GROUP,BY 职员号 HAVING COUNT(＊)＞3 WHERE AVG(金额)＞200

D) SELECT 职员号 FROM 订单

　　GROUP BY 职员号 WHERE COUNT(＊)＞3 AND AVG_金额＞200

13. 要使"产品"表中所有产品的单价上浮 8％,正确的 SQL 命令是（　　）。

A) UPDATE 产品 SET 单价＝单价＋单价＊8％FOR ALL

B) UPDATE 产品 SET 单价＝单价＊1.08 FOR ALL

C) UPDATE 产品 SET 单价＝单价＋单价＊8％

D) UPDATE 产品 SET 单价＝单价＊1.08

14. 假设同一名称的产品有不同的型号和产地,则计算每种产品平均单价的 SQL 语句是（　　）。

A) SELECT 产品名称,AVG(单价) FROM 产品 GROUP BY 单价

B) SELECT 产品名称,AVG(单价) FROM 产品 ORDERBY 单价

C) SELECT 产品名称,AVG(单价) FROM 产品 ORDER BY 产品名称

D) SELECT 产品名称,AVG(单价) FROM 产品 GROUP BY 产品名称

15. 设有 S(学号,姓名,性别)和 SC(学号,课程号,成绩)两个表,以下 SQL 语句检索选修的每门课程的成绩都高于或等于 85 分的学生的学号、姓名和性别,正确的是( )。

A) SELECT 学号,姓名,性别 FROM S WHERE EXISTS

(SELECT * FROM SC WHERE SC.学号=S.学号 AND 成绩<=85)

B) SELECT 学号,姓名,性别 FROM S WHERENOT EXISTS

(SELECT * FROM SC WHERE SC.学号=S.学号 AND 成绩<=85)

C) SELECT 学号,姓名,性别 FROM S WHEREEXISTS

(SELECT * FROM SC WHERE SC.学号=S.学号 AND 成绩>85)

D) SELECT 学号,姓名,性别 FROM S WHERENOTEXISTS

(SELECT * FROM SC WHERE SC.学号=S.学号 AND 成绩<85)

16. 从"订单"表中删除签订日期为 2004 年 1 月 10 日之前(含)的订单记录,正确的 SQL 语句是( )。

A) DROP FROM 订单 WHERE 签订日期<={^2004-1-10}

B) DROP FROM 订单 FOR 签订日期<={^2004-1-1O}

C) DELETE FROM 订单 WHERE 签订日期<={^2004-1-10}

D) DELETE FROM 订单 FOR 签订日期<={^2004-1-10}

17. 有 SQL 语句:SELECT * FROM 教师 WHERE NOT(工资>3000 OR 工资<2000),与以上语句等价的 SQL 语句是( )。

A) SELECT * FROM 教师 HWERE 工资 BETWEEN 2000 AND 3000

B) SELECT * FROM 教师 HWERE 工资 >2000 AND 工资<3000

C) SELECT * FROM 教师 HWERE 工资>2000 OR 工资<3000

D) SELECT * FROM 教师 HWERE 工资<=2000 AND 工资>=3000

18. 有 SQL 语句:SELECT 学院,系名,COUNT(*)AS 教师人数 FROM 教师,学院;WHERE 教师.系号=学院.系号 GROUP BY 学院.系名与如上语句等价的 SQL 语句是( )。

A) SELECT 学院.系名,COUNT(*)AS 教师人数;

FROM 教师 INNER JOIN 学院;

教师.系号=学院.系号 GROUP BY 学院.系名

B) SELECT 学院.系名,COUNT(*)AS 教师人数;

FROM 教师 INNER JOIN 学院;

ON 系号 GROUP BY 学院.系名

C) SELECT 学院.系名,COUNT(*) AS 教师人数;

FROM 教师 INNER JOIN 学院;

ON 教师.系号=学院.系号 GROUP BY 学院.系名

D) SELECT 学院.系名,COUNT(*)AS 教师人数;

FROM 教师 INNER JOIN 学院;

ON 教师. 系号＝学院. 系号

19. 有 SQL 语句：SELECT DISTINCT 系号 FROM 教师 WHERE 工资＞＝；ALL (SELECT 工资 FROM 教师 WHERE 系号＝"02")，与以上语句等价的 SQL 语句是（　　）。

A) SELECT DISTINCT 系号 FROM 教师 WHERE 工资＞＝；
(SELECT MAX(工资)FROM 教师 WHERE 系号＝"02")

B) SELECT DISTINCT 系号 FROM 教师 WHERE 工资＞＝；
(SELECT MIN(工资)FROM 教师 WHERE 系号＝"02")

C) SELECT DISTINCT 系号 FROM 教师 WHERE 工资＞＝；
ANY(SELECT(工资)FROM 教师 WHERE 系号＝"02")

D) SELECT DISTINCT 系号 FROM 教师 WHERE 工资＞＝；
SOME (SELECT(工资)FROM 教师 WHERE 系号＝"02")

20. 插入一条记录到"评分"表中，歌手号、分数和评委号分别是 1001、9.9 和 105，正确的 SQL 语句是（　　）。

A) INSERT VALUES("1001",9"105")INTO 评分(歌手号,分数,评委号)

B) INSERT TO 评分(歌手号,分数,评委号)VALUES("1001",9.9"105")

C) INSERT INTO 评分(歌手号,分数,评委号)VALUES("1001",9.9,"105")

D) INSERT VALUES("100"9.9"105")TO 评分(歌手号,分数,评委号)

二、填空题

1. "歌手"表中有"歌手号"、"姓名"和"最后得分"三个字段，"最后得分"越高名次越靠前，查询前 10 名歌手的 SQL 语句是：

SELECT * _____ FROM 歌手 ORDER BY 最后得分_____。

2. 已有"歌手"表，将该表中的"歌手号"字段定义为候选索引、索引名是 temp，正确的 SQL 语句是：

_____ TABLE 歌手 ADD UNIQUE 歌手好 TAG temp

3. "职工"表有工资字段，计算工资合计的 SQL 语句是

SELECT _____ FROM 职工

4. 要在"成绩"表中插入一条记录，应该使用的 SQL 语句是：

_____成绩(学号,英语,数学,语文)VALUES("2001100111",91,78,86)

5. 以下命令将"产品"表的"名称"字段名修改为"产品名称"：

ALTER TABLE 产品 RENAME _____名称 TO 产品名称。

6～8 题使用以下三个数据库表：

金牌榜.DBF　　　国家代码 C(3)，　金牌数 I，　银牌数 I，　铜牌数 I

获奖牌情况.DBF　国家代码 C(3)，　运动员名称 C(20)，　项目名称 C(30)，名次 I

国家.DBF 　　　 国家代码 C(3)， 国家名称 C(20)

"金牌榜"表中一个国家一条记录："获奖牌情况"表中每个项目中的各个名次都有一条记录,名次只取前三名,例如:

国家代码	运动员名称	项目名称	名次
001	刘翔男子	110 米栏	1
001	李小鹏	男子双杠	3
002	菲尔普斯	游泳男子 200 米自由泳	3
00	菲尔普斯	游泳男子 400 米个人混合泳	1
001	郭晶晶	女子三米板跳板	1
001	李婷/孙甜甜	网球女子双打	1

6. 为表"金牌榜"增加一个字段"奖牌总数",同时为该字段设置有效性规则:奖牌总数>=0,应使用 SQL 语句

ALTER TABLE 金牌榜_____ 奖牌总数 I _____奖牌总数>=0

7. 使用"获奖牌情况"和"国家"两个表查询"中国"所获金牌(名次为 1)的数量,应使用 SQL 语句

SELECT COUNT(*) FROM 国家 INNER JOIN 获奖牌情况;
_____国家.国家代码=获奖牌情况.国家代码;
WHERE 国家.国家名称="中国" AND 名次=1

8. 将金牌榜.DBF 中新增加的字段奖牌总数设置为金牌数、银牌数、铜牌数三项的和,应使用 SQL 语句

_____金牌榜_____奖牌总数=金牌总数+银牌数+铜牌数

9. 设有 S(学号,姓名,性别)和 SC(学号,课程号,成绩)两个表,下面 SQL 的 SELECT 语句检索选修的每门课程的成绩都高于或等于 85 分的学生的学号、姓名和性别。

SELECT 学号,姓名,性别 FROM S
　　WHERE _____(SELECT * FROM SC WHERE SC.学号=S.学号 AND 成绩<85)

10. 在 SQL 的 SELECT 语句进行分组计算查询时,可以使用_____子句来去掉不满足条件的分组。

第 7 章　Visual FoxPro 查询与视图

7.1　建立查询

使用 SQL 可以构造复杂的查询条件。对于初学者来说，很难快速写出 SQL 的查询语句。因此 Visual FoxPro 提供了可视化工具查询设计器来完成查询。此可视化工具能够快速地获取结果，使用交互式应用界面，不用编写代码，即可查询表和视图中的数据。

查询就是根据用户给定的条件，从指定的表中获取满足条件的记录。查询的数据源可以是一张或者多张相关的自由表、数据库表和视图。查询结果显示的数据是只读的，用户不能更改，只能浏览。

在 Visual FoxPro 中建立查询，可以利用查询向导和查询设计器来完成。查询设计完成后，可以以文件的形式保存起来，以便以后再次使用。保存的查询文件的扩展名为.QPR，这是一个文本文件，其中包含了自动生成的 SQL 查询语句和有关查询结果的输出方式语句。查询设计完成后，需要运行查询才能得到查询结果，运行查询后，系统将会生成一个扩展名为.QPX 的查询文件。

7.1.1　查询设计器

1. 查询设计器的界面

如图 7-1 所示，查询设计器是建立和修改查询的工具。查询设计器包括字段、联接、筛选、排序依据、分组依据和杂项选项。

2. 查询工具栏

打开查询设计以后，查询设计器的查询工具栏将自动显示，如图 7-2 所示。

查询工具栏上的各个按钮功能如下。

(1) 🖻：添加数据库表。

(2) 🖾：将添加到查询中的数据库表从查询中移去。

(3) 🖼：添加查询中数据库表之间的联接。

(4) sql：显示自动生成的 SQL 语句。

(5) 🔲：最大化上部分窗口。

(6) 🖼：确定查询去向。

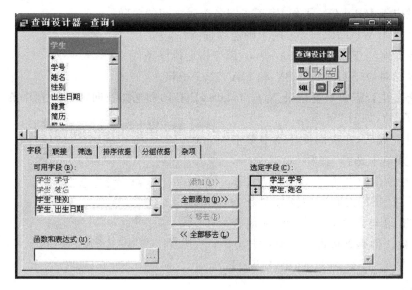

图 7-1 查询设计器

图 7-2 查询工具栏

单击查询去向按钮后，可以设置查询结果的输出方式，共有 7 种输出方式，如图 7-3 所示。

图 7-3 查询去向

每种输出去向的意义如下。

（1）浏览：在浏览窗口中显示查询结果。默认查询去向。

（2）临时表：将查询结果保存在内存的临时表中。临时表名由用户提供。

（3）表：查询结果以表文件的方式保存。表名由用户输入。

（4）图形：查询结果利用 Microsoft 的图形功能。

（5）屏幕：在当前输出窗口中显示查询结果，也可以指定输出到打印机或者文件。

（6）报表：将查询结果发送到报表文件。

（7）标签：将查询结果发送到标签文件。

3. 查询设计器与 SQL 中的 SELECT 语句的对应关系

对于初学者来说，很难快速掌握 SQL 的 SELECT 语句，此时可以借助查询设计器来学习。

查询设计器的各个界面与 SELECT 语句的各个子句是相对应的。

（1）字段界面对应于 SELECT 子句，用于指定要查询的字段。

(2) 联接界面对应于 JOIN ON 子句,用于指定各个表之间的关联。

(3) 筛选界面对应于 WHERE 子句,用于确定筛选条件。

(4) 排序依据界面对应于 ORDER BY 子句,用于指定排序条件。

(5) 分组依据界面对应于 GROUP BY 和 HAVING 子句。

(6) 杂项界面指定是否需要重复记录(对应于 DISTINCT)和选择查询结果的前几条记录(对应于 TOP 子句),如图 7-4 所示。

查询设计器设计完成后,在查询设计器中单击右键,在弹出的快捷菜单中选择"查看 SQL"命令,可以查看自动生成的 SELECT 语句,语句是只读的,读者可以对照学习 SELECT 语句。与在命令窗口中编写 SELECT 语句建立查询相比,利用查询设计器更简便、高效。但是查询设计器只能建立

图 7-4　查询设计器杂项界面

比较规则的查询,复杂的查询只能手工编写 SELECT 语句来查询。

4. 用查询设计器建立查询的步骤

利用查询设计器建立查询的步骤如下:

(1) 新建查询文件。可以利用 CREATE QUERY 命令、"文件"菜单中的"新建"命令、项目管理器、直接编辑文本文件并以扩展名. QPR 保存等方式建立查询。

(2) 选择数据来源。若数据来源于多个表,则这些表之间必须是有联系的,必须设置表间的联接条件。

(3) 打开查询设计器,选择字段、设置筛选条件、设置排序依据、设置分组依据和其他杂项。

(4) 设置查询去向。选择查询结果以什么方式输出。

(5) 运行查询。在设计查询时,可以使用"查询"菜单下的"运行查询"命令、单击常用工具栏上的"运行"按钮(!)或者使用快捷键 Ctrl+E 等方式运行查询。

(6) 保存查询。选择"文件"菜单中的"保存"命令或者使用快捷键 Ctrl+S 保存查询文件。

7.1.2　用查询设计器建立查询

例 7-1　建立一个查询,查询成绩在 80 分以上的无重复记录的学生信息,包括学号、姓名、性别、课程编号和成绩字段,查询结果按照成绩降序排列。

建立步骤:这个查询基于学生表和成绩表,详细步骤如下。

1. 打开表

(1) 打开建立好的学生成绩管理数据库。

(2) 选择"文件"→"新建"命令,打开新建对话框,如图 7-5 所示。在新建对话框中选择文件类型为"查询",单击"新建文件"按钮,弹出"添加表或视图"对话框,如图 7-6 所示。

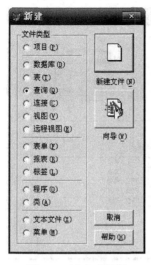

图 7-5　新建对话框　　　　　　　图 7-6　"添加表或视图"对话框

（3）在"添加表或视图"对话框中，"数据库"选择"学生成绩管理"，数据库的表，先选择成绩表，单击"添加"按钮，再选择学生表，单击"添加"按钮。此时会弹出如图 7-7 所示的"联接条件"对话框（如果添加的表在数据库中已经建立了联接，此对话框不会弹出。可以通过双击查询设计器中两张表中间的连线来打开"联接条件"对话框，可以对联接条件进行手动修改），Visual FoxPro 会自动设置联接条件，单击"确定"按钮。此时单击图 7-6 中的"关闭"按钮，就可以对查询设计器进行设计了。

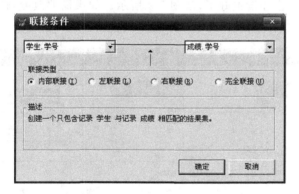

图 7-7　"联接条件"对话框

注意：因为在新建查询之前，已经打开了学生成绩管理数据库，所以在"添加表或视图"对话框（如图 7-6 所示）中列出了学生成绩管理数据库和其中的表和视图以供选择。如果需要选择自由表，可以单击"其他"按钮，来选择需要打开的自由表。如果需要选择视图，在"选定"栏目中，选择"视图"命令，默认的是"表"。

2. 选择字段

在查询设计器中选择"字段"，从"可用字段"列表中双击所需字段，或者选中需要添加的字段，再单击"添加"按钮，如图 7-8 所示。

图 7-8   添加选定字段

注意：字段可以一个一个地添加，单击"全部添加"按钮亦可以全部一起添加。若添加了不需要的字段，可以在"选定字段"列表中选择不需要的字段，单击"移去"按钮，或者双击不需要的字段，也可以单击"全部移去"按钮，把"选定字段"列表中的所有选定字段移去。

3. 设置联接

联接在添加表时已经设置好了，如图 7-9 所示。如果需要改变，选择"联接"，可以重新建立或者修改表之间的联接。此例中不需要改变联接。

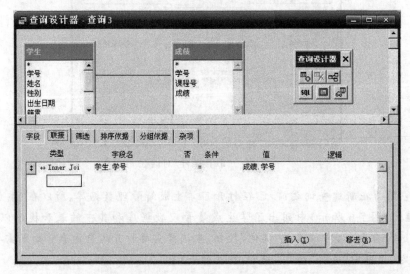

图 7-9   设置联接

4．设置筛选条件

选择"筛选"，从"字段名"下拉列表中选择"成绩.成绩"，将"条件"设置为"＞＝"，在"实例"中填入"80"，如图 7-10 所示。

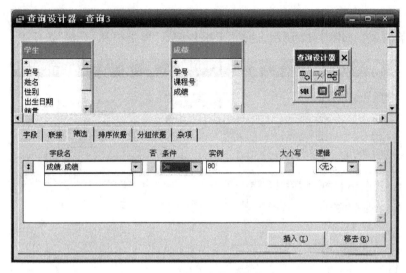

图 7-10　指定筛选条件

5．设置排序依据

选择"排序依据"，指定按照成绩降序排列查询结果。从"选定字段"列表中将"成绩.成绩"添加到"排序条件"列表框中（方法和字段界面中操作选定字段的方法相同），在"排序选项"选项组中单击"降序"单选按钮，如图 7-11 所示。

图 7-11　设置排序依据

6. 设置查询结果的分组

选择"分组依据",可以设置查询的分组依据。本例不设置分组。

7. 设置杂项

选择"杂项",可以设置查询结果中有无重复记录,是否显示全部记录或者仅显示结果中的前几条记录。如图 7-12 所示,选择"无重复记录"复选框和"全部"选项框。

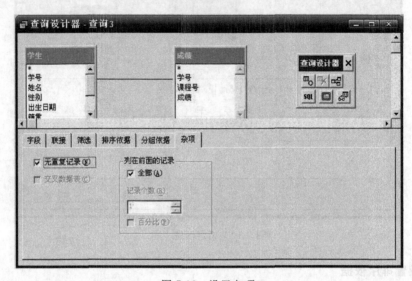

图 7-12　设置杂项

8. 设置查询去向

单击查询设计器工具栏上的"查询去向"按钮,打开"查询去向"对话框,设置"输出去向"为"浏览",如图 7-13 所示。

图 7-13　"查询去向"对话框

至此,查询设计器的各项设置已经完成,可以单击查询设计工具栏上的"显示 SQL 窗口"按钮查看本例中的 SQL 语句代码,如图 7-14 所示。查询设计器生成的代码是只读的,只能通过更改查询设计器中的设置来更改代码。

9. 运行查询

单击工具栏上的"运行"按钮或者使用快捷键 Ctrl＋E 运行查询,其结果如图 7-15

所示。

图 7-14 例 7-1 的 SQL 代码　　　　　　　　　　图 7-15 例 7-1 的查询结果

10．保存查询

选择"文件"菜单中的"保存"命令，或者单击工具栏上的"保存"按钮，或者使用快捷键 Ctrl+S，将查询文件保存为 EXP61.QPR。

7.1.3　用查询向导建立查询

除了利用查询设计器建立查询外，Visual FoxPro 还提供了一种更加简洁的方法，就是利用查询向导来引导用户建立查询。

本节使用查询向导来实现例 7-1 中的查询，其步骤如下。

1．打开向导

在图 7-5 中，单击"向导"按钮，则会打开"向导选取"对话框，如图 7-16 所示。其中有"查询向导"、"交叉表向导"和"图形向导"。本例中选择"查询向导"，单击"确定"按钮，则打开向导，如图 7-17 所示。

图 7-16 "向导选取"对话框　　　　　　　　　图 7-17 字段选取

2．字段选取

向导第 1 步用来选取数据库、数据表和需要输出的字段，如图 7-17 所示。单击<u>...</u>按钮选择数据库或者数据表。本例之前已经打开了数据库,所以数据库已经选取了,在数据库名下方,列出该数据库中所有的数据库表和视图。首先选择学生表,在可用字段中选择学号、姓名和性别,添加到选定字段中;再选择成绩表,把课程号和成绩添加到选定字段中。

添加方法是双击选中字段,如果选定字段是不需要的,亦可以双击选定字段,移除该字段。也可以使用剪头按钮来完成添加和移除操作。字段选取完成后,单击"下一步"按钮。

3. 建立表的关系

如果仅选择了单一的数据表,则不会出现此步骤。本例中学生表和成绩表通过学号字段相关联,即两表中的学号相同,描述的是同一个学生的信息。如图 7-18 所示,在两个下拉组合框中,分别选择"学生.学号"和"成绩.学号",单击"添加"按钮,此时就建立了关联。如果是三张表以上,需要建立两个或者两个以上的关联,可以继续添加关联。如果建立的关联不符合要求,或者错误,可以选中已经建立的关联,单击"移去"按钮,删除已建立好的关联。

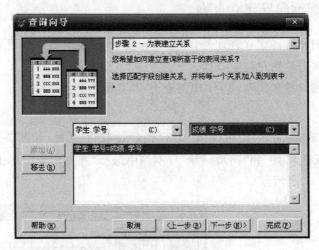

图 7-18   为表建立关系

查询向导第 2 步,如果用以选取该关联查询需要列出哪些记录,该步提供了 4 个单选如下。

(1) 仅包含匹配行:与第 2 步中的表达式相匹配的记录行。

(2) 此表中的所有行(学生):学生表中的所有行。

(3) 此表中的所有行(成绩):成绩表中的所有行。

(4) 两张表中的所有行:学生表和成绩表中的所有行。

本例中选择第一个,仅包含匹配行,单击"下一步"按钮,再现如图 7-19 所示的界面。

4. 建立筛选条件

查询的第 4 步,如图 7-20 所示,默认给出两个筛选条件,字段分别是"成绩.成绩"和"学生.学号",本例中只要求成绩大于等于 80 分,所以,只需要设置成绩字段即可,学号字段可以不用任何设置。

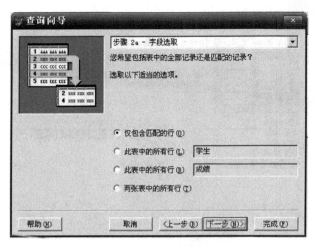

图 7-19 字段选取

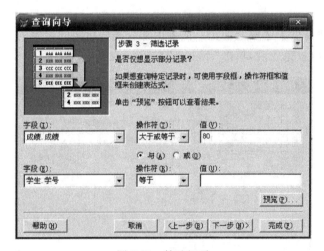

图 7-20 筛选记录

在成绩字段行,操作符选择"大于或等于",值部分输入"80",单击"下一步"按钮,进入向导下一步。

5. 排序记录

查询向导第 5 步,排序记录如图 7-21 所示,用于设定排序条件。本例中按照成绩的降序排序。在"可用字段"中选择"成绩.成绩",单击"添加"按钮,或者双击"可用字段"中的"成绩.成绩",把"成绩.成绩"添加到"选定字段"中,再单击"降序"单选按钮。如果"选定字段"不是需要的字段,可以双击该选定字段或者选中该选定字段,单击"移去"按钮,删除选定字段。单击"完成"后,单击"下一步"按钮,进行下一步操作。

6. 限制记录

查询向导第 6 步,如图 7-22 所示,设置输出记录的个数,其中,

(1) 部分类型框架提供了按照百分比或者数目来选取记录个数的两种选项,默认为

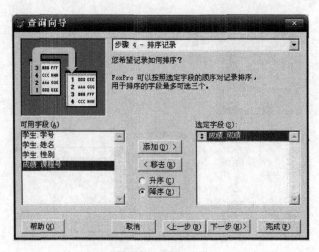

图 7-21   排序记录

百分比。

（2）数量框架提供了选取全部记录或者由部分类型指定的记录的两种选项。

按图 7-22 的设置完成后，单击"下一步"按钮。

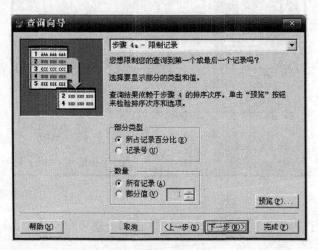

图 7-22   限制记录

7. 完成

查询第 7 步，如图 7-23 所示，选择存档之后的执行方式，提供了三种方式。

（1）保存查询：该方式只保存查询，不查看查询结果。

（2）保存并运行查询：该方式保存查询后，将立即执行查询，并以浏览的方式输出查询结果。

（3）保存查询并在"查询设计器"修改：该方式保存查询，然后打开查询设计器来修改该查询，从而设定更加复杂的选项。

本例中的"无重复记录"的要求，使用查询向导无法完成，可以选择此方式，在查询设计器中,按照 7.1.2 节中的第 7 步来完成。

如果选择第二项,单击"完成"按钮,将查询文件存储为 QUERY. QPR 文件,其查询结果如图 7-24 所示。

图 7-23　完成

图 7-24　查询结果

7.2　建立视图

建立视图和建立查询的过程相似,主要的区别在于视图是可以更新的,而查询不可以更新。查询可以获得一组只读类型的结果,并可以将查询保存在一个.QPR 文件中,当需要获得一组可以更新的数据时,就需要使用视图了。

7.2.1　视图的概念

视图是由数据库设计人员设计的,是查看表中数据的另一种方式。

1. 视图的概念

视图是从一个或者多个表中导出的"虚表"。将产生视图的表称为该视图的"基表"。视图看上去非常像表,其操作也和表相似,但是视图的数据依然存放在数据表中,因此称之为"虚表"。一个视图可以从另外一个视图产生。修改视图中的数据实际上就是修改基表中的数据;而修改了基表中的数据,由基表产生的视图中的数据也会发生变化。

视图不能独立存在,只能在数据库中建立视图和使用视图。因此,自由表不能作为视图的基表。在文本框、表格控件、表单或者报表中都可以使用视图作为数据源。

Visual FoxPro 中的视图分为本地视图和远程视图两类。本地视图是指使用本机数据库中的 Visual FoxPro 表的视图。直接建立的视图都是本地视图。远程视图是使用本地数据库之外的数据源的视图。例如 Microsoft SQL Server、Access 数据库等。要建立远程视图,必须首先建立与远程数据库的"连接"。连接后,使用远程数据库中的数据表来建立视图。

2. 视图的作用

1）简单性

使用视图可以使用户看到用户需要的数据。因此,将需要的数据定义为视图,可以简化用户对数据的理解,也可以简化数据的操作。用户不需要再从各个基表中使用SELECT语句选择自己需要的数据,直接从视图中读取即可。

2）安全性

通过视图,用户只能查询和修改用户看到的数据,数据库中的其他数据既看不见也取不到。视图对普通用户来说是透明的。即普通用户不知道自己浏览的数据是来自于一个视图还是一张真实的数据库表。同时,数据库管理员还可以通过对视图设置权限来对不同用户限制其访问内容。

3）逻辑数据独立性

使用视图可以帮助用户屏蔽真实表的结构变化带来的影响。用户面对的是视图,并不知道也不必要知道表的真实结构。表的真实结构变化了,只要不影响视图,就不需要修改视图。

3. Visual FoxPro 中视图和查询的异同

1）相似之处

视图和查询都是使用 SQL 的 SELECT 语句设计的,因此,查询设计器和视图设计器非常相似,用向导建立查询和视图的步骤也非常相似。

2）不同之处

（1）查询得到的是一组只读型的查询结果数据;而视图不仅能从表中读取记录,还能将视图中修改的数据更新到基表中。

（2）查询保存为一个可执行的 QPR 文件;而视图不是独立的文件,它是数据库的组成部分,保存在数据库中,视图与表具有类似的性质,可以像操作数据表一样操作视图。

（3）视图是属于某个数据库的,因此必须先打开数据库,才能在数据库中建立和编辑视图;而查询被保存为一个独立的文件,新建和使用查询前可以不打开数据库。

4. 视图的有关操作

视图的操作与表相似,表的操作命令大多可以用于视图,但是有些命令不适用,例如,不可以用 MODIFY STRUCTURE 命令修改视图的结构。

1）建立视图

可以使用以下方法建立本地视图:

（1）使用 CREATE VIEW 命令打开视图设计器来建立视图。

（2）使用"文件"菜单中的"新建"命令,或者单击常用工具栏上的"新建"按钮,在如图 7-5 所示的对话框中,选择"文件类型"为"视图",单击"新建文件"按钮,打开视图设计器来建立视图;如果单击"向导"按钮,则使用向导来建立视图。

（3）在项目管理器的"数据"选项卡中将要建立的视图的数据库分支展开,选择"本地视图",单击项目管理器右侧的"新建"按钮,打开视图设计器建立视图,如图 7-25 所示。

在弹出的"新建本地视图"对话框中,单击"新建视图"按钮,打开视图设计器建立视图；如果单击"视图向导"按钮，则打开视图向导建立视图，如图 7-26 所示。

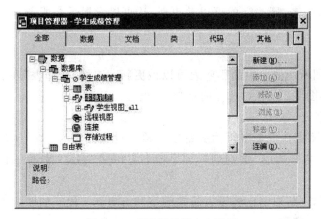

图 7-25　项目管理器建立视图

图 7-26　新建本地视图

2）打开和关闭视图

在数据库中可以使用 USE 命令打开和关闭视图；也可以在数据库设计器或者项目管理器中双击视图打开。打开视图后自动打开视图设计器。

3）显示 SQL 语句

编辑视图时，可以通过以下方式查看视图对应的 SQL 的 SELECT 语句。

（1）单击视图设计工具栏上的 SQL 按钮。

（2）右击视图设计器，选择"查看 SQL"命令。

（3）选择"查询"菜单的"查看 SQL"命令。

4）浏览视图和更新视图

打开视图后，可以单击"运行"按钮或者 BROWSE 命令运行视图。也可以右击视图设计器，在弹出的快捷菜单中选择"运行查询"命令运行视图。

如果视图设置了更新条件，那么在浏览视图时，修改（包括更新、删除、插入）视图的数据内容就间接地修改了视图的数据源，也就是基表中的数据。

5）修改视图

打开视图后将进入视图设计器，在视图设计器中可以对视图进行修改。

6）删除视图

在数据库设计器中，右击视图，在弹出的快捷菜单中选择"删除"命令。也可以在项目管理器中选择要删除的视图，单击右侧的"移去"按钮删除，如图 7-25 所示。

7.2.2　视图设计器

1. 视图设计器介绍

视图设计器的界面和使用方法与查询设计器非常相似，同样包含"字段"、"联接"、"筛选"、"排序依据"、"分组依据"和"杂项"选项，打开的这些界面和查询相同，使用方法请参考 7.1.1 节中查询设计器的使用方法。所不同的是视图设计器中多了一个"更新条件"选项卡以及视图工具栏上少了"查询去向"按钮，其他的相同，如图 7-27 所示。

下面重点介绍"更新条件"界面的设置,其他的就不再重复说明了。

"更新条件"界面用来设置哪些表、哪些字段可以被更新,还可以设置适合服务器的SQL更新方法。

1)选择要更新的表

在"表"的下拉框中,选择视图所用的表中的哪些表可以被更新。选择"全部表"表示视图所用的表都可以被更新。如图 7-27 所示,选择的是"全部表"。

2)选择更新依据的关键字字段

要设置视图对基表的更新,只要有一个字段为关键字字段。设置方法为:在"字段名"列表框中,单击要更新的字段名旁边的"关键列",即字段名左侧用"钥匙"🔑标识的那列。

如果单击"重置关键字"按钮,则将取消已经设置的关键字和可更新字段。如图 7-27 所示,选择"学生.学号"作为关键字字段。

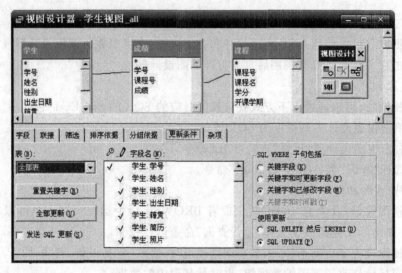

图 7-27　视图设计器的"更新条件"界面

3)选择要更新的字段

可以指定任一选定表中的仅有某些字段允许更新,也可以设置所有表中的全部字段(关键字字段除外)都可以更新。如果字段未标注为可更新,则用户在视图的浏览窗口中或者程序中修改视图的字段时,修改将不会影响基表中的数据。

设置更新的方法是:在"字段名"列表框中,单击要更新的字段名旁边的"可更新列",即字段名左侧用"铅笔"✏标识的列。如果单击全部更新,则与关键字字段在同一个表中的所有字段(关键字除外)都可以被更新,如图 7-27 所示,选择学生表中的所有字段(关键字字段除外)都可以更新。

4)选中"发送 SQL 更新"复选框

如果需要视图将修改传送到基表中,则一定要选中该复选框。如果未选中,即使修改了,也不会发送到基表中。如图 7-27 所示,未选中,则不能发送更新。

5) 设置"SQL WHERE 子句包括"选项组中的选项

在多用户环境中,服务器上的数据可以被多个用户访问,此时可能存在多个用户同时视图更新远程服务器上的记录的情况,使用"SQL WHERE 子句"包括选项组中的选项可以帮助管理遇到这种情况时如何更新。在允许更新之前,Visual FoxPro 先检查远程数据源表中的指定字段,看看它们在记录被提取到视图中后有没有改变,如果数据源中的这些记录被修改了,那么就不允许更新操作,如图 7-27 所示,选择的是第三个选项。

各个选项的含义如下。

(1) 关键字段:表示当原表中的关键字段被改变时,则更新失败。

(2) 关键字和可更新字段:表示当远程表中的任何标记为可更新的字段被改变时,则更新失败。

(3) 关键字和已修改字段:表示当在本地改变任一字段在基表中已经被改变时,则更新失败。

(4) 关键字和时间戳:表示当远程表上记录的时间戳在首次检索后被改变时,更新失败。

6) 设置"使用更新"选项组中的选项

该选项组用于指定本地记录中的关键字更新时,发送到基表的更新语句使用什么SQL 命令,如图 7-27 所示,选择的是第二个选项。

各选项含义如下:

(1) SQL DELETE 然后 INSERT:表示先删除记录,然后再将视图中更改后的值插入。

(2) SQL UPDATE:表示使用更改后的数据替换原来的数据。

2. 用视图设计器创建视图的步骤

(1) 打开用于保存视图的数据库。

(2) 选择"文件"菜单中的"新建"命令,或者单击工具栏上的"新建"按钮,新建视图。

(3) 选择数据库中的表或视图作为数据源,设置表之间的联接。

(4) 设置需要显示的字段。

(5) 设置筛选条件。

(6) 设置排序依据。

(7) 设置分组依据。

(8) 设置更新条件。

(9) 设置杂项。

(10) 保存、运行视图。

7.2.3　建立本地视图

下面使用一个例子来介绍视图设计器创建本地视图的方法。

例 7-2　从学生表、成绩表和课程表中,选取每个学生的最低分,显示的信息包括学号、姓名、课程名、最低成绩,并按最低成绩降序排序,建立名为 ZDCJ 的视图。

操作步骤如下：

（1）打开学生成绩管理数据库。视图必须在数据库下建立，所以必须先打开数据库，或者打开学生成绩管理项目，在项目管理器中操作。本例直接使用"文件"菜单中的"打开"命令打开数据库。

（2）单击工具栏上的"新建"按钮，打开"新建"对话框（参见图7-5），"文件类型"选择"视图"，单击"新建文件"按钮，将出现"视图设计器"和"添加表或视图"对话框，如图7-28所示。

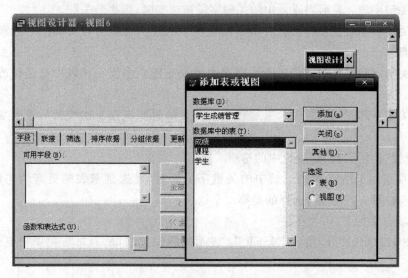

图7-28   "视图设计器"和"添加表或视图"对话框

在"添加表或视图"对话框中，将学生表、成绩表和课程表，依次添加到视图中。其添加方法如下：先选中"学生"表，单击"添加"按钮，则将学生表添加到视图中。同样的方法，再将成绩表和课程表添加到视图中。添加完成后，单击"关闭"按钮，关闭该对话框。

此时在视图设计器的上半部分，就会出现刚刚添加的三张表，这三张表中，学生表和成绩表、成绩表和课程表之间出现一条连线，这就是它们之间的联接，如图7-29所示。因为在数据库中，这些表之间的联接已经设置好，此处系统将自动设置好联接。如果需要修改连接，双击表之间的关联连线，就可以进行修改了。

（3）选择字段。在可用字段列表中，依次选择"学生.学号"、"学生.姓名"、"课程.课程名"添加到选定字段中。添加方法和查询窗口类似，详细方法请参考7.1.2节的选择字段。然后在"函数和表达式"文本框中输入"MIN（成绩.成绩）as 最低成绩"，单击"添加"按钮，把表示最低成绩的字段添加到"选定字段"列表中，如图7-29所示。

注意："函数和表达式"文本框可以输入一些函数或者表达式。例如本例中的MIN函数，还有MAX函数，或者用户自定义表达式。

（4）选择"筛选"，再设置筛选条件，本例中没有筛选条件，不做设置。

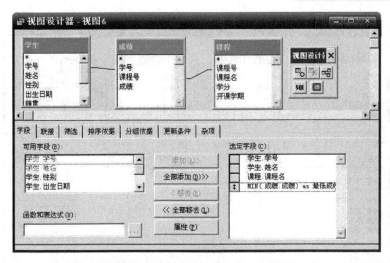

图 7-29　在"视图设计器"中选择字段

（5）选择"排序依据"，设置排序依据，如图 7-30 所示。

图 7-30　排序依据

（6）选择"分组依据"，设置分组依据，本例设置按照学号进行分组，如图 7-31 所示。

（7）选择"杂项"，设置"杂项"，保持默认设置，不做修改。

（8）设置更新条件，如图 7-32 所示。选中"发送 SQL 更新"，设置学号为关键字字段。设置姓名为可更新字段，其他保持默认选项。

（9）单击工具栏的"保存"按钮，或者使用快捷键 Ctrl＋S，或者使用"文件"菜单中的"保存"命令保存视图为 ZDCJ。

（10）运行视图。单击工具栏上的 ! 按钮，运行视图。本例的结果如图 7-33 所示。

至此，本例视图就建立好了。利用视图向导方式只能建立本地视图，读者可以参考查询向导自己练习建立。在新建对话框（如图 7-5 所示）中选择"向导"按钮即可。

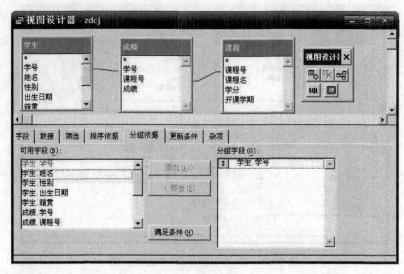

图 7-31   更新条件(1)

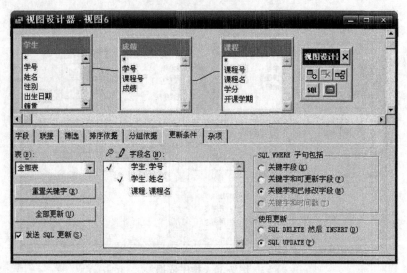

图 7-32   更新条件(2)

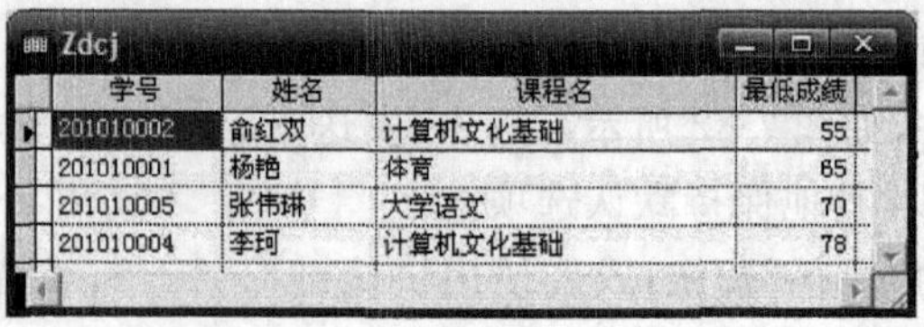

学号	姓名	课程名	最低成绩
201010002	俞红双	计算机文化基础	55
201010001	杨艳	体育	65
201010005	张伟琳	大学语文	70
201010004	李珂	计算机文化基础	78

图 7-33   视图运行结果

7.2.4　建立远程视图

通过远程视图,可以选取远程 ODBC 服务器上的数据子集,无须将所有记录下载到本机上,就可以在本机上操作远程的数据。然后把修改或者添加的值返回到远程数据源中。

1. 连接远程数据源

建立远程视图前,必须先连接远程视图。连接远程视图有两种方法。

(1) 直接访问在机器上注册的 ODBC 数据源。开放式数据库互连(Open Database Connectivity,ODBC) 是用于数据库服务器的一种标准协议。ODBC 驱动程序是应用程序和数据库之间的标准接口,它使一个应用程序可以通过一组通用的代码访问不同数据库管理系统的数据库。

(2) 用连接设计器设计自定义连接。连接是 Visual FoxPro 数据库中的一种对象,它根据数据源创建并保存在数据库中,在创建远程视图时按名称引用连接,还可以设置连接的属性来优化 Visual FoxPro 与远程视图数据源的通信。当激活远程视图时,视图连接将成为通向远程数据源的通道。

2. 建立连接

建立连接一般有两种方法。

(1) 选择"文件"菜单中的"新建"命令,或者单击工具栏上的"新建"按钮,在"新建"对话框中,选择文件类型为"连接",单击"新建文件"按钮,打开如图 7-34 所示的连接设计器。

(2) 在项目管理器的"数据"选项卡中,将要建立视图的数据库分支展开,选择"连接",单击项目管理器右侧的"新建"按钮,也可以打开如图 7-34 所示的连接设计器。

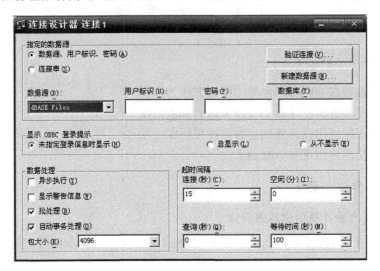

图 7-34　连接设计器

一般在连接设计器中只需选择"数据源"即可,可以通过单击"验证连接"按钮来验证是否能成功连接到远程数据库。如果成功则保存连接,以便建立和使用视图的时候使用。数据源通常在控制面板的 ODBC 数据源管理器中建立。

3. 设计远程视图

建立远程视图的方法和建立本地视图的方法相似,只是在打开视图设计器时略有区别。

建立本地视图时,由于是根据本地的表建立视图的,所以直接进入视图设计器和"添加表或视图"对话框。而建立远程视图时,要根据网络上其他计算机或者其他数据库中的表建立视图,所以要先选择"连接"或可用的"数据源",如图 7-35 所示,然后进入视图设计和"添加表或视图"对话框,就可以像建立本地视图一样来建立远程视图了。

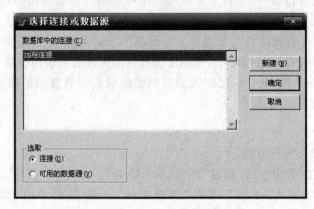

图 7-35   选择连接或者可用的数据源

7.3 上 机 实 验

【实验要求与目的】

(1) 了解查询向导和视图向导的使用方法。
(2) 掌握使用查询设计器创建和修改查询的方法。
(3) 掌握使用视图设计器创建和修改视图的方法。
(4) 掌握使用视图更新数据的方法。

【实验内容与步骤】

1. 使用查询设计器创建单表查询

建立一个查询,查询每个学生的学号、姓名、性别、出生日期和籍贯,并按照出生日期降序排序。

(1) 在命令窗口中输入 CREATE QUERY 命令,然后按 Enter,打开如图 7-36 所示的查询设计器窗口。也可以通过"文件"菜单中的"新建"命令,打开"新建"对话框,"文件类型"选择"查询",然后单击"新建文件"按钮,也可以打开图7-36所示的"查询设计器"窗口。然后选择学生信息表,结果如图7-37所示。

图7-36 "查询设计器"窗口

图7-37 添加表后的"查询设计器"窗口

(2)在"查询设计器"窗口的"字段"界面中,依次双击"学生.学号"、"学生.姓名"、"学生.性别"、"学生.出生日期"、"学生.籍贯"5个字段为选定字段,如图7-38所示。

(3)在"查询设计器"中的"排序依据"界面中,设置排序条件为按"学生.出生日期"降序排序,如图7-39所示。

(4)完成设置后,可以任选以下三种方法之一来运行查询,运行结果如图7-40所示。

· 单击"常用"工具栏上的![ ]按钮。

· 在"查询"菜单(或者快捷菜单)中选择"运行查询"命令。

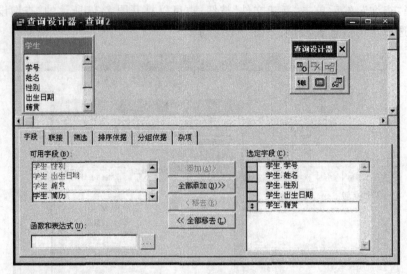

图 7-38　选定了输出字段后的查询设计器

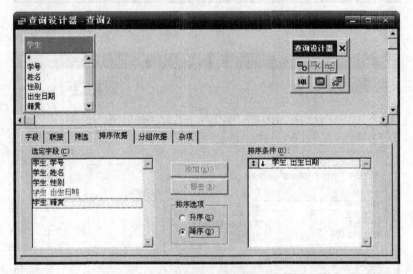

图 7-39　设置排序条件后的查询设计器

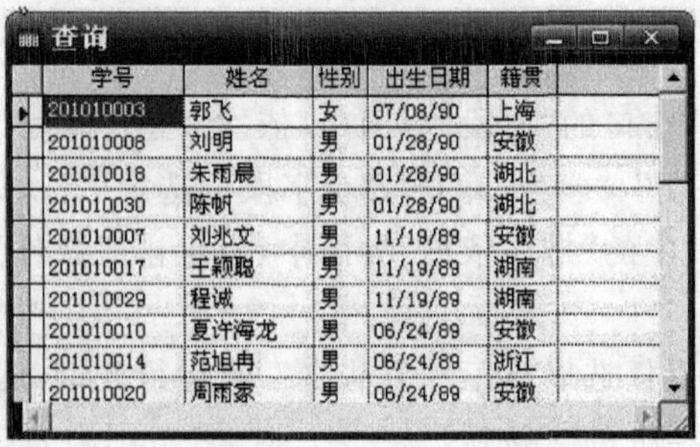

图 7-40　查询的执行结果

- 保存查询为"学生查询.QPR",然后在命令窗口中执行"DO 学生查询.QPR"命令。

2. 使用查询设计器创建多表查询

建立一个查询,查询每个"大学语文成绩>75"的学生的学号、姓名、性别、出生日期、课程名称和成绩。

(1)通过工具栏(或者文件菜单)中的"新建"命令,打开"查询设计器"窗口,进入"新建查询",在"添加表和视图"对话框中,选择"学生"表,单击"添加"按钮,然后选择"成绩"表,单击"添加"按钮,最后选择"课程"表,单击添加按钮。单击"关闭"按钮,关闭"添加表和视图"窗口。

(2)在"查询设计器"窗口的"字段"选项卡中,依次双击"学生.学号"、"学生.姓名"、"学生.性别"、"学生.出生日期"、"课程.课程名"、"成绩.成绩"。设置它们为输出字段,如图 7-41 所示。

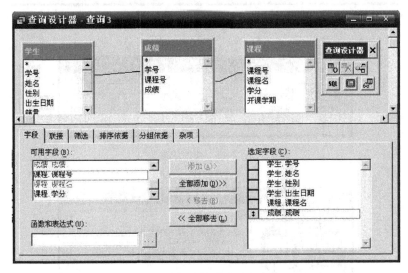

图 7-41　查询设计器选择字段

(3)在"筛选"界面中设置筛选条件"课程.课程名＝"大学语文" AND"成绩.成绩>75"",设置就结果如图 7-42 所示。

(4)设置完成后,右击"查询设计器"窗口,在弹出的快捷菜单中选择"运行查询"命令,运行结果如图 7-43 所示。

3. 创建和修改本地视图

用本地视图向导创建"学生"、"成绩"和"课程"三张表的关联视图,以学生表和成绩表中的"学号"字段为关键字字段,"学生.姓名"和"成绩.成绩"为可更新字段。

(1)打开"学生成绩管理"数据库,右击数据库窗口,在弹出的快捷菜单中选择"新建本地视图"命令,打开"新建本地视图"对话框,单击"视图向导"按钮,出现如图 7-44 所示的对话框。

(2)在图 7-44 中,选中"学生"表,双击可用字段中的"学号"、"姓名"、"性别"、"出生

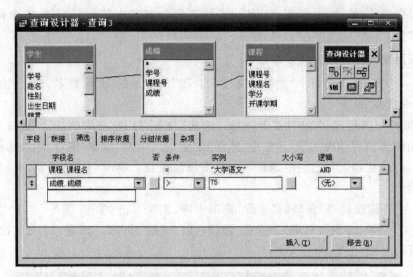

图 7-42　设置查询条件

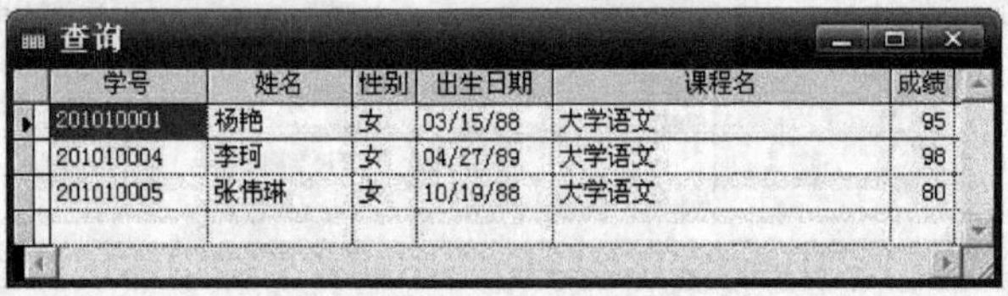

图 7-43　查询结果

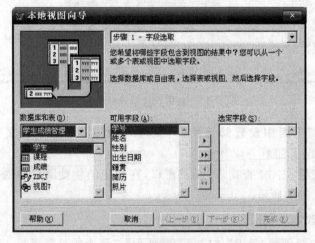

图 7-44　本地视图向导

日期"、"籍贯"、"简历"和"照片";然后选中"成绩"表,在可用字段中双击"成绩";再选中"课程"表,在可用字段列表中双击"课程名"、"学分"和"开课学期"。操作结果如图 7-45 所示。

（3）单击"下一步"按钮,进入"为表建立关系"界面,先分别选择"学生.学号"和"成

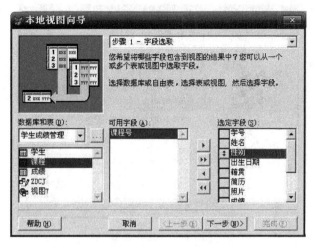

图 7-45　字段选取

绩.学号",单击"添加"按钮,添加学生表和成绩表关系。再选择"成绩.课程号"和"课程.
课程号",单击"添加"按钮,添加成绩表和课程表的关系,如图 7-46 所示。

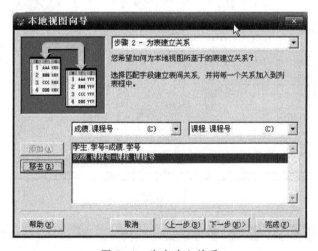

图 7-46　为表建立关系

（4）单击"下一步"按钮,再连续单击"下一步"按钮跳过以后出现的对话框,直至出现
如图 7-47 所示的对话框。

（5）在图 7-47 中选择"保存本地视图并在'视图设计器'中修改"单选按钮后,单击
"完成"按钮,在出现的"视图名"对话框中输入"学生信息_all",单击"确定"按钮,弹出如
图 7-48 所示的视图设计器对话框。

（6）在如图 7-48 所示的窗口中,选择"更新条件",双击 （主关键字标志）下的学生
前的空白处,将"学号"设置为主关键字。再双击 （修改字段标志）下的"学生.姓名"和
"成绩.成绩"前的空白处,将这些字段设置为可修改字段,最后选择"发送 SQL 更新"选
项,其他设置不变。设置截图如图 7-49 所示。

图 7-47　保存视图

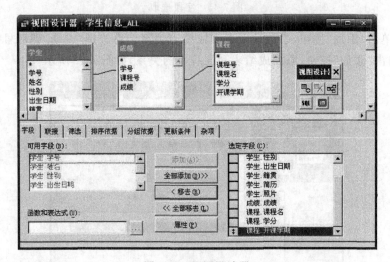

图 7-48　视图设计器

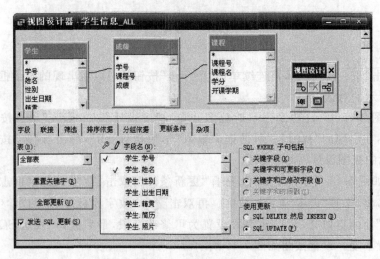

图 7-49　设置更新条件

（7）关闭图 7-49 的窗口，以浏览模式打开"学生"、"成绩"、"课程"和"学生信息_all"，在"学生信息_all"浏览窗口中，修改第一条记录的学生姓名"杨艳"为"杨艳1"，然后，鼠标单击除了第一条记录的其他任意一条记录，这是就发现，学生表中的学生"杨艳"的姓名也同时变为"杨艳1"。另外读者也可以试试修改成绩字段，查看成绩表中是否有变化。结果如图 7-50 所示。

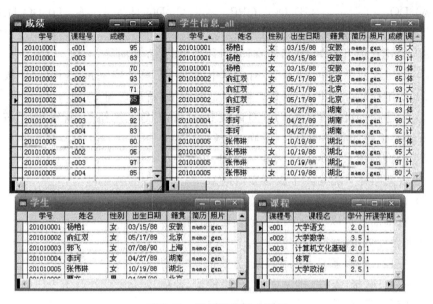

图 7-50　通过视图修改数据

本 章 小 结

查询是对数据库内的数据进行检索、创建、修改或者删除的特定请求。视图是数据库中数据的特定子集，视图中的数据仍然存储在基表中，因此称视图为虚表。视图分为本地视图和远程视图。

本章主要介绍了下面的内容：

- 查询设计器的界面组成，利用查询设计器和查询向导建立查询的具体步骤。
- 视图和查询都可以从数据库中查询满足一定条件的记录，但是视图和查询不同，视图可以实现数据源的更新。视图设计器的界面组成，利用视图设计器建立视图的具体步骤以及远程视图的概念和建立方法。

习　　题

一、选择题

1. 下列关于查询的叙述，正确的是（　　　）。

      A) 不能使用自由表建立查询

      B) 只能使用自由表建立查询

      C) 只能使用数据库表建立查询

      D) 可以使用数据库表和自由表建立查询

2. 运行 JJ. QPR 查询文件,正确的命令是(　　)。

      A) DO   B) DO .QPR   C) DO JJ   D) DO JJ. QPR

3. 下列关于创建查询的叙述,错误的是(　　)。

      A) 创建查询可以单击"新建查询"对话框中的"查询向导"按钮

      B) 创建查询可以单击"新建"对话框中的"查询"单选按钮和"查询向导"按钮

      C) 创建查询可以单击"新建查询"对话框中的"新建查询"按钮

      D) 创建查询可以单击"新建"对话框中的"查询"单选按钮和"新建文件"按钮

4. 下列关于查询向导的叙述,正确的是(　　)。

      A) 查询向导只能为一个表建立查询

      B) 查询向导只能为多个表建立查询

      C) 查询向导只能为一个或多个表建立查询

      D) 查询向导可以为一个或多个表建立查询

5. 查询设计器中的选项有(　　)。

      A) 字段、联接、筛选、排序依据、分组依据、条件

      B) 字段、联接、条件、排序依据、分组依据、杂项

      C) 字段、联接、筛选、排序依据、分组依据、杂项

      D) 条件、联接、筛选、排序依据、分组依据、杂项

6. 下列关于运行查询的叙述,错误的是(　　)。

      A) 在项目管理器中选择需要运行的查询文件,再单击"运行"按钮

      B) 在查询设计器中修改查询时,单击"常用"工具栏上的"运行"按钮

      C) 在查询设计器中修改查询时,单击"查询"菜单的"运行查询"

      D) 在查询设计器中修改查询时,单击"常用"工具栏上的"打印预览"按钮

7. 打开 JJ. QPR 查询文件,正确的是(　　)。

      A) MODIFY QUERYJJ   B) MODIFY JJ. QPR

      C) MODIFY QUERY JJ   D) MODIFY JJ. QPR

8. 下列关于视图与查询的叙述,错误的是(　　)。

      A) 视图可以更新数据

      B) 查询和视图都可以更新数据

      C) 查询保存在一个独立的文件中

      D) 视图不是独立的文件,它只能存储在数据库中

9. 下列关于视图的叙述,错误的是(　　)。

      A) 视图的数据源可以是自由表   B) 视图的数据源可以是数据库表

      C) 视图的数据源可以是视图   D) 视图的数据源可以是查询

10. 下列关于创建本地视图的叙述,错误的是(　　)。

A）创建视图可以单击"新建本地视图"对话框中的"视图向导"按钮

B）创建视图可以单击"新建"对话框中的"视图"单选按钮和"视图"向导按钮

C）创建视图可以单击"新建本地视图"对话框中的"新建视图"按钮

D）创建视图可以单击"新建"对话框中的"视图"单选按钮和"新建文件"按钮

11. 下列关于视图向导的叙述,正确的是（　　）。

   A）视图向导只能为一个表建立视图

   B）视图向导只能为多个表建立视图

   C）视图向导只能为一个表或多个表建立视图

   D）视图向导可以为一个表或多个表建立视图

12. 视图设计器中的选项有（　　）。

   A）字段、联接、筛选、排序依据、分组依据、更新、杂项

   B）字段、联接条件、筛选、排序依据、分组依据、更新、杂项

   C）字段、联接、筛选、排序依据、分组依据、更新条件、杂项

   D）字段、联接、筛选条件、排序依据、分组依据、更新、杂项

13. 下列关于运行视图的叙述,错误的是（　　）。

   A）在项目管理器中选择需要运行的视图,再单击"运行"按钮

   B）在项目管理器中选择需要运行的视图,再单击"浏览"按钮

   C）在视图设计器中修改视图时,单击"常用"工具栏中的"运行"按钮

   D）在视图设计器中修改视图时,单击"查询"菜单的"运行查询"命令

14. 下列关于创建远程视图的叙述,错误的是（　　）。

   A）可以在"新建"对话框中单击"远程视图"单选按钮和"视图向导"按钮

   B）可以在"向导选取"对话框中选择"远程视图向导"选项

   C）可以在项目管理中选择"远程视图"选项和"新建"选项

   D）可以在"新建"对话框中单击"远程视图"单选按钮和"新建文件"按钮

15. CREATEVIEW 命令将（　　）。

   A）打开命令设计器　　　　　　　　B）打开查询设计向导

   C）打开视图设计器　　　　　　　　D）打开视图设计向导

16. 视图设计器和查询设计器的界面很像,它们的工具基本一样,其中可以在查询设计器中使用而在视图设计器没有的是（　　）。

   A）查询条件　　　B）查询去向　　　C）查询目标　　　D）查询字段

17. 视图是根据数据库表派生出来的"表",当关闭数据库后,视图（　　）。

   A）不再包含数据　　　　　　　　　B）仍然包含数据

   C）用户可以决定是否包含数据　　　D）依赖于是否是数据库表

18. 以下关于视图叙述不正确的是（　　）。

   A）可以使用 USE 命令打开或关闭视图（当然只能在数据库中）

   B）可以在"浏览器"窗口中显示或修改视图中的记录

   C）可以使用 SQL 语句操作视图

   D）可以使用 MODIFY STRUCTURE 命令修改视图的结构

19. 视图设计器包括的选项有(   )。
     A）字段，连接，筛选   B）字段，条件，分组依据
     C）连接，查询去向   D）连接，条件，排序依据

20. 运行查询使用的命令是(   )。
     A）USE Queryfile   B）DO Queryfile
     C）MODIFY Queryfile   D）SELECT Queryfile

21. 下列选项中(   )是视图不能够完成的。
     A）指定可更新的表   B）指定可更新的字段
     C）检查更新合法性   D）删除和视图相关的表

22. 下列关于查询的描述不正确的是(   )。
     A）查询只能在数据库表内进行
     B）查询实际上就是一个定义好的 SQL SELECT 语句，在不同的场合可以直接使用
     C）查询可以在自由表和数据库表之间进行
     D）查询针对扩展名为.QPR 的文件

23. 下列关于视图的说法中不正确的是(   )。
     A）可以用视图数据暂时从数据库中分离成为自由数据
     B）视图建立之后，可以脱离数据库单独使用
     C）视图兼有表和查询的特点
     D）视图可分为本地视图和远程视图

二、填空题

1. 查询设计器的"字段"界面用于_____，"筛选"界面用于_____，"排序依据"界面用于_____，"分组依据"界面用于_____，"联接"界面用于_____。

2. 向查询设计器添加表或视图，可以选择_____菜单的_____命令。

3. 在项目管理器中创建查询，应先选择_____选项，再单击_____按钮。

4. 查询的输出去向可以是浏览窗口、_____、_____、_____、_____和图形等多种形式。默认的输出去向是_____。

5. 在查询设计器中设计查询时，可以单击_____按钮或"查询"菜单的_____命令，打开"查询去向"对话框选择查询的输出去向。

6. 在查询设计器中修改查询时，可选择_____命令运行查询。

7. 查询文件的默认扩展名是_____。

8. 修改本地视图时，可以先在项目管理器中选择视图，再选择_____。

9. 在视图中要会更新数据的结果传回表文件，应先选择视图设计器的_____复选框。

10. 在项目管理器中先选择"连接"选项，再单击_____按钮，可以打开连接设计器。

第 8 章　表单设计与应用

Visual FoxPro 采用了面向对象的程序设计方法来设计图形用户界面(GUI),而使用表单设计器是设计图形用户界面的主要途径,它可以帮助我们设计出具有窗口界面的应用程序。本章将介绍面向对象的基本概念和 Visual FoxPro 表单的设计。

通过本章的学习,读者应该了解和掌握以下内容。

- 了解面向对象程序设计中的对象、属性、事件及事件代码的概念。
- 掌握表单文件的建立、修改、运行。
- 掌握利用表单设计器创建表单。
- 了解有关表单控件的作用。
- 掌握表单常用控件的属性、方法、事件。
- 掌握表单常用控件代码的编写。

8.1　面向对象程序设计方法

8.1.1　面向对象和过程程序设计的主要区别

面向过程方式是通过一系列的命令代码来实现某种程序功能的,重视的是该功能的实现过程,其重要特点是数据与操作代码分离。

面向对象方式是按照人们认识世界和改造世界的习惯方式对现实世界的客观事物(对象)进行最自然和最有效的抽象和表达,是以对象和数据结构为程序设计的中心,不是以操作和过程为中心的。

结构化程序设计以对数据进行操作的过程作为程序的主体,将一个待求解的问题自顶向下分解成一个个简单独立的子问题,然后用子程序或函数解决这些子问题。面向对象程序设计以对象作为程序的主体。程序由若干对象组成,对象是将数据与该数据的操作代码封装在一起的实体,对象之间通过发送消息来实现程序的功能。

8.1.2　面向对象程序设计的特点

面向对象的程序设计方法(Object Oriented Programming,OOP)。面向对象的程序是程序设计在思维上和方法上的一次飞跃,是一次程序设计的革命。它利用人们对事务分类的自然倾向,引进了类的概念,具有数据抽象、继承性等特点。

OOP用"对象"表示各种事物,用"类"表示对象的抽象,用"消息"实现对象处理的过程。OOP是采用面向对象和事件驱动的编程方式,将对象看作数据及可以施加在这些数据之上的可执行的操作所构成的统一体,将整个程序看作相互协作而又相互独立的、有工作能力的对象的集合。OOP所做的是创建所需要的各个对象,并按应用系统的需求建立对象之间协同工作的能力。

8.1.3 基本概念

1. 对象

在现实世界中存在的任何实体均可以看作某个对象,如人、物体,甚至是不可见的,如思想意识等。从OOP的角度来看,对象是一个具有各种属性(数据)和方法(程序代码)的实体。

2. 类

OOP中,类是一组相似对象的属性和行为特征的抽象描述。或者说,类是对一批相似对象的共有属性和方法的描述。就一个具体的对象而言,该对象本身只是其所属的某个类中的一个实例。类定义了对象所有的属性、事件和方法,从而决定了对象的属性和它的行为。类具有抽象性、继承性、封装性和多态性等特性。

3. 类与对象的区别和联系

类包含了对象所有共同的特性,是对象的"模板"。对象是类的"实例",可以由一个类制作出多个对象。

Visual FoxPro中提供了一系列的基本对象类,简称基类。用户可在其基础上创建用户自定义类。基类分为容器类和控件类两种类型,相应地可以生成容器与控件两种类型对象。控件类对象不能包含其他对象,通常是一个图形化的、并能与用户进行交互的对象。容器类对象能包含其他对象,用户可以单独地访问和处理容器类对象中所包含的任何一个对象。Visual FoxPro的基类表如表8-1所示。

表 8-1　Visual FoxPro 的基类

基 类 名 称	类型	功　　能
CheckBox	控件	创建复选框对象
ComboBox	控件	创建组合框对象
CommandGroup	容器	创建包含多个命令按钮的命令按钮组对象
Command	控件	创建命令按钮对象
Container	容器	创建包含任意控件的容器对象
Control	控件	创建能包含其他被保护对象的控制对象,但是不能像容器对象那样允许访问被包含的对象
EditBox	控件	创建编辑框对象

基 类 名 称	类型	功　　能
Form	容器	创建表单对象,能包含任意控件、容器或自定义对象
FormSet	容器	创建表单集对象,包含表单和工具栏对象
Grid	容器	创建表格对象
Image	控件	创建图像对象
Label	控件	创建标签对象
ListBox	控件	创建列表框对象
OptionGroup	容器	创建选项按钮组对象
OLEBoundControl	控件	创建 ActiveX 绑定型对象
OLEControl	控件	创建 ActiveX 容器型对象
Page	容器	创建页对象,能包含任意控件、容器和自定义对象
PageFrame	容器	创建页框对象、能包含 Page 类对象

8.1.4　对象的属性、事件和方法

对象是面向对象程序设计的基本单元,是将数据和操作过程结合在一起的数据结构。在现实生活中,对象是指某一实体,如学生、学校、飞机等。它们都具有各自不同的状态(属性)和方法(行为)两方面的特征。例如:对学生而言有学号、姓名、性别、出生年月等特征,我们称之为属性;学生的选课、考试等特征称为行为。

在 VFP 环境下,对象就是将数据和行为(对数据操作的代码)封装的程序模块。对象的引用方式有绝对引用和相对引用两种方式。

绝对引用是指从最外层的容器对象开始直到该对象的引用。绝对引用某一对象时,必须指明与该对象关联的所有容器类对象。例如,使表单 Form1 中的标签 Label1 的 Caption 属性设置为"我的第一个标签"。

```
Form1.label1.Caption="我的第一个标签"
```

相对引用是对当前对象的引用方法。例如,若当前编辑的对象正是 label1 时,如果要将其的 Caption 属性设置为"我的第一个标签",则可以直接写为

```
This.Caption="我的第一个标签"
```

相对引用方式下,需要使用一些关键字来标识出操作对象,VFP 中相对引用对象时所用的属性、关键字以及引用关系如表 8-2 所示。

表 8-2　对象引用表

属性或关键字	引 用 关 系
This	该对象本身
Thisform	包含该对象的表单

续表

属性或关键字	引 用 关 系
Thisformset	包含该对象的表单集
ActiveControl	当前活动表单中具有焦点的控件
ActiveForm	当前活动表单
ActivePage	当前活动表单中的活动页
Parent	包含该对象的直接容器

注意：对象引用中对象、关键字和属性之间需要使用符号"."进行分隔，且中间不能有空格。

1. 对象三要素

1）属性

属性是用来表示对象所具有的性质和特征等的。Visual FoxPro 6.0 系统中，各种对象含有七十多个属性，如文本框有位置、大小、标题等多种属性。对象的属性可以在设计对象时直接进行定义，也可以在表单运行时对对象属性进行设置。

设置属性的格式：对象名.属性名＝属性值

例：

```
ThisForm.Caption="我的表单"
ThisForm.BackColor=RGB(0,0,0)
```

常用对象属性表如表 8-3 所示。

表 8-3　常用对象属性表

属 性 名	作 　 用
AutoSize	指定是否自动调整控件至合适大小，默认值为.F.
BackColor	指定用于显示对象中文本和图形的背景色
Caption	指定对象标题文本
Enabled	对象是否可用，.T.表示可用，.F.表示不可用
Font 系列	指定用于显示文本的字体、字型等
ForeColor	指定用于显示对象中文本和图形的前景色
Height	指定屏幕上一个对象的高度
Name	指定在代码中用以引用对象名称
Visible	指定对象是可见还是隐藏，默认值为.T.
Width	指定屏幕上一个对象的宽度

2）事件

事件是每个对象可能用以识别和响应的行为和动作，一般由用户或系统启动。事件通常是系统触发的,对象对事件的响应是指当对象的某个事件发生时,该事件的处理程序将被执行。

每个对象的事件(或该对象可以发生的操作)是系统固定好的,用户不能再创建新的事件,如单击控件(Click)、鼠标移动(MouseMove)、键盘按下(KeyPress)等。常用的事件见表8-4所示。

表 8-4　常用对象事件表

事 件 名 称	发 生 时 刻
Activate	当激活表单集、表单、页对象或显示工具栏时发生
Click	用鼠标左键单击对象时发生
DblClick	使用鼠标左键双击对象时发生
Destroy	从内存中释放对象时发生,该方法代码通常用来进行文件关闭、释放内存变量等工作
Error	某方法运行中发生错误时发生
GotFocus	对象得到焦点时发生
Init	创建对象时发生,从而执行为该事件编写的代码。Init 代码通常用来完成一些关于表单的初始化工作
Interactivechange	在使用键盘或鼠标更改控件的值时发生。应用于复选框、组合框、命令组、编辑框、列表框、微调、文本框
Load	创建表单或表单集,表单的 Load 后发生
LostFocus	对象失去焦点时发生
KeyPress	当用户按下并释放某个键时发生
MouseDown	按下鼠标按钮时发生
MouseMove	移动鼠标时发生
MouseUp	释放鼠标按钮时发生
Unload	关闭表单或表单集,表单集的 Load 先发生
Valid	在控件失去焦点前发生
When	在控件接收焦点前发生

注意：Load、Init、Destroy、Unload 事件的引发先后次序为：Load→Init→Destroy→Unload。

3) 方法

方法是用来描述对象的行为过程。对象的方法是指与对象相关的程序,即将一些通用的过程编写好并封装,作为方法供用户直接调用。

调用格式：

对象引用.方法名

常用的对象的方法如表 8-5 所示。

表 8-5 常用对象方法表

方　法	功　能
Cls	清除表单中的图形与文本
Hide	通过 Visible 设置为.F.,隐藏表单(集)或工具栏
Refresh	刷新表单及表单内所有控件对象的值
Release	从内存中释放表单或表单集
SetFocus	为控件指定焦点,使其成为活动对象
Show	显示表单

8.2　表单设计器

8.2.1　表单文件操作

1. 表单创建

通常可以用表单向导、表单生成器、表单设计器和项目管理器 4 种方式创建表单。

1) 利用表单向导创建表单

向导是 VFP 系统提供给用户进行设计的工具,用户只要按向导一步步操作下去,便能设计出需要的表单。虽然利用表单向导可以设计表单,但设计出来的表单具有局限性,还需要表单设计器。

用表单向导创建表单的步骤为:选择"文件"→"新建"命令→"表单"→"向导"→"表单向导",再选取字段→选择样式→选择排序记录→选择保存方式→给出适当的文件名和保存位置。

注意:用向导创建的表单一般含有一组标准的命令按钮。

2) 利用表单生成器创建表单

在"文件"菜单中选择"新建"→"表单"→"新建文件",在"表单"菜单中选择快速表单,然后选择字段和样式,并确定之。

注意:用表单生成器创建的表单不能直接产生一些命令按钮。

3) 利用表单设计器创建表单

(1) 命令方式:

```
CREATE FORM <表单文件名>[.scx]
```

(2) 菜单方式。

方式 1:在"项目管理器"中,选择"文档"→"表单"→"新建"→"新建表单",然后进入表单设计器。

方式 2:执行"文件"→"新建"→"表单"→"新建文件"菜单命令。

方式 3:选择"常用"工具栏中的"文件"→"新建"→"表单"→"新建文件"命令。

注意：用表单设计器创建的表单，用户必须为控件设置有关的属性及事件处理代码。

2. 表单保存

选择表单中的"文件"→"保存"命令，或者单击"常用"工具栏中的"保存"按钮 ![按钮]，给定表单名后，即可在指定路径下保存表单文件。表单保存后系统会产生两个文件，分别是扩展名为.SCX 的表单文件和扩展名为.SCT 的表单备注文件。

注意：扩展名为.SCX 的表单文件和扩展名为.SCT 的表单备注文件必须同时存在才能运行表单。

3. 表单运行

表单文件是一个可执行文件，运行这个文件会产生一个窗口，也叫用户界面。运行表单文件的方式如下。

• 命令方式：

DO FORM <表单文件名>

• 菜单方式。

方式 1：在"项目管理器"的"文档"选项卡内选中要运行的表单，单击"运行"按钮。

方式 2：执行"程序"中的"运行"命令，选定要运行的表单，单击"运行"按钮。

方式 3：单击工具栏中"运行"按钮 ![按钮]。

方式 4：打开表单，执行"表单"下的"执行表单"菜单命令，或按 Ctrl＋E 组合键。

4. 修改表单

用表单设计器修改表单时，有两种方式可打开表单设计器。

• 命令方式：

MODIFY FORM <表单文件名>[.SCX]

• 菜单方式。

方式 1：在"项目管理器"的"文档"选项卡中，选中要修改的表单，单击"修改"按钮。

方式 2：执行"文件"→"打开"命令，选中要打开修改的表单文件。

8.2.2　表单设计器概述

Visual FoxPro 为设计表单提供了多种工具，例如"表单控件"工具栏、"表单设计器"工具栏、"属性"窗口、数据环境设计器和代码编辑窗口等。下面将具体介绍表单设计器及其中的主要工具栏及窗口。

打开表单设计器时，在表单设计器中就会产生一个空白表单对象，默认为 Form1，"表单控件"工具栏、"布局"工具栏、"表单设计器"工具栏和"属性"窗口也同时打开，如图 8-1 所示。若未同时打开，可在菜单的"显示"中进行选择。

1. "表单设计器"工具栏

打开表单设计器时，Visual FoxPro 的工具栏中会显示"表单设计器"工具栏，如图 8-2 所示。如果未显示该工具栏，可以在 Visual FoxPro 工具栏或"表单控件"工具栏的空白处,右击,在弹出的快捷菜单中选择"表单设计器"即可。

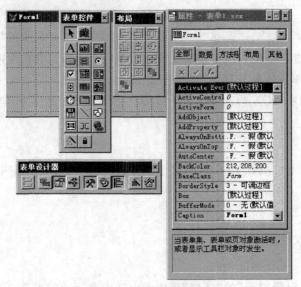

图 8-1   表单设计器界面

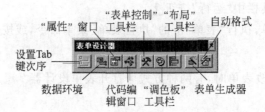

图 8-2   "表单设计器"工具栏

2. "表单控件"工具栏

表单设计器提供了"表单控件"工具栏,当用鼠标从"表单控件"工具栏中选择好控件后,即可在表单中产生相应的对象。设计表单的主要任务就是利用"表单控件"设计交互式用户界面。"表单控件"工具栏是表单设计的主要工具,默认包含 21 个控件、4 个辅助按钮,如图 8-3 所示。

3. "代码"窗口

在"属性"窗口中,双击事件名或方法名,则会弹出代码窗口,可在其中进行程序代码的编写,如图 8-4 所示。

4. "属性"窗口

设计表单的绝大多数工作都是在属性窗口中

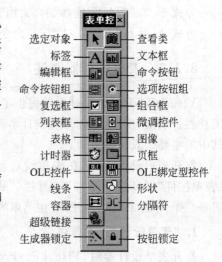

图 8-3   表单控件工具栏

图 8-4　代码编辑窗口

完成的,可利用属性窗口完成调整当前对象的属性值的工作,如图 8-5 所示。属性是指表单中的对象的特征,如对象的名字、位置、文字大小、颜色等。如果在表单设计器中没有出现属性窗口,可在系统菜单中找到"显示"→"属性",属性窗口即显示出来。

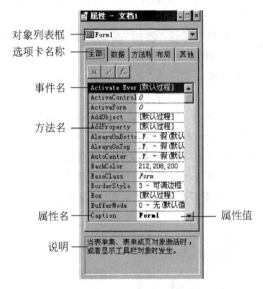

图 8-5　属性窗口

"属性"窗口分别使用"全部"、"数据"、"方法程序"、"布局"和"其他"5 个界面显示对象的属性、事件和方法程序。

- "全部"界面:显示所选对象的所有属性、事件和方法程序。
- "数据"界面:显示所选对象与数据有关的属性。
- "方法程序"界面:显示所选对象的所有事件和方法。
- "布局"界面:显示所选对象与布局相关的属性。
- "其他"界面:显示所选对象的其他属性或用户自定义属性。

每个界面的属性列表部分都分为左右两列,左列显示所选对象的属性名、方法名或事件名,并按字母顺序排列,右列显示相应的值。在属性值中,凡是标有"默认过程"的都是对象的方法或事件,没有标"默认过程"的是对象的属性。在属性名中,凡是带有 Event 字样的都是对象的事件,其余的便是对象的方法。

5. 数据环境设计器

数据环境泛指定义表单时使用的数据源,包括表、视图和关系。它以窗口形式(类似数据库设计器)反映出与表单有关的表、视图、表之间的关系等内容。数据环境及其中的表与视图都是对象。数据环境一旦建立,当打开或运行表单时,其中的表或视图即自动打开,与数据环境是否显出来无关;而在关闭或者释放表单时,表或视图也能随之关闭。

1) 数据环境设计器的作用

数据环境设计器可用来可视化地创建或修改数据环境。在表单设计器环境下,单击"表单设计器"工具栏上的"数据环境"按钮,或选择菜单的"显示"→"数据环境",即可打开"数据环境设计器"窗口。此时,系统菜单栏上将出现"数据环境"菜单。

2) 向数据环境中添加表或视图

在数据环境设计器环境下,可以向数据环境添加表或视图,添加方法如下:

- 选择"数据环境/添加",或右击数据环境设计器窗口,在快捷菜单中选择"添加"→"添加表或视图"。
- 选择要添加的表或视图并单击"添加"按钮,如单击"其他"按钮,将弹出"打开"对话框,用户可以从中选择需要的表。

如果向表单中添加字段,则只需要在"数据环境设计器"中将选定的字段拖入表单中用户指定的位置,就可以在这一位置将字段加入表单中。

注意:每拖一个字段到表单中,就在表单上产生一个标签对象和一个文本框对象(该文本框与字段是绑定的,彼此一一对应)。

例如往数据环境中添加"学生"表,操作如图 8-6 所示。右击数据环境设计器窗口,在快捷菜单中选择"添加"→"添加表或视图"。选择要添加的"学生"表并单击"添加"按钮,即可发现"学生"表被添加入数据环境中。然后即可将所需字段用拖曳的方式添加到表单中,如图 8-7 所示。

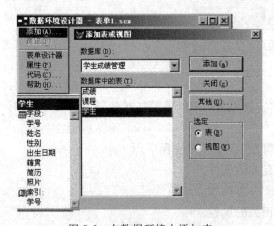

图 8-6 在数据环境中添加表

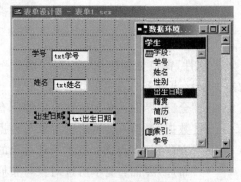

图 8-7 将字段添加到表单

3) 从数据环境中移去表或视图

单击要移去的表或视图,可通过选择"数据环境"→"移去"命令,但移去的表或视图并不在磁盘删除。

8.2.3 表单常用属性、事件和方法

每个对象都有属性,不同类型的对象有不同的属性,同类型的对象虽然有一样的属

性,但有不同的属性值。表单本身是个对象,因此表单也有自己的属性。

1. 表单常用属性

表单的属性可以通过"属性"窗口直接进行设置。在"属性"窗口最上端的"对象列表框"中选定要进行属性设置的对象,此时其相应的属性即罗列出来,可供设置。单击"属性"窗口某属性,给出属性值。有的属性值为选定状态,有的属性值则需要输入。单击属性窗口中的"√"或者按 Enter 键,即可完成对属性的设置。

表单本身具有很多属性,且属性名按英文字母顺序进行排列。用户无须知道每个属性,但要掌握其常用属性。对不常用的属性要能找得到,并会设置即可。表单中的常用属性如表 8-6 所示。

表 8-6 表单常用控件

属　　　性	说　　　明
AutoCenter	控制表单是否居中,值(.T. 或.F.)
BackColor	表单背景
Caption	表单标题,默认为 Form1
ControlBox	左端图标和右端关闭按钮,值(.T. 或.F.)
MaxButton	控制表单最大化按钮,值(.T. 或.F.)
MinBotton	控制表单最小化按钮,值(.T. 或.F.)
Movable	控制表单移动,值(.T. 或.F.)
Name	表单名称,默认为 Form1
Picture	背景图片,指定一个图片文件
TitleBar	控制表单标题栏,0 为打开(默认)、1 为关闭
WindowState	显示形式,值为分别为 0、1、2

2. 表单常用事件

表单常用事件如表 8-7 所示。

表 8-7 表单常用事件

事件名称	发　生　时　刻
Click	单击对象时发生
DblClick	双击对象时发生
Init	创建对象时发生,从而执行为该事件编写的代码。Init 代码通常用来完成一些关于表单的初始化工作
KeyPress	当用户按下并释放某个键时发生
Load	创建表单或表单集,表单的 Load 后发生
Unload	关闭表单或表单集,表单集的 Load 先发生

3. 表单常用方法

表单常用方法如表 8-8 所示。

表 8-8　表单常用方法

方　法	功　　能
Refresh	刷新表单及表单内所有控件对象的值
Release	从内存中释放表单或表单集
Show	显示表单

8.3　表单中常用控件的设计

8.3.1　标签

标签(Label)主要用于显示不需要用户修改的提示文本信息。标签没有数据处理功能,只用于显示。该提示文本信息在 Caption 属性中设定,也可通过代码间接进行修改。标签控件的常见属性见表 8-9。

表 8-9　标签的常见属性

属　性	作　　用
AutoSize	自动调节标签大小,以适应标题内容字体大小
BackStyle	设置标签的背景是否透明,0 为透明,1 为不透明(默认)
Caption	指定标签所显示的文本。可以在标签控件属性栏中直接设置或修改,也可以在程序代码中进行设置或修改,默认为 Label1
Font 系列	标签所显示文本的字体、字号等
ForeColor	设置标签所显示文本字体颜色
Height	设置标签高度
Name	标签的名称,仅供编写代码时使用,默认为 Label1
Visible	标签是否可见
Width	设置标签宽度

例 8-1　设计一表单,标题为"我的第一个表单",表单高度 100,宽度 200。在表单中加入标签,显示为"我的第一个标签",字体黑体,大小 18 磅,斜体。当对标签控件单击时,标签显示内容变为 My First Label,如图 8-8 所示。

解题步骤如下:

(1) 选择"新建"→"表单"→"新建文件",即产生一个默认名为 Form1 的表单。

(2) 在表单的属性窗口中找到 Caption 属性,将其内容由默认的 Form1 改为题目要求的"我的第一个表单"。再在属性栏中找到 Height 和 Width 属性,并将其值改为 100 和

图 8-8　标签运行图

200。

（3）在表单控件工具栏中单击 **A** 图标，即选中了标签控件。此时箭头鼠标变为十字花形，在表单上拖曳其产生一个标签。在标签的属性窗口中找到 Caption 属性，此时为默认值 Label1，将其改为"我的第一个标签"，并且将其 FontSize 属性改为 18，FontItalic 属性值改为 .T.。

（4）双击表单中的标签控件，进入对象为 Label1 的代码编辑窗口。过程选用 Click，编写代码：

```
This.caption="My First Label"(相对引用)
```

或者

```
thisform.label1.caption="My First Label"(绝对引用)
```

对该标签进行的代码编写如图 8-9 所示。

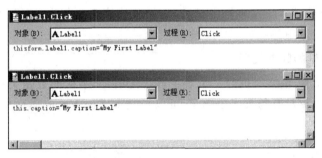

图 8-9　标签代码编辑窗口

（5）用 Ctrl＋E 组合键，或者在"菜单"表单中选择"执行表单"，或者直接单击菜单工具栏上的 **!** 按钮来执行表单。

8.3.2　文本框

文本框（TextBox）常用于输入数据，且只能输入一行数据。其数据类型可以为字符型、数值型、日期型、逻辑型。文本框常用属性如表 8-10 所示。

下面介绍文本框的一些常用功能。

1．为文本框绑定数据源

（1）使用文本框的 ControlSource 属性可以将文本框与一个表字段或变量进行绑定。文本框中所显示的值自动保存在文本框的 Value 属性中，与数据源绑定后，则文本框中的

表 8-10　文本框的常见属性

属　性	作　用
ControlSource	设置文本框的数据来源。一般情况下,可以利用该属性为文本框绑定一个表字段或内存变量
Enabled	文本框是否为废止状态。.T.表示文本框为启用状态,.F.为废止状态
Format	决定文本框中值的显示方式
InputMask	指定字符输入需要遵循的规则,决定文本框中可以输入什么样的值
Name	文本框名称,默认为 Text1
PassWordChar	设置输入口令时显示的字符
Readonly	确定文本框是否为只读,为.T.时,文本框的值不可修改
Value	保存文本框的当前内容,如果没有 ControlSource 属性指定数据源,可以通过该属性访问文本框的内容。它的初值决定文本框中值的类型。如果为 ControlSource 属性指定了数据源,该属性值与 ControlSource 属性指定的变量或字段的值相同

值也同时自动保存到 ControlSource 属性指定的字段或变量中。

(2) 当文本框与一个表字段绑定时,字段名称前可以加上表的名称,如

```
MyTableName.FieldName
```

(3) 也可以使用 Value 属性向文本框赋值。如通过编写代码 Thisform.Text1.Value =12,可以在表单的 Text1 文本框中显示 12,并且该值也被自动保存到 ControlSource 属性指定的字段或变量中。

2. 设置文本框的数据类型

(1) 通常情况下,将文本框与一个表字段绑定后,文本框的数据类型与表字段相同,无须进行设置。如果没有与表字段绑定,可以在文本框的 Value 属性中设置文本框的数据类型,如

```
Thisform.Text1.Value=""          && 设置为字符型
Thisform.Text1.Value=0           && 设置为数值型
Thisform.Text1.Value={}          && 设置为日期型
```

3. 在文本框中接收用户密码

在应用程序中,经常需要输入密码等安全信息,这时可以使用 PasswordChar 属性来设置一个替代输入显示字符。当用文本框来接收键盘输入信息时,会使用该字符代替用户输入的内容,以隐藏实际的输入信息。例如,将文本框的 PasswordChar 属性设置为"＊",则在文本框中输入的所有字符都以"＊"显示。

文本框的 InputMask 属性值的设置如表 8-11 所示。

PasswordChar 属性可以使用任何字符,但 Windows 应用程序经常使用星号(＊)。

例 8-2　设计一个表单,其中有两个文本框。当在上一个文本框中输入密码时,在下一个文本框中输出所输入的密码,如图 8-10 所示。

表 8-11　InputMask 属性设置值

值	说　明
9	可输入数字和正负符号
#	可输入数字、空格和正负符号
$	在某一固定位置显示(由 SET CURRENCY 命令指定的)当前货币符号
$ $	在微调控件或文本框中,货币符号显示时不与数字分开
*	在值的左侧显示星号
.	指定小数点的位置

解题步骤如下:

(1)在表单中添加文本框,修改表单显示标题内容,如图 8-11 所示,步骤与添加标签相似,不再赘述。

图 8-10　文本框运行图　　　　图 8-11　表单中添加文本框

(2)在属性对话框中把 Text1 的 PasswordChar 值设置为"*",也可在 Text1 的初始化过程 Init 中,用以下语句将其初始化,如图 8-12 所示。

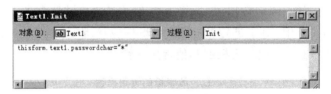

图 8-12　文本框代码窗口

thisform. text1. passwordchar="*"中文本框的属性 passwordchar 用于设定密码的代替文字。

(3)进行文本框的 KeyPress 事件处理。在如图 8-12 所示的窗口中,把过程项选为 KeyPress 项,然后加入以下代码:

```
thisform.text2.value=thisform.text1.value
```

(4)运行表单。

例 8-3　建立如图 8-13 所示的表单,表单标题为"学生信息";表单中有两个标签,内容分别为"学号"和"姓名";两个文本框,分别用来显示"学生"表中的"学号"和"姓名"字段内容。

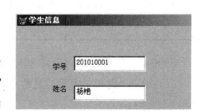

图 8-13　加入文本框的表单

（1）单击"表单控件"工具栏的"文本框"按钮，在表单上合适的位置拖曳出一个矩形。

（2）打开"数据环境设计器"，添加"学生"表。单击"属性"窗口的 ControlSource 属性，在"属性"窗口下方的下拉式列表中，用户将会看到在数据环境中添加的表字段清单。

（3）选择与文本框绑定字段，如将"学生信息"表单中的 Text1 文本框与学生表（学生.DBF）的"学号"字段相绑定，如图 8-14 所示。照此再绑定"姓名"字段。

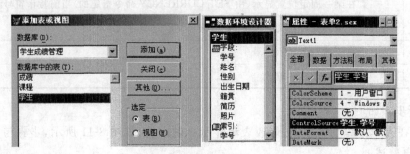

图 8-14　文本框数据绑定

8.3.3　编辑框

编辑框（EditBox）用于显示或编辑多行文本信息。编辑框可以输入多行数据，其数据类型只能为字符型。编辑框实际上是一个完整的简单字处理器，允许自动换行并能用方向键、PageUp 和 PageDown 键及滚动条来浏览文本。同文本框的相比，编辑框在外观上多了一个垂直滚动条，用这些滚动条可以显示超出编辑区的内容。编辑框适合编辑多行文本。

编辑框的外观属性、绑定数据源、选择文本和设置快捷键请参考上节对文本框的介绍，二者完全相同。其中，对于绑定数据源，编辑框应该绑定到一个 Memo 备注型字段上。表 8-12 中也列出了一些编辑框的其他常用属性。

表 8-12　编辑框的常用属性

属　　性	说　　明
ControlSource	设置编辑框的数据源，一般为数据表的备注字段
HideSelection	指定在编辑框中没有获得焦点时编辑框中选定的文本是否仍然显示为选定状态，而文本框只有在获得焦点时才将选定文本显示为选定状态
Name	编辑框的名称，默认为 Edit1
ScrollBars	指定是否具有垂直滚动条。属性值为 0 表示无滚动条，属性值为 2 表示有滚动条
SelText	返回用户在编辑框中选择的文本

例 8-4　在例 8-3 的表单基础上添加一个编辑框，建立如图 8-15 所示的表单。

（1）单击"表单控件"工具栏的"编辑框"按钮，在表单上合适的位置拖曳出一个矩形，如图 8-16 所示。

（2）将编辑框中的 ControlSource 属性与"学生"表中的字段"简历"进行绑定，方法与文本框相同。

图 8-15 编辑框数据绑定

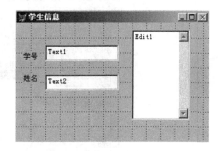

图 8-16 加入编辑框表单

8.3.4 列表框

列表框(ListBox)可向用户提供多项选择,但不接受输入的文本。

列表框的常用属性如表 8-13 所示。

表 8-13 列表框的常用属性

属 性	说 明
ColumnCount	控制列表框的列数(默认 1 列)
ControlSource	用户从列表中选择的值保存在此处
ListIndex	返回或设置列表框或组合框列表显示时选定项的顺序号。该属性在设置时不可用,运行时可读写
Name	列表框的名称,默认为 List1
RowSource	列表框中指定显示值的来源
RowSourceType	确定列表框中数据源类

注意:RowSourceType 的值若为 0,则无数据源,运行时通过 AddItem 和 AddListItem 方法来加入数据项;值为 1,数据为数值,直接设定要显示的数据项内容,各数据项之间使用逗号进行分隔;值为 4,数据源指定为扩展名.QPR 的查询文件;值为 6,数据源为字段,字段间用逗号进行分隔。

例 8-5 创建如图 8-17 所示的表单,里面添加的为一个列表框。

具体步骤如下:

(1) 打开一空白表单,向其中添加一列表框 List1。选中列表框 List1,并右击弹出快捷菜单,选择"生成器",即可出现"列表框生成器"对话框,对其进行设置,如图 8-18 所示。

(2) 在"列表框生成器"对话框中,用户选定"字段"、"样式"、"布局"、"值"等参数即可完成。

图 8-17 列表框表单

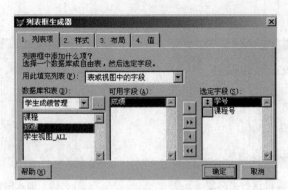

图 8-18　"列表框生成器"对话框

8.3.5　组合框

组合框(ComboBox)与列表框类似,也是提供一组条目供用户从中选择,组合框和列表框的主要区别在于:

(1) 对于组合框来说,通常只有一个条目是可见的。用户可以单击组合框上的下拉箭头按钮打开条目列表,以便从中选择。

(2) 组合框不提供多重选择的功能,没有 MultiSelect 属性。

(3) 组合框有两种形式:下拉组合框(Style 属性为 0)和下拉列表框(Style 属性为 2)。对下拉组合框,用户既可以从列表中选择,也可以在编辑区输入。对下拉列表框,用户只可从列表中选择。

组合框的常用属性如表 8-14 所示。

表 8-14　组合框的常用属性

属　性	说　明
BoundColumn	设置框中哪个列与 Value 属性进行绑定
ColumnCount	设置对象中的列个数
ColumnWidth	设置对象的列宽
ControlSource	设置与对象绑定的数据源
InputMask	设置对象中数据的输入格式和显示方式
Name	组合框的名称,默认为 Combo1
RowSource	设置框中值的数据源
RowSourceType	设置框中值的数据源类型,可以设置 0~9 的数
Style	设置组合框为下拉组合框(0)还是下拉列表框(2)

注意:列表框和组合框常用事件为 Click 和 Dbclick 事件。

例 8-6 将"学生表"的字段内容分别显示在两个组合框中,其中第一个为下拉列表框,用来显示学号和姓名,第二个为下拉组合框,用来显示、编辑学生信息。

具体操作步骤如下:

(1) 打开一空表单,添加两个组合框 Combo1 和 Combo2,并打开"属性"对话框,分别选定其 Style 属性值为 2 和 0。

(2) 鼠标分别指向 Combo1 和 Combo2,右击,打开快捷菜单,选择"生成器",即出现如图 8-19 所示的"组合框生成器"对话框。

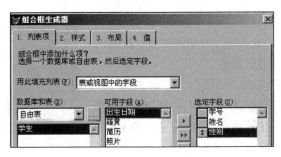

图 8-19 "组合框生成器"对话框

(3) 在两个组合框的生成器对话框中,用户选定字段、样式、布局、值等参数即可完成。一个选择下拉列表框,一个选择下拉组合框,比较两者的区别。

(4) 运行表单,当用户分别单击"学生"和"信息"下面的组合框时,出现如图 8-20 所示的界面。

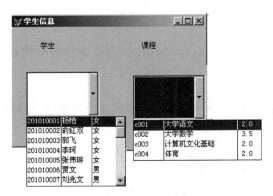

图 8-20 带有组合框的表单

8.3.6 命令按钮和命令按钮组

1. 命令按钮

命令按钮(CommandButton)用于在单击或按下后完成某个特定的控制操作,其操作代码通常是为其 Click 事件编写的程序代码。

命令按钮常用属性如表 8-15 所示。

表 8-15 命令按钮的常用属性

属 性	说 明
Caption	命令按钮的标题,默认为 Command1
Enabled	设置按钮是否可用
Font 系列	按钮标题字体、字号等设置
Name	命令按钮的名称,默认为 Command1

例 8-7 设计一个如图 8-21 所示的登录窗口。当用户名和密码都输入正确时,可顺利登录;若输入不正确,则系统会给出出错提示。

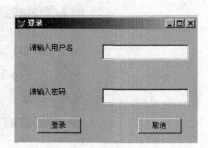

图 8-21 登录窗口

具体操作步骤如下:

(1) 打开一空表单,添加两个显示分别为"请输入用户名"和"请输入密码"的标签;两个文本框;两个显示分别为"登录"和"退出"的命令按钮。

(2) 双击左侧的"登录"按钮,对 Command1 对象的 Click 事件编写代码:

```
if thisform.text1.value="AbCd" and thisform.text2.value="123456"
    messagebox("欢迎光临!")
else
    messagebox("用户名或密码错误",0,"提示")
endif
```

双击右侧的"取消"按钮,对 Command2 对象的 Click 事件编写代码:

```
thisform.release
```

(3) 运行表单,若用户名和密码正确,则出现如图 8-22 所示的成功登录界面;否则出现如图 8-23 所示的登录有误提示界面。

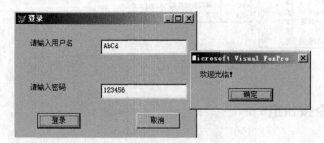

图 8-22 登录成功界面

图 8-23 登录有误提示界面

2. 命令按钮组

命令按钮组(CommardGroup)是包含一组命令按钮的容器控件,用户可以单个或作为一组来操作其中的按钮。

命令按钮常用属性如表 8-16 所示。

表 8-16　命令按钮的常用属性

属　　性	说　　明
ButtonCount	命令按钮组中按钮的个数,默认为 2 个
Value	默认情况下,命令按钮组中的各个按钮被自动赋予了一个编号,如 1,2,3 等,当运行表单时,一旦用户单击某个按钮,则 Value 将保存该按钮的编号。于是在程序中通过检测 Value 的值,就可以为相应的按钮编写特定的程序代码
Visible	设置按钮组是否可见

例 8-8　添加命令按钮组,创建一个如图 8-24 所示的表单,当单击不同的按钮时,表单背景颜色将随之改变。

具体步骤如下:

(1) 打开一空表单,添加命令按钮组 CommandGroup1,如图 8-25 所示,选中 Command1,然后在其属性工具栏中将其 Caption 值改为"红色",按此方法对 Command2、Command3 和 Command4 进行属性值更改。

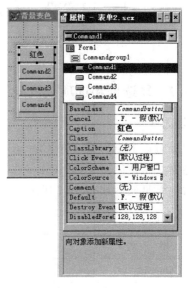

图 8-24　命令按钮组表单　　　　图 8-25　命令按钮组中命令按钮属性工具栏

(2) 分别对 4 个按钮进行代码的编写,如图 8-26 所示。

例 8-9　建立一个与例 8-4 执行效果完全相同的表单,要求通过对命令按钮组 CommandGroup1 所取 Value 值的不同来编写程序代码。

具体步骤如下:

(1) 命令按钮组中各按钮属性值的修改与例 8-8 相同。

(2) 代码编写如图 8-27 所示。

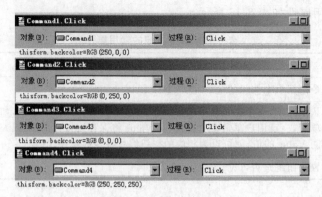

图 8-26   各命令按钮代码编写

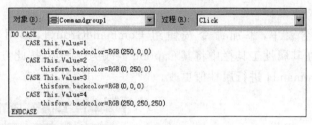

图 8-27   命令按钮组代码编写

8.3.7   复选框和选项按钮组

1. 复选框

用户通过单击指明复选框(CheckBox)选定还是清除,被选定框会出现一个复选标记"√"。通常成组使用多个,以实现多选,复选框与表中的逻辑字段绑定。

复选框常见属性如表 8-17 所示。

表 8-17   复选框的常用属性

属　　性	说　　明
Caption	设置复选框的标题,默认为 Check1
ControlSource	设置与对象绑定的数据源
Font 系列	设置复选框标题的字体、字号等
Name	复选框名称,仅供编写代码时使用,默认为 Check1
Value	复选框状态,0 为未选,1 为选定,2 为不可用

例 8-10   设计一个表单,通过对表单中复选框的选取,使得标签上的字改变为"黑体"、"倾斜"和加上"下划线",如图 8-28 所示。

具体步骤如下:

(1) 打开一个空表单,在里面添加一个标签和三个复选框,并对相关属性进行设置。

图 8-28　复选框表单

（2）编写代码，如图 8-29 所示。

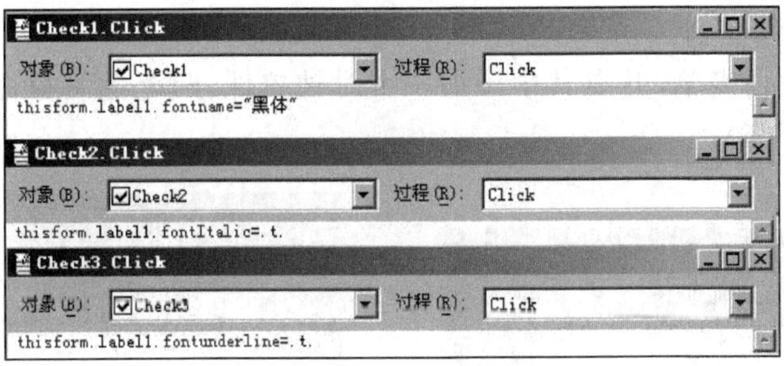

图 8-29　复选框代码编写

2. 选项按钮组

选项按钮组（OptionGroup）是包含选项按钮的容器。选项按钮组允许从中单击一个按钮，单击某个选项按钮将释放先前的选择，并将当前选定选项按钮作为当前值。

选项按钮组常见的属性有 4 个。

（1）ButtonCount：设置选项按钮组中按钮的数目。

（2）Name：选项按钮组名称，默认为 OptionGroup1，在代码编写时可使用。

（3）Value：用于指定选项按钮组中哪个选项按钮被选中。

（4）ControlSource：指定选项按钮组的数据源。

例 8-11　设计一个选项按钮组表单，界面显示如图 8-30 所示。

设计步骤与命令按钮组例相同，此处不再赘述。编写代码如下：

图 8-30　选项按钮组表单

- 在对象中选择 Option1，过程为 Click，thisform. label1. forecolor＝RGB(250,0,0)
- 在对象中选择 Option2，过程为 Click，thisform. label1. forecolor＝RGB(0,250,0)
- 在对象中选择 Option3，过程为 Click，thisform. label1. forecolor＝RGB(0,0,0)
- 在对象中选择 Option5，过程为 Click，thisform. label1. forecolor＝RGB(250,250,250)

8.3.8　计时器

计时器（Timer）控件用于以一定的时间间隔重复地执行某种操作。它在设计时是可见的,但在运行时不可见。

计时器常用的属性有两个,常用事件有一个,分别为

(1) Interval 属性:指定计时器时间间隔,决定计时器事件发生的频率,单位为 ms。

(2) Enabled 属性:用以打开或者关闭定时器。如果希望计时器在表单加载时就开始工作,应将属性设置为.T.,否则将属性设置为.F.。

(3) Timer 事件:每经过指定时间间隔触发一次 Timer 事件,1s=1000ms。

例 8-12 设计一个"时钟"表单,当表单运行时,将显示当前时间,如图 8-31 所示。

具体步骤如下:

(1) 先建一空白表单,并在其中添加一个时钟控件、两个标签控件、一个文本框,如图 8-32 所示。

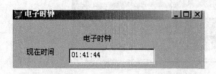

图 8-31　时钟表单运行界面

图 8-32　时钟表单设计界面

(2) 在表单中,用户设置相关控件的属性。

(3) 为时钟控件 Timer1 的 Timer 事件编写代码:

```
Thisform.text1.value=time()            &&time()取系统当前时间
```

8.3.9　表格

表格(Grid)控件是一个容器控件,与使用 BROWSE 命令打开浏览窗口类似,其也具有网格结构、垂直滚动条和水平滚动条,可以同时显示多行数据,并可以在其中加入组合框、命令按钮、选项按钮组等控件。

表格的常用属性如表 8-18 所示。

表 8-18　页框常用属性表

属　　性	说　　明
ColumnCount	表格中列的数目。默认值为-1,表示列数为数据源中字段的数目
Name	表格的名称
RecordSource	设置表格中显示的数据
RecordSourceType	设置表格中数据的来源

例 8-13 设计一个"表格"表单,当表单运行时,将显示"课程"表中的情况,如图 8-33 所示。

具体步骤如下:

(1) 创建一空白表单,向其中添加一表格控件。

（2）在数据环境中添加"课程"表。

（3）将 ColumnCount 值设为 2。

（4）设置 Grid1 的 Column1 的 Header1 的 Caption 值为"课程编号"。设置 Column2 的 Header1 的 Caption 值为"课程名"。

（5）设置表格 RecordSource 为"课程"，设置 RecordSourceType 为"别名"。

图 8-33　表格表单运行界面

执行表单时显示如图 8-33 所示的界面。

8.3.10　页框

页框（PageFrame）是由页面组成的，在页面中可以包含控件。页框中包含多个页面，但在任何时候只有一个活动页面，并且只有活动页面中的控件才是可见的。当对表单使用 Refresh 方法刷新时，只刷新活动的页面。

页框的常用属性如表 8-19 所示。

表 8-19　页框常用属性表

属　性	说　明
ActivePage	设置页框中的活动页面，默认值为 1
Name	页框的名称，默认为 PageFrame1
PageCount	页框中页面的数目，默认值为 2
TabStretch	设置页框中的页面过多时是否分行，默认 1 为单行
TabStyle	设置页框中的页面是否有相同的大小，且与页框的宽度相同，默认 0 为两端
Tabs	设置页框是否有页面，默认为.T. 为真

例 8-14　设计一个"页框"表单，当表单运行时，显示如图 8-34 所示的界面。

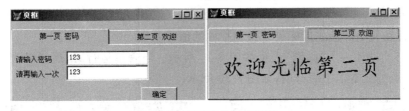

图 8-34　页框表单运行界面

具体步骤如下：

（1）新建一空白表单，添加一页框控件，并对其属性进行设置。

（2）在页框上单击鼠标右键，在弹出的快捷菜单中选择"编辑"，将页框激活为容器。

（3）对被激活的页框进行编辑。向第一个页面添加一个命令按钮、两个文本框和两个标签，并对其进行属性的设置；向第二个页面添加一个标签。

（4）为第一个页面的命令按钮 Click 事件添加程序代码：

```
if thisform. pageframe1. page1. text1. value! = thisform. pageframe1. page1.
text2.value
    MessageBox("两次输入密码不相符。")
else
    thisform.pageframe1.page2.enabled=.t.
    thisform.pageframe1.activepage=2
endif
```

其中,thisform. pageframe1. activepage 用于指明活动页面号。

执行程序时,在第一个"密码"页面中输入密码,两次相同则进入第二个"欢迎"页面;若两次不同,则出现"两次输入密码不相符"提示。

8.3.11 微调

微调(Spinner)控件用于接受指定范围内的数值输入。使用微调控件,可以在其中输入一个接受范围之内的数值,也可以单击微调控件的上箭头或下箭头按钮做授权范围内的递增或递减调节。

微调的常用属性有:

1) Increment 属性

该属性用于指定在单击微调控件的上箭头或下箭头时,控件中数值增加或减小的量,默认值为1。

2) ControlSource 属性

可以使用该属性指定一个表字段与微调控件绑定。

微调的常用事件有:

1) UpClick 事件

该事件在单击微调控件的上箭头时发生。

2) DownClick 事件

该事件在单击微调控件的下箭头时发生。

3) InteractiveChange 事件

该事件在使用键盘或鼠标更改微调控件的值时发生。

例 8-15 设计一个"微调"表单如图 8-35 所示。当表单运行时,通过单击上、下箭头微调按钮,调整文本框中的日期,如图 8-36 所示。

图 8-35 微调非数值性数据示例

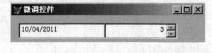

图 8-36 表单执行效果

具体设计步骤如下:

(1) 新建一空白表单,并在其中添加一个微调控件,一个文本框,如图 8-35 所示。

(2) 在表单中设置各控件属性,在文本框属性工具栏中将 Text1 的 Value 值设为 {^2011/10/01}。

（3）为微调控件 Spinner1 的 UpClick 和 DownClick 事件编写代码。

• UpClick 事件编写代码。

```
thisform.text1.value=thisform.text1.value+this.increment
```

• DownClick 事件编写代码。

```
thisform.text1.value=thisform.text1.value-this.increment
```

8.4　典　型　例　题

在本节中，将用较为典型的例题来对常用控件的属性和事件代码的编写做讲解。

典型例题 8.1　设计一个表单，用于进行加法运算，设计界面如图 8-37 所示。

具体设计步骤如下：

（1）新建一个空白表单，将表单标题设置为"计算"。

（2）添加三个文本框控件。

（3）添加三个标签，Caption 属性分别设置为 X、Y 和 $X+$ $Y=$。

（4）添加三个命令按钮，Caption 属性分别设置为"计算"、"清零"和"退出"。

（5）编写事件代码。

图 8-37　计算

• "计算"按钮 Click 事件代码。

```
Thisform.Text3.Value=Val(Thisform.Text1.Value)+Val(Thisform.Text2.Value)
```

• "清零"按钮 Click 事件代码。

```
thisform.text1.value=0
thisform.text2.value=0
thisform.text3.value=0
```

• "关闭"按钮 Click 事件代码。

```
Thisform.Release
```

典型例题 8.2　设计一个表单，该表单的功能是：在文本框中输入文字后，若单击某个选项按钮，文本框的文字能以指定的字体显示；若选定某个复选框，则文本框的文字能以指定的字型显示，界面如图 8-38 所示。

具体设计步骤如下：

（1）新建一个空白表单，将表单标题设置为"字体与字型"。

（2）添加一个标签控件、一个文本框控件、一个选项按钮组和两个复选框，并分别设置其属性。

（3）添加两个标签，Caption 属性分别设置为"＋"和"等于"。

（4）编写事件代码。

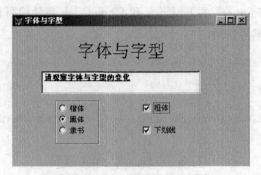

图 8-38　字体与字型

- 编辑"粗体"复选框的 Click 事件代码。

方法 1：

```
Thisform.Text1.FontBold= .T.
```

方法 2：

```
If this.value=1
    Thisform.text1.fontbold= .T.
Else
    Thisform.text1.fontbold= .F.
Endif
```

- 编辑"下划线"按钮 Click 事件代码。

方法 1：

```
Thisform.Text1.Fontunderline= .T.
```

方法 2：

```
If this.value=1
    Thisform.text1.fontunderline= .T.
Else
    Thisform.text1.fontunderline= .F.
Endif
```

- 编辑选项按钮组控件的 Click 事件代码。

方法 1：

编写"楷体"按钮控件的 Click 事件代码。

```
Thisform.Text1.FontName= "楷体"
```

编写"黑体"按钮控件的 Click 事件代码。

```
Thisform.Text1.FontName= "黑体"
```

编写"隶书"按钮控件的 Click 事件代码。

```
Thisform.Text1.FontName="隶书"
```

方法 2：

```
Do case
    Case thisform.optiongroup1.value=1
        hisform.Text1.FontName="楷体"
    Case thisform.optiongroup1.value=2
        hisform.Text1.FontName="黑体"
    Case thisform.optiongroup1.value=3
        hisform.Text1.FontName="隶书"
Endcase
```

典型例题 8.3　设计一个教务系统登录界面，要求用户输入正确的用户名 Jobs 和密码 8765。当输入用户名和密码不正确时，单击"确定"按钮，出现错误提示对话框。只有三次输入机会，或三次输入均不正确，则关闭登录界面；当输入用户名和密码都正确时，单击"确定"按钮，出现"欢迎登录本系统"的提示对话框，单击"退出"按钮关闭窗口。界面如图 8-39 所示。

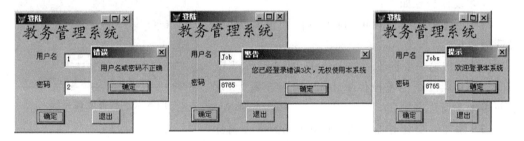

图 8-39　登录界面

具体设计步骤如下：

（1）新建一个空白表单，将表单标题设置为"登录"。

（2）添加三个标签控件，分别设置其 Caption 属性为"教务管理系统"、"用户名"和"密码"。

（3）添加两个文本框控件。

（4）添加两个命令按钮控件，分别设置其 Caption 属性为"确定"和"退出"。

（5）编写事件代码。

• 表单的 Init 事件代码。

```
Public i
i=1
```

• "确定"按钮的 Click 事件代码。

```
if i<=3
    if allt(thisform.text1.value)<>"Jobs"
        messagebox("用户名或密码不正确",0,"错误")
```

```
        thisform.text1.value=""
    else
        if allt(thisform.text2.value)=="8765"
            messagebox("欢迎登录本系统",0,"提示")
        endif
    endif
endif
if i>3
    messagebox("您已经登录错误 3 次,无权使用本系统",0,"警告")
    thisform.release
endif
i=i+1
```

典型例题 8.4   设计一个表单,当单击"开始"按钮时,在该表单上显示当前时间,并使得"欢迎使用教务管理系统"字幕自右向左移动,"开始"按钮变为"暂停"按钮。当单击"暂停"按钮时,时间不变,字幕停止移动,单击"退出"按钮关闭该表单,界面如图 8-40 所示。

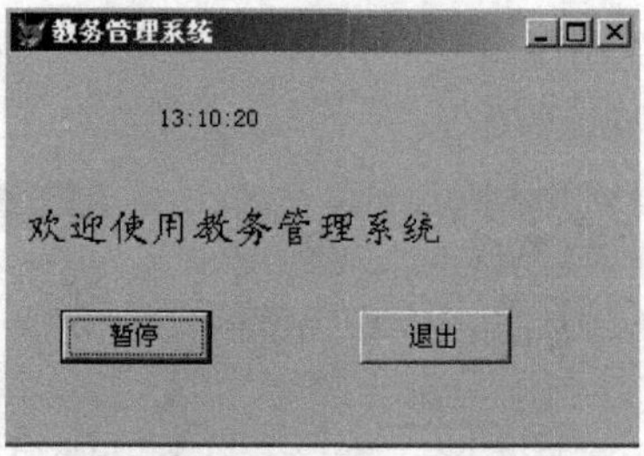

具体设计步骤如下:

(1) 新建一个空白表单,将表单标题设置为"教务管理系统"。

(2) 添加第一个标签控件 Label1,用来显示当前时间。添加第二个标签控件 Label2,属性设置为"欢迎使用教务管理系统"。

图 8-40   教务管理系统

(3) 添加一个计时器控件 Timer1,Interval 属性设置为 1000,Enabled 属性设置为.F.。

(4) 添加两个命令按钮控件,分别设置其 Caption 属性为"开始"和"退出"。

(5) 编写计时器控件的 timer 事件代码。

```
thisform.label1.caption=time()
if thisform.label2.left<200
    thisform.label2.left=thisform.label2.left-10
else
    thisform.label2.left=0
endif
```

(6) 编写"开始"按钮的 Click 事件代码。

```
if this.caption="开始"
    thisform.timer1.enabled=.T.
    this.caption="暂停"
else
    thisform.timer1.enabled=.F.
    this.caption="开始"
endif
```

（7）编写"退出"按钮的 Click 事件代码。

```
Thisform.release
```

典型例题 8.5　设计一个表单，在列表框中选中的内容将会在文本框中原样显示出来，单击"关闭"按钮关闭窗口，界面如图 8-41 所示。

具体设计步骤如下：

（1）新建一个空白表单，将表单标题设置为"列表框应用"。

（2）添加一个标签，其 Caption 属性为"您选择的是"。

（3）添加一个文本框控件，并将 ReadOnly 属性设置为. T. 。

图 8-41　列表框应用实例

（4）添加一个列表框控件，设置数据来源 RowSourceType 类型为值，而在 RowSource 中写入"中国,美国,瑞士"。

注意："中国""美国""瑞士"之间用英文逗号隔开。

（5）添加一个命令按钮，用于关闭表单。

（6）编写事件代码。

· 列表框的 Click 事件代码。

```
thisform.text1.value=thisform.list1.value
```

· 命令按钮的 Click 事件代码。

```
thisform.release
```

典型例题 8.6　设计一个表单，其中的下拉列表框中选中的内容将会在文本框中原样显示出来，单击"关闭"按钮关闭窗口，界面如图 8-42 所示。

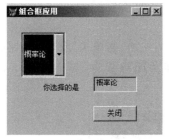

图 8-42　组合框应用实例

具体设计步骤如下：

（1）新建一个空白表单，将表单标题设置为"列表框应用"。

（2）添加一个标签，其 Caption 属性为"你选择的是"。

（3）添加一个组合框，其 Type 属性为 2 即下拉列表框，RowSourceType 设置为 1 即类型为值，RowSource 填写为"大学英语,大学物理,高等数学,概率论"。

（4）添加一个文本框控件，并将 ReadOnly 属性设置为. T. 。

（5）添加一个命令按钮，用于关闭表单。

（6）编写事件代码。

· 组合框的 Click 事件代码。

```
thisform.text1.value=thisform.Combo1.value`
```

- 命令按钮的 Click 事件代码：

```
thisform.release
```

典型例题 8.7　设计一个表单，其中的复选框可对文本框中输入的内容改变前景色和后景色，单击"关闭"按钮关闭窗口，界面如图 8-43 所示。

具体设计步骤如下：

（1）新建一个空白表单，将表单标题设置为"复选框应用"。

（2）添加一个标签，其 Caption 属性为"请输入内容"。

（3）添加两个复选框，其 Value 值设置为.F.。

（4）添加一个文本框控件。

（5）添加一个命令按钮，用于关闭表单。

（6）编写事件代码。

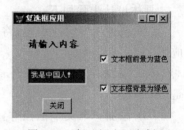

图 8-43　复选框应用实例

- 复选框的 Check1 的 Click 事件代码。

```
if thisform.check1.value=.t.
    thisform.text1.forecolor=RGB(255,255,0)
endif
```

- 复选框的 Check2 的 Click 事件代码。

```
if thisform.check2.value=.t.
    thisform.text1.backcolor=RGB(0,0,255)
endif
```

- 命令按钮的 Click 事件代码。

```
Thisform.release
```

典型例题 8.8　设计一个表单，选中列表框 List1 中的某一项，当单击"移动"按钮时选中的项目可以移动到 List2 列表框中，单击"退出"按钮关闭该表单，界面如图 8-44 所示。

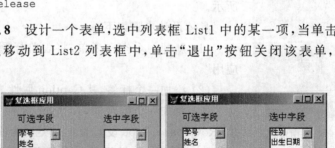

图 8-44　复选框应用实例

具体设计步骤如下：

（1）新建一个空白表单，将表单标题设置为"列表框应用"。

（2）添加两个标签，Caption 属性分别设置为"可选字段"和"选中字段"。

（3）添加两个列表框控件。

（4）添加两个命令按钮，Caption 属性分别设置为"移动"和"关闭"。

（5）编辑 Form1 的 Active 事件代码在列表框中添加 4 个列表项。

```
Thisform.list1.additem("学号")
Thisform.list1.additem("姓名")
Thisform.list1.additem("性别")
Thisform.list1.additem("出生日期")
```

注意：该步操作是把 4 个列表项添加到 list1 中，也可以使用列表框的生成器来设置。

（6）编辑"移动"按钮的 Click 事件代码。

```
For i=1 to thisform.list1.listcount
    If thisform.list1.selected(i)
        Thisform.list2.additem(thisform.list1.list(i))
        Thisform.list1.removeitem(i)
Endif
endfor
```

（7）编辑"关闭"按钮的 Click 事件代码。

```
thisform.release
```

8.5 上 机 实 验

【实验要求与目的】

（1）掌握菜单设计器的启动方法、工作环境。

（2）熟悉表单设计器的工作环境。

（3）掌握添加控件、设置控件属性的方法。

（4）学会对常用控件属性设置和事件代码的编写。

【实验内容与步骤】

（1）设计一个按钮组调色板菜单，当用户单击了命令按钮组中的某个按钮后，表单的背景就会变为按钮指定的颜色，如图 8-45 所示。

具体步骤如下：

① 新建一个表单，其标题设置为"命令按钮组调色板"。

② 在表单内添加一个命令按钮组

图 8-45 命令按钮组实例 1

CommandGroup1,设置其 ButtonCount 为 4。

③ 在"属性"窗口中选择 Command1,将其 Caption 属性设置为"黑",按同样的方法把其余的 Caption 属性分别设置为"白"、"红"和"蓝"。

④ 编写命令按钮组 CommandGroup1 的 Click 事件代码。

```
Do case
    Case this.value=1
        Thisform.backcolor=rgb(0,0,0)
    Case this.value=2
        Thisform.backcolor=rgb(225,225,225)
    Case this.value=3
        Thisform.backcolor=rgb(225,0,0)
    Case this.value=4
        Thisform.backcolor=rgb(0,0,225)
Endcase
Thisform.refresh
```

（2）设计一个按钮组调色板菜单,当用户单击了命令按钮组中的某个按钮后,按钮组的背景就会变为按钮指定的颜色,如图 8-46 所示（该题改变的是命令按钮组的背景,不是表单的背景）。

具体步骤如下:

① 新建一个表单,其标题设置为"命令按钮组调色板"。

② 在表单内添加一个命令按钮组 CommandGroup1,设置其 ButtonCount 为 4。

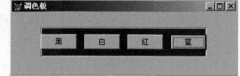

图 8-46   命令按钮组实例 2

③ 在"属性"窗口中选择 Command1,将其 Caption 属性设置为"黑",按同样的方法把其余的 Caption 属性分别设置为"白"、"红"和"蓝"。

④ 编写命令按钮组 CommandGroup1 的 Click 事件代码。

```
Do case
    Case this.value=1
        This.backcolor=rgb(0,0,0)
    Case this.value=2
        This.backcolor=rgb(225,225,225)
    Case this.value=3
        This.backcolor=rgb(225,0,0)
    Case this.value=4
        This.backcolor=rgb(0,0,225)
Endcase
Thisform.refresh
```

（3）设计一个选项按钮组调色板,当用户单击了某个选项按钮后,按钮组的背景颜色就会变为按钮指定的对应颜色,如图 8-47 所示。

具体步骤如下:

① 建立一表单,其标题设置为"选项按钮组调
色板"。

② 在表单中添加一选项按钮组 OptionGroup1,
其 ButtonCount 设置为 4。

图 8-47　选项按钮组实例

③ 在"属性"窗口中选择 Option1,将其 Caption
属性设置为"黑",按同样的方法把其余的 Caption 属性分别设置为"白"、"红"和"蓝"。

④ 编写命令按钮组 OptionGroup1 的 Click 事件代码。

```
Do case
        Case this.value=1
            This.backcolor=rgb(0,0,0)
        Case this.value=2
            This.backcolor=rgb(225,225,225)
        Case this.value=3
            This.backcolor=rgb(225,0,0)
        Case this.value=4
            This.backcolor=rgb(0,0,225)
    Endcase
Thisform.refresh
```

(4) 设计一个"页框调色板",当用户选择了某页后,页框的背景色就会变成指定的颜
色,如图 8-48 所示。

图 8-48　页框实例

具体步骤如下:

① 建立一表单,其标题设置为"页框调色板"。

② 在表单中添加一页框 PageFrame1,其 PageCount 设
置为 4。

③ 在"属性"窗口中选择 Page1,将其 Caption 属性设置
为"黑",按同样的方法把其余的 Caption 属性分别设置为"白"、"红"和"蓝"。

④ 编写命令按钮组 PageFrame 的 Click 事件代码。

```
Do case
    Case this.activepage=1
        This.page1.backcolor=rgb(0,0,0)
    Case this.activepage=2
        This.page2.backcolor=rgb(225,225,225)
    Case this.activepage=3
        This.page3.backcolor=rgb(225,0,0)
    Case this.activepage=4
        This.page4.backcolor=rgb(0,0,225)
Endcase
Thisform.refresh
```

（5）设计一个"球员添加"表单，如图 8-49 所示。当从列表框中选择一个条目后，单击"添加"按钮，就可将条目添加到文本框内；当单击"关闭"按钮后，则关闭表单。

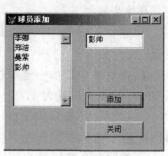

图 8-49　球员添加实例

具体步骤如下：

① 建一表单，标题为"球员添加"，高度为 200，宽度为 260。

② 定义一个文本框，字体为 10 磅字。

③ 定义一个列表框，数据来源类型为 1，列表项的来源设置为"泰山，黄山"。

④ 定义两个命令按钮，分别显示"添加"和"关闭"。当单击"添加"按钮时，文本框内输入的内容被添加到列表框中。当单击"关闭"按钮时，释放该表单（不得退出 VFP 系统）。

⑤ 编写命令按钮的 Click 事件代码。

"添加"按钮 Click 事件代码。

```
Thisform.List1.AddItem(Thisform.Text1.Value)
```

"关闭"按钮 Click 事件代码。

```
Thisform.release
```

（6）设计一个表单，如图 8-50 所示。当从下拉列表框选中某一学号后，学号所对应的成绩即出现在文本框中。"关闭"按钮用于释放表单。

具体步骤如下：

① 标题为"成绩表单"，高度为 200，宽度为 260。

② 将表成绩.DBF 添加到表单的数据环境中。

③ 定义一个下拉列表框，数据来源类型（RowSourceType）为"字段"，数据项的来源（RowSourceType）为成绩表中的"姓名"字段。

④ 编写下拉列表框 Combo1 的 Click 事件代码。

图 8-50　成绩表单实例

```
Thisform.Text1.Value=成绩
```

⑤ "关闭"按钮 Command1 的 Click 事件代码。

```
Thisform.Release
```

（7）设计一个表单，如图 8-51 所示。当单击"变大"按钮时，文本框中输入的字号将随着单击每次增大 3 磅；当单击"缩小"按钮时，文本框中输入的文字随着单击每次减小 3 磅，当缩小到 8 磅时停止缩小变化；当单击"还原"按钮时，文本框中输入的字号还原为 9 磅字号。

具体步骤如下：

① 建立一新表单，标题为"字号"变化。

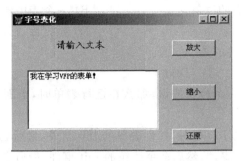

图 8-51 字号变化表单实例

② 添加一标签,显示为"请输入文本";添加一文本框。

③ 添加"放大"命令按钮名为 Command1,添加"缩小"命令按钮名为 Command2,添加"还原"命令按钮名为 Command3。

④ 编写命令按钮 Click 事件代码。

"放大"命令按钮 Click 事件代码。

```
Thisform.text1.fontsize=Thisform.text1.fontsize+3
```

"缩小"命令按钮 Click 事件代码。

```
Thisform.text1.fontsize=Thisform.text1.fontsize-3
    If Thisform.text1.fontsize<8
        Thisform.text1.fontsize=8
    Endif
```

"还原"命令按钮 Click 事件代码。

```
Thisform.text1.fontsize=9
```

本 章 小 结

一个应用程序的好坏,给用户的第一印象不是程序代码的好坏,也不是运行效率的高低,而是用户界面是否友好。Visual FoxPro 6.0 提供了设计界面的方法,可以通过表单设计,使程序界面美观、更加友好。本章介绍了 Visual FoxPro 6.0 表单的设计和应用,对表单中的对象、类、容器和控件的概念进行了阐述,介绍了表单常用控件的使用、常用属性的修改以及事件与方法的编写。通过本章的学习,读者将会掌握表单的设计方法和表单上常用控件的设置方法。

习 题

一、选择题

1. 在 Visual FoxPro 中,表单(Form)是指(　　)。

A）数据库中各表的清单   B）一个表中各个记录的清单

C）窗口界面   D）数据库查询的列表

2．以下属于容器控件的是（   ）。

    A）Form   B）Text   C）Label   D）Command1

3．假定表单中包含一个命令按钮，那么在运行表单时，下面有关事件引发次序的叙述中，正确的是（   ）。

    A）先命令按钮的 Init 事件，然后表单的 Init 事件，最后表单的 Load 事件

    B）先表单的 Init 事件，然后命令按钮的 Init 事件，最后表单的 Load 事件

    C）先表单的 Load 事件，然后表单的 Init 事件，最后命令按钮的 Init 事件

    D）先表单的 Load 事件，然后命令按钮的 Init 事件，最后表单的 Init 事件

4．新创建的表单默认标题为 Form1，为了修改表单的标题，应设置表单的（   ）。

    A）Name 属性   B）Caption 属性

    C）Closable 属性   D）AlwaysOnTop 属性

5．关闭当前表单的程序代码是 ThisForm. Release，其中的 Release 是（   ）。

    A）标题   B）属性   C）事件   D）方法

6．在 Visual FoxPro 中，运行表单 T1. SCX 命令是（   ）。

    A）DO T1   B）RUN FORM T1

    C）DO FORM T1   D）RUN FORM T1

7．在下面表单对象的引用中，正确的是（   ）。

    A）Text1. value＝"统计"   B）ThisForm. Text1. Value＝"统计"

    C）Text. value＝"统计"   D）Thisform. Text. Value＝"统计"

8．在对象的引用中，This 表示的是（   ）。

    A）当前对象   B）当前表单

    C）当前表单集   D）当前对象的上一级对象

9．要使表单中的某个控件不可用（变为灰色），则将该控件的（   ）属性值设置为 .F. 。

    A）Caption   B）Name   C）Visible   D）Enabled

10．用来指明复选框当前选中状态的属性是（   ）。

    A）Selected   B）Caption   C）Value   D）ControlSource

11．要将命令按钮组的按钮数设置为 5 个，可修改（   ）的属性值。

    A）Caption   B）PageCount   C）ButtonCount   D）Value

12．DbClick 事件触发的时候是（   ）。

    A）当创建对象时   B）当从内存中释放对象时

    C）当表单或表单集装入内存时   D）当用户双击该对象时

13．在表单运行当中，如果数据发生变化，应该刷新表单，而刷新表单所用的方法是（   ）。

    A）Release   B）Delete   C）Refresh   D）Pack

14．当一个复选框变为灰色（不可用）时，Value 的属性为（   ）。

A) 2 或 NULL   B) 1   C) 0   D) 不确定

二、填空题

1. 在 Visual FoxPro 中,按层次可将对象分为_____对象和_____对象。

2. 对象的_____是对象可以执行的动作。

3. 表单控件的属性既可以在属性窗口中设置,也可在_____中设置。

4. 表单运行中,当用户单击其中某一个对象而释放表单时,则该对象的_____事件代码中须有_____命令。

5. 表单存盘时,系统将产生扩展名为_____和_____的两个文件。

6. 创建表单的命令是_____,修改表单的命令是_____,运行表单的命令是_____。

7. 用当前表单中的标签控件 Label1 来对系统时间进行显示的语句是 THISFORM.LABEL1._____。

8. 组合框可分为_____和_____。前者可以_____数据,后者只有_____功能。

9. 若一个控件的 Enable 或 Visible 的属性值为_____,则不能获得焦点。

10. 设置页框的_____属性,可以指定页面的数目。

第9章　菜单和工具栏设计 与应用

在大多数应用程序中,用户最先接触到的就是应用程序的菜单系统。菜单和工具栏在应用程序中是必不可少的,开发者通过菜单将应用程序的功能、内容有条理地组织起来展现给用户使用。开发者通过工具栏为用户提供快捷、简单、方便的使用工具。菜单和工具栏是应用程序与用户最直接交互的界面。Visual FoxPro 6.0 为开发者提供了自定义菜单和工具栏的功能,从而使开发者能根据需要设计符合实际应用的菜单和工具栏。

本章主要讲解 Visual FoxPro 6.0 的菜单和工具栏的设计与应用。Visual FoxPro 6.0 中提供的菜单设计器帮助用户方便地设计高质量的菜单系统。通过对本章的学习,要求读者能够了解和掌握以下内容。

- 掌握菜单设计器的使用方法。
- 掌握菜单程序的生成与修改方法。
- 创建自定义工具栏。

9.1　基本概念

菜单和工具栏是 Windows 中最常用的程序选项之一,它们能为用户提供一个友好的界面,将应用程序具有的各功能项显示在屏幕上,使操作变得更加直观。用户只需单击相应的选项或按某一设定的键,即可完成对应功能项的选择。

Visual FoxPro 6.0 支持两种类型的菜单,即下拉式菜单(条形菜单)和快捷菜单。菜单一般都是由菜单栏、菜单标题、菜单选项及其子菜单组成的,菜单选项通常按其功能组成不同的子菜单,功能相似的菜单选项组织在同一个子菜单中。有时为了使用户操作方便,还为某些菜单标题或菜单项指定访问键或快捷键。

在 Visual FoxPro 6.0 中可以通过编写代码的方法,直接进行菜单设计,但使用 Visual FoxPro 6.0 提供的菜单设计器,可以更方便灵活地创建所需的菜单、子菜单和各菜单选项,设计出美观、具有 Windows 风格的菜单系统。

9.1.1　菜单和工具栏

菜单和工具栏在应用程序中是必不可少的,开发者通过菜单将应用程序的功能、内容有条理地组织起来展现给用户使用,开发者通过工具栏为用户提供快捷、简单、方便的使用工具。菜单和工具栏是应用程序与用户最直接交互的界面。VFP为开发者提供了自定义菜单和工具栏的功能,从而使开发者能根据需要设计符合实际应用的菜单和工具栏。

1)菜单

供用户选择程序功能或命令的清单。

2)菜单栏

显示主菜单(条形菜单)。

3)子菜单

从另一菜单中打开的菜单,用来显示其自身的列表。以下拉方式显示的子菜单称为下拉菜单。

4)菜单项

菜单中的某一项,是一个个的菜单名称或菜单标题。

5)快捷菜单

右击时弹出的菜单(弹出式菜单),可显示在窗体上的浮动的菜单。常用弹出式菜单快捷访问菜单中不常用到的选项。

6)菜单系统

主菜单、子菜单、快捷菜单等所生成的程序。

7)工具栏

工具栏是一种特殊的窗口类型。应用程序中常包含一些需要多次重复执行的操作,自定义工具栏用形象的图标按钮来简化操作,将其添加到应用程序的环境中,从而提高操作效率。通常由多个按钮组成,每个按钮对应菜单中某个菜单项,一般位于菜单栏的下一行。由于工具栏通常与表单集同时出现,基本不单独运行,所以系统没有提供专门的文件类型用于存储工具栏,因此采取创建类的方式定义自己的工具栏。

创建用户自定义工具栏,需要经过以下几个步骤:

在项目管理器中打开"类"选项卡,单击"新建"按钮,弹出"新建类"对话框。在"类名中"输入所建新类的名称,例如"新工具栏";在"派生于"列表框中选择 Toolbar 基类,以使用工具栏基类;在"存储于"栏中输入存储所建新类的类库名,如图 9-1 所示为新工具栏.VCX。

下面用一个例子来说明创建用户自定义工具栏的步骤。

例 9-1 创建一个如图 9-2 所示的自定义工具栏,并把它添加到表单集中。

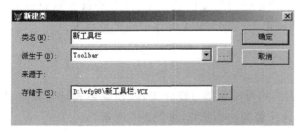

图 9-1 ToolBar 基类创建自定义工具栏对话框   图 9-2 自定义工具栏

（1）从 ToolBar 基类创建一个自定义工具栏类，并为它设置功能。

- 打开"新建类"对话框：在"新建"对话框中，选择"类"。
- 在出现的"新建类"对话框中，输入自定义类名，在"派生于"组合框中选择 ToolBar，输入可视类库（.VCX）的文件名，如图 9-1 所示。
- 在类设计器中向工具栏添加对象。
- 设置工具栏类中对象的属性，并为每个对象添加事件代码。

（2）在"表单控件"工具栏中添加一个代表该自定义工具栏的按钮。

在类设计器中打开"表单控件"工具栏，单击"查看类"按钮（▣），在弹出的菜单中选定添加命令，在打开的对话框中选定可视类库，单击打开按钮，如图 9-3 所示。使自定义工具栏显示在"表单控件"工具栏，如图 9-4 所示。

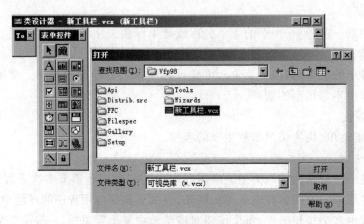

图 9-3　调入可视类库对话框

图 9-4　表单控件中的自定义工具栏

（3）在表单集中创建该自定义工具栏。

在表单设计器中，单击"表单控件"工具栏中的 Command，移动光标至自定义工具栏内，这时光标变为十字光标，单击鼠标左键，工具栏内即出现命令按钮，用同样的方法也可以在工具栏中加入其他对象。接下来就是修改对象的属性了，或者给这些对象添加事件代码。除了表格外，所有可以添加到表单上的控件都可以添加到工具栏上。

9.1.2　菜单设计器

菜单设计器是 Visual FoxPro 提供的可视化菜单设计工具，在菜单设计器窗口，用户可以创建或者修改已有菜单。菜单设计器的初始窗口，如图 9-5 所示。

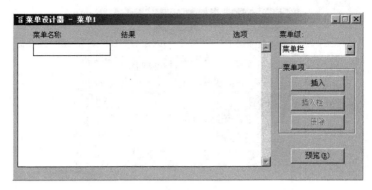

图 9-5 "菜单设计器"初始窗口

1. 菜单的基本组成

1) 菜单名称

为菜单项指定显示标题。在此列的单元格中指定菜单标题和菜单项标题文本。在标题文本中包含"\＜"字符串可以为标题指定一个快捷访问键。

2) 结果

在此列单元格中指定选择菜单标题或菜单项时产生的动作,可指定的动作分为 4 种,分别为

- 命令:选择菜单项将执行一个命令。
- 填充名称:当前菜单项只是一个填充名称,即不包含任何子菜单和命令的空菜单项。
- 子菜单:选择菜单项将打开一个子菜单。
- 过程:选择菜单项将执行一个过程。

3) 选项

单击该按钮将打开一个提示选项对话框,可以从中设置菜单提示信息、菜单标题名称等。

2. 菜单提示信息设置

菜单设计器可为菜单设置提示信息,分为键盘提示信息和状态栏提示信息,如图 9-6 所示。在"提示选项"对话框中的"快捷方式"和"位置"为键盘提示信息,分别对键盘快捷键的组合方式和菜单项中的显示位置进行设置。"信息"框中输入提示信息字符串(别忘记加定界符),该字符串将在该菜单项被选中时显示提示信息。用户也可以通过单击"信息"框右侧的按钮(即调出"表达式生成器")来产生此提示信息。

3. 保存并生成菜单文件

对设计好的菜单进行保存,可产生扩展名为. MNX 的菜单文件,并伴随生成扩展名为. MNT 的同名备注文件。保存好的菜单文件必须要执行"生成"操作,产生扩展名为. MPR 的菜单程序文件,才可以在程序中调用。

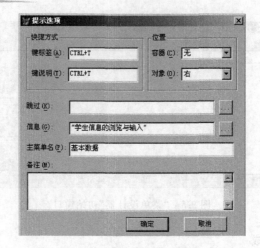

图 9-6　"提示选项"对话框

4. 运行菜单程序

1）菜单方式

设计好菜单并生成菜单程序文件后，即可从程序菜单中选择执行"生成"来执行此程序。也可以直接单击工具栏上的 ! 按钮来运行菜单。

2）命令方式

从命令窗口中输入命令：

```
DO <菜单文件名>.MPR
```

运行菜单程序文件后，系统又产生一个同名的编译后的程序文件，扩展名为.MPX。

注意：运行菜单程序后，若要恢复 VFP 系统的默认菜单，可用命令：SET SYSMENU TO DEFAULT。

9.2　创建菜单系统

创建一个菜单系统需要进行以下的步骤：

（1）按用户要求规划和设计菜单系统。

（2）创建主菜单和相应的子菜单。

（3）确定每个菜单的标题和为菜单项指定功能。

（4）为经常被使用的菜单项，设置热键和快捷键。

（5）生成菜单程序。

（6）运行及测试菜单系统。

规划好菜单系统后，可用菜单设计器创建菜单项、子菜单、命令或过程等可从已有的 VFP 菜单系统开始创建菜单，也可以自行创建菜单系统。

创建菜单系统的方式有两种，分别是使用菜单设计器和编程方式。

菜单类型有两种，分别是条形菜单（主菜单）和弹出式菜单（子菜单）。

菜单表现形式有两种，分别是下拉式菜单和快捷菜单。

9.2.1 快速创建菜单系统

用户在利用菜单设计器创建菜单时,若所定义的菜单系统与 VFP 主菜单系统在形式上或功能上比较相似,就可以使用"快速菜单"功能创建菜单系统。

打开菜单设计器,选择"菜单"下拉式菜单中的"快速菜单"选项,此时"菜单设计器"中将包含 VFP 系统主菜单信息,如图 9-7 所示。通过添加或更改菜单项来定制菜单系统。

注意:快速菜单在菜单设计器窗口为空时才允许选择,否则它是浅色。快速菜单命令仅可用于生成下拉式菜单,不能用于生成快捷菜单。

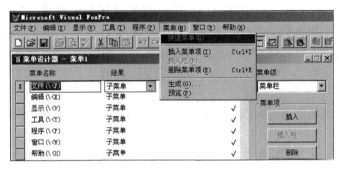

图 9-7　VFP 系统主菜单信息

9.2.2 自行创建菜单系统

与快速创建菜单系统相比,自行创建菜单系统可根据用户的实际需求对菜单进行针对性设计,自行创建菜单系统的步骤如下。

1. 建立和打开菜单

1)通过系统菜单来建立和打开菜单

选择"文件"菜单中的"新建"命令,如图 9-8 所示。单击"新建"中的"菜单"单选按钮,并单击图 9-9 中的"新建文件"按钮,即可打开"新建菜单"对话框。

图 9-8　选择"文件"菜单中的"新建"

图 9-9　"新建"对话框

在如图 9-10 所示的"新建菜单"对话框中,"菜单"用于创建系统菜单;"快捷菜单"用于创建用户对选定对象执行单击鼠标右键时弹出的菜单。

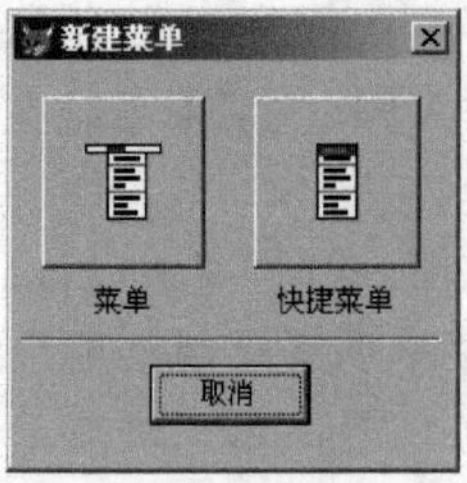

图 9-10 "新建菜单"对话框

单击"菜单"按钮,则出现"菜单设计器"初始窗口,菜单名称默认为"菜单 1",如图 9-5 所示。

菜单设计器项目详解:

(1) 菜单名称。

用于输入菜单项的显示名称。可使用"(\<)"建立菜单热键,从而可以通过键盘快速地访问菜单。如菜单名称为"文件(\<F)",则菜单运行时将显示"查询(F)",F 为该菜单项的访问键。如果在子菜单的菜单名称中输入"\-",则创建一条分隔线,将内容相关的菜单项分隔成组。当名称输入后其左侧出现带上下箭头的按钮,可用它来调整菜单项顺序。

(2) 结果。

用于指定菜单项被选定时发生的动作,包括命令、填充名称、子菜单和过程 4 种选择,默认值为子菜单。

① 选择"子菜单",其右侧会出现"创建"按钮,用于创建一个子菜单。一旦子菜单建立,"创建"按钮将变成"编辑"按钮,单击"编辑"可以修改已经定义过的子菜单。

② 选择"命令",其右侧将出现一个文本框,在文本框中只可以输入一条命令。当菜单运行时,若选择了此菜单项,就会执行该条命令。

③ 选择"填充名称",其右侧将出现一个文本框,可输入菜单项的内部名或序号执行给定的菜单项。

④ 选择"过程",其右侧将出现创建按钮,单击该按钮打开过程编辑窗口,供用户编辑该菜单项被选中时要执行的过程代码,即调用一个过程。

(3) 选项。

可利用其打开"提示选项"对话框,在其中定义快捷键和其他菜单选项。使用快捷键可以在不显示菜单的情况下,选择菜单中的某一个菜单项。

(4) 菜单级。

该下拉列表框显示当前所处的菜单或子菜单,并可以进行切换。

(5) 菜单项。

提供设计菜单时的操作功能,如"插入"、"删除"菜单项行等。

(6) 预览。

预览正在创建的菜单。

2) 用命令来建立和修改菜单

(1) 命令格式建立菜单:

```
CREATE MENU<菜单名>
```

(2) 命令格式修改菜单:

```
MODIFY MENU <菜单名>
```

3）通过项目管理器来建立和修改菜单

进入项目管理器，在"其他"项中选择"菜单"项，根据需要进行对"菜单"的新建和修改。

2. 菜单设计

菜单设计器窗口打开后，系统菜单中会自动增加一个"菜单"菜单项，显示菜单中也会增加两个命令。用户可利用菜单设计器窗口和这些新增的命令进行菜单设计。

3. 保存菜单

单击"文件"菜单中的"保存"命令，或直接单击工具栏中"保存"图标按钮 ，也可用 Ctrl＋W 组合键，将菜单定义存盘。保存在 .MNX 菜单文件中，并自动生成文件名相同且扩展名为 .MNT 的菜单备注文件。

4. 生成菜单

菜单设计完成并保存好后，生成菜单这一步骤是必不可少的。因为 .MNX 文件并不能被直接执行，要运行则必须先将菜单生成 .MPR 文件。选择"菜单"菜单中的"生成"命令，则生成 .MPR 的菜单程序文件。

5. 运行菜单

1）菜单方式

打开"程序"菜单，选择"运行"命令，在弹出的对话框中选择要执行的菜单程序文件，单击"运行"按钮，即可运行菜单程序。

2）工具栏方式

打开 .MPR 菜单程序文件，然后单击工具栏中的 按钮来运行菜单。

3）命令方式

DO 菜单名.MPR

注意：菜单程序扩展名 .MPR 不可省略，例如 DO MYMENU.MPR，否则系统会认为要运行的文件是后缀名为 .PRG 的程序文件。

运行菜单程序文件后，系统又会产生一个同名的编译后的程序文件，扩展名为 .MPX。

6. 配置 VFP 系统菜单

VFP 允许使用 SET SYSMENU 命令在程序运行期间启用或者废止 VFP 主菜单等功能，命令格式如下：

SET SYSMENU ON | OFF | AUTOMATIC | TO [主菜单] | [菜单标题列表] | TO [DEFAULT] | SAVE | NOSAVE

ON——启用 VFP 主菜单。

OFF——废止 VFP 主菜单。

AUTOMATIC——恢复 VFP 系统菜单。

TO[DEFAULT]——将主菜单恢复为默认设置。

SAVE——使当前菜单系统为默认配置。

NOSAVE——重置菜单系统为默认的 VFP 菜单。

9.2.3　定义菜单

1. 设置分隔线将内容相关的菜单项分隔成组

通过在子菜单中的"菜单名称"内输入"\-"，即可完成将内容相关菜单项分隔成组。

2. 为菜单项设置访问键和快捷键

Alt＋字母用于主菜单，Ctrl＋字母用于子菜单。使用快捷键可以在不显示菜单的情况下，选择此菜单中的一个菜单项。例如，退出(\＜X)。

下面给出具体例子进行详细说明。

例 9-2　利用菜单设计器，设计出如图 9-11 所示的下拉式菜单。

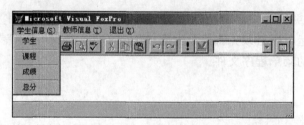

图 9-11　下拉式菜单示例图

1) 定义菜单

在打开的"菜单设计器"窗口的"菜单名称"栏中，依次输入"教师信息"、"学生信息"和"退出"等菜单名称。在"学生信息"菜单中添加热键，只需要在菜单名称中加入(\＜T)即可。其他以此类推，即可创建如图 9-12 所示的菜单栏。

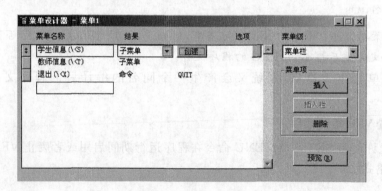

图 9-12　定义菜单示例

在"学生信息"菜单中添加快捷键，只需单击"选项"按钮，即可打开"提示选项"对话框。通过该对话框可以为菜单设置快捷键、废止菜单或菜单项条件等。快捷键一般用 Ctrl 或 Alt 与另一键组合使用。如图 9-6 所示，在"快捷方式"选项中，单击"键标签"并直接按 Ctrl＋T 快捷键即可。"键说明"用来输入在该菜单项旁出现的提示信息，默认情况下"键说明"框中将重复"键标签"框中的快捷标记。

注意：Ctrl＋J 快捷键为无效快捷键，VFP 中常将其作为关闭某些对话框的快捷键。

设置在编辑 OLE 对象时菜单项的位置。方法为：在"位置"选项中，单击"对象"右侧的下拉列表框，从中指定该菜单选项的位置。

在"跳过"框中输入一逻辑表达式，该表达式将用于确定是启用还是废止菜单或菜单项。如果表达式取值为"假"（.F.），则启用菜单或菜单项，否则将废止菜单或菜单项。用户可以通过单击"跳过"框右侧的按钮（即调出"表达式生成器"按钮）来产生此表达式。

若"菜单名称"为"退出"，则可将"结果"设置为"命令"，且内容为 QUIT。此命令终止用户菜单的同时退出 VFP 系统。

2）定义子菜单

给图 9-12 中的"学生信息"菜单名称定义子菜单。初始时子菜单右侧为"创建"按钮，若子菜单已存在，则该按钮为"编辑"。依次输入各子菜单项，若在菜单项之间建立分隔线，则可在菜单名称输入(\-)，如图 9-13 所示。

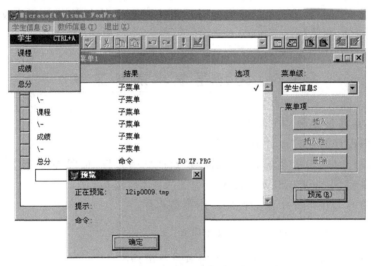

图 9-13　定义子菜单示例

从图 9-13 中可以看出，当前处理的菜单级为"学生信息 S"，即当前设计的菜单为"学生信息"菜单项的子菜单。利用"菜单级"下拉列表框，可以返回上级菜单的设计状态。利用"预览"按钮，可以随时查看当前所设计菜单的组织与结构。若要执行的任务可以由一条命令来完成，可以将菜单项的"结果"设置为"命令"，并在其右侧的文本框中输入相应的 VFP 命令。图 9-13 中"总分"的结果采用的是"命令"，其选项文本框中填写的是 DO ZF.PRG，意味着当选择"总分"菜单项时，系统会自动运行 ZF.PRG 程序。

3）生成菜单程序

选择"文件"菜单中的"保存"命令保存菜单设计文件，或直接单击工具栏中的 ![] 图标按钮。在弹出的"另存为"对话框中输入文件名，如 MYMENU.MNX，得到菜单的设计文件。

选择"菜单"菜单中的"生成"命令，弹出如图 9-14 所示的对话框，给出文件名将生成扩展名为 .MPR 的执行文件。

用菜单设计器设计的菜单被保存为 .MNX 文件，并不能直接执行。要运行，则需要

图 9-14 生成菜单

先将菜单生成. MPR 文件。

本例中，保存后的菜单中原文件 MYMENU. MNX，我们要修改菜单就要使用它。伴随其亦会产生一个扩展名为. MNT 的备注文件；编译文件 MYMENU. MPX；执行文件mymenu. MPR。

注意：如果生成了菜单程序(. MPR 文件)后，又用"菜单设计器"对菜单做了修改，要使修改生效，需要重新生成此菜单程序。

4）运行菜单

可在命令窗口中使用 DO 命令运行菜单程序，如 DO MYMENU. MPR。也可打开"程序"菜单，选择"运行"命令，在弹出的对话框中选择要执行的菜单程序文件，单击"运行"按钮，即可运行菜单程序。

9.3 为顶层表单添加菜单

为顶层表单添加菜单的方法有：
- 在菜单设计器窗口设计下拉式菜单。
- 菜单设计时在显示菜单的"常规选项"对话框中选择"顶层表单"复选框。
- 将表单的 ShowWindow 属性值设为 2——顶层表单。
- 在表单的 Init 事件中添加代码调用菜单程序。

```
DO <菜单文件名.MPR>With This,"<菜单别名> "
```

- 在表单的 Destroy 事件代码中添加消除菜单命令。

```
Realease Menu <菜单别名>[Extended]
```

Extended 连下属的子菜单一起清除。

9.4 快捷菜单的设计

快捷菜单是由一个或一组上下级的弹出式菜单组成的。它主要是选中一个界面对象后单击鼠标右键而出现的，它是针对用户对某一具体对象操作时快速出现的菜单，这与下拉式菜单不同。

1. 快捷菜单的建立

1）打开快捷菜单设计器

打开快捷菜单设计器与打开一般菜单设计器的步骤类似，只是在进行到"新建菜单"

这一步时,选择"快捷菜单"命令即可,如图 9-10 所示。打开快捷菜单设计器如图 9-15 所示。

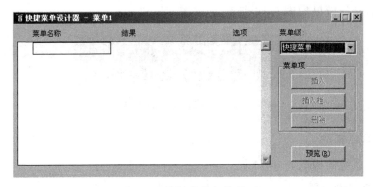

图 9-15 快捷菜单初始界面

从快捷菜单设计器中发现它与菜单设计器中的项目是一样的,此外它对整个快捷菜单的定义也与下拉菜单相似。

2) 释放快捷菜单命令

格式:

REALEASE POPUS<快捷菜单名>[<EXTENDED>]

功能:从内存删除由快捷菜单名指定的菜单。

说明:当选[<EXTENDED>]时删除菜单,菜单项和所有与 ON SELECTION POPUP 及 ON SELECTION BAR 有关的命令。一般此命令可放在快捷菜单的清理代码中。

2. 生成快捷菜单

快捷菜单与一般菜单的生成方法相同,也是保存并生成. MPR 菜单文件。

3. 快捷菜单的执行

在选定对象的 RightClick 事件代码中添加以下命令:

DO <快捷菜单名>.MPR

注意:扩展名.MPR 不可省略。

9.5 上 机 实 验

【实验要求与目的】

(1) 掌握使用菜单设计器设计菜单的方法。

(2) 掌握应用菜单的方法。

(3) 使用菜单设计器创建一个菜单,并将菜单在表单中应用。

【实验内容与步骤】

本实验的运行效果如图 9-16 所示。

图 9-16　综合设计的菜单

1. 规划菜单系统

确定菜单系统的构成。

2. 启动菜单设计器

单击"文件"菜单中的"新建"菜单项,在弹出的"新建"对话框中单击"菜单",单击"新建文件"按钮,则弹出"新建菜单"对话框,单击"菜单",即打开"菜单设计器"窗口。或在命令窗口输入命令:Create menu ourmenu。

3. 创建一个菜单

1) 建立菜单

输入菜单名称,并在"结果"下拉列表中选择对应的"结果",建立如图 9-17 所示的菜单。注意设置菜单项访问键的方法,如"成绩录入(\<M)"。

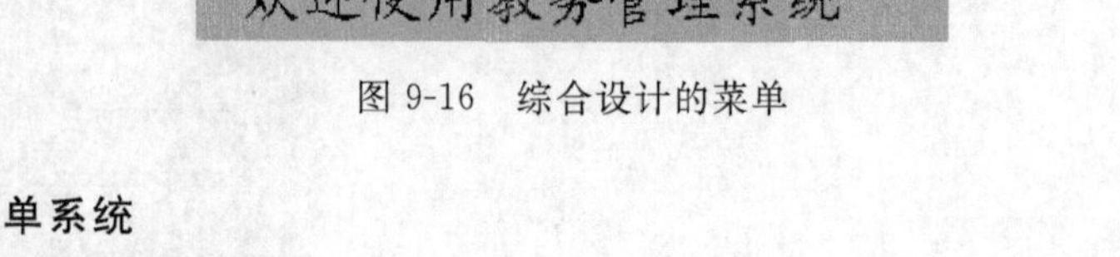

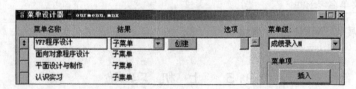

图 9-17　创建水平菜单

2) 建立子菜单

① "成绩录入"子菜单。单击其所在行的"创建"按钮,在弹出的窗口中输入子菜单的内容如图 9-18 所示。

图 9-18　设计"成绩录入"子菜单

② "信息查询"子菜单。单击其所在行的"创建"按钮,在弹出的窗口中输入子菜单的内容,如图 9-19 所示。

③ "毕业设计"子菜单。单击其所在行的"创建"按钮,在弹出的窗口中输入子菜单的内容,如图 9-20 所示。

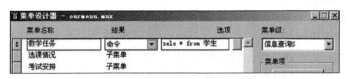

图 9-19　设计"信息查询"子菜单

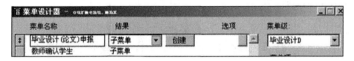

图 9-20　设计"毕业设计"子菜单

④ "公用信息"子菜单。单击其所在行的"创建"按钮,在弹出的窗口中输入子菜单的内容,如图 9-21 所示。

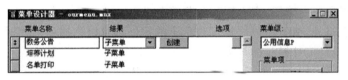

图 9-21　设计"公用信息"子菜单

4. 把菜单加入表单

① 菜单中的设置:打开"显示"菜单,选择"常规选项",在弹出的对话框中,选择"顶层表单",重新生成菜单程序。

② 打开表单设计,设计表单。

③ 在表单的 Init 事件中输入代码:do ourmenu. mpr with this,. T. .。

④ 设置表单的 ShowWindow 属性为:2——作为顶层表单。

⑤ 保存表单,并运行,如图 9-16 所示。

本 章 小 结

本章对菜单和工具栏的设计和应用做了介绍。通过本章的学习,读者将会掌握菜单设计器的使用方法,以及菜单及工具栏的设计技巧。

习　　题

一、选择题

1. 用菜单设计器设计好的菜单保存时的文件有(　　)。

　　A). SCX 和. SCT 文件　　　　　　　　　B). MNX 和. MNT 文件

　　C). FRX 和. FRT 文件　　　　　　　　　D). PJX 和. PJT 文件

2. 某菜单项名称为 Memo,要将该菜单设置热键 Alt+M,则在名称中设置为(　　)。

　　A) Alt+Memo　　　B) \<Memo　　　C) Alt+\<Memo　D) M\<Memo

3. 有连续的两个菜单项,名称分别为"关闭"和"保存",要用分隔线在这两个菜单项之间进行分组,其实现方法是(　　　)。

　　A) 在"关闭"菜单项名称后面加入"\-",即"关闭\-"

　　B) 在"保存"菜单项名称前面加"\-",即"\-保存"

　　C) 在两菜单项之间添加一个菜单项,并在名称栏中输入"\-"

　　D) A 或 B 两种方法均可

4. 在菜单设计中,当某一菜单项是子菜单项,则其"结果"选择中有(　　　)。

　　A) 子菜单、过程、命令、填充名称　　　　B) 子菜单、过程、命令、快捷菜单

　　C) 子菜单、命令、过程、菜单项　　　　　D) 子菜单、命令、过程、命令

5. 添加到工具栏上的控件(　　　)。

　　A) 只能是命令按钮

　　B) 只能是命令按钮和分割符

　　C) 只能是命令按钮、文本框和分割符

　　D) 除表格外,所有可以添加到表单上的控件都可以添加到工具栏上

6. 用于自定义工具栏类的基类是(　　　)。

　　A) Command Button　　　　　　　　B) Form

　　C) Toolbar　　　　　　　　　　　　D) Label

7. 生成菜单的程序文件扩展名是(　　　)。

　　A) PRG　　　　　　B) TXT　　　　　　C) MPR　　　　　　D) MNX

8. 要为某个对象创建一个快捷菜单,需要在该对象(　　　)事件代码中添加对应菜单程序的调用命令。

　　A) Init　　　　　　B) Activate　　　　C) Click　　　　　D) RightClick

9. 将一个设计好的菜单存盘,再运行该菜单,却不能执行,这是因为(　　　)。

　　A) 要编写程序　　　　　　　　　　B) 没有生成菜单程序

　　C) 要用命令方式运行　　　　　　　D) 没有放到项目里去

10. 下列命令中,能打开"菜单设计器"窗口的是(　　　)。

　　A) MODIFY FILE MAIN. MPR

　　B) MODIFY COMMAND MAIN. MPR

　　C) MODIFY MENU MAIN. MPR

　　D) TYPE MAIN. MPR

二、填空题

1. 创建和修改菜单的命令是＿＿＿＿和＿＿＿＿。

2. 要返回系统默认的菜单,应执行命令＿＿＿＿。

3. Visual FoxPro 支持两种类型菜单,分别是＿＿＿＿和＿＿＿＿。

4. 定义了菜单选项后,可以将其保存到＿＿＿＿中,但它本身是一个表文件,不能运行。要生成＿＿＿＿,才能运行。

5. 将表单的＿＿＿＿属性值设置为＿＿＿＿,就可以使之成为顶层菜单。

6. 执行＿＿＿＿命令,可运行 TEST. MPR 菜单程序文件。

7. 工具栏类的基类是＿＿＿＿。

第 10 章 报表设计与应用

在对数据库中的数据和文档进行输出时,通常有屏幕显示和打印机打印两种方式,由于屏幕显示方式受屏幕大小和不能永久保存的限制,打印机打印就成了数据和文档输出不可替代的手段。

报表是用户使用打印机输出数据库数据和文档的一种实用方式,主要包括两个要素:报表的数据源及报表的布局。在 VFP 中,有三种创建报表的方式——使用报表向导创建单表或多表报表,使用报表设计器创建自定义的报表及使用快速报表创建简单规范的报表。

10.1 报表的基本操作

报表的数据源是指报表的数据来源,如数据库中的表、自由表、视图、查询或临时表。报表的布局是指报表的打印格式。

报表的常规布局主要有以下几种。

- 列报表:每列一个字段,每行一个记录(图 10-1)。
- 行报表:每行一个字段,在一侧竖放(图 10-2)。

图 10-1 学生档案报表(列报表)

图 10-2 学生档案报表(行报表)

- 多栏报表：页面多栏，记录分栏依次排放（图 10-3）。
- 一对多报表：一个报表就是一个记录或一对多关系（图 10-4）。

学生档案报表

10/17/11		计算机学院
学号 201010001	学号	201010005
姓名 杨艳	姓名	张伟琳
性别 女	性别	女
籍贯 安徽	籍贯	湖北
学号 201010002	学号	201010006
姓名 俞红双	姓名	贾文
性别 女	性别	男
籍贯 北京	籍贯	北京

图 10-3　学生档案报表（多栏报表）

学生档案报表

10/17/11	计算机学院
姓名: 唐春	
学号	
00004	
00001	
姓名: 刘艳	
学号	
00006	
00005	
00002	
姓名: 江涛	
学号	
00003	

图 10-4　学生档案报表（一对多报表）

1. 使用报表向导设计报表

图 10-5 是一张学生档案报表，其设计过程如下：

1）打开报表向导

选择"文件"菜单中的"新建"命令，在打开的"新建"对话框中，再单击"向导"按钮，出现如图 10-6 所示的"向导选取"对话框。

学生档案报表

学号	姓名	性别	籍贯
201010001	杨艳	女	安徽
201010002	俞红双	女	北京
201010003	郭飞	女	上海
201010004	李珂	女	湖南
201010005	张伟琳	女	湖北
201010006	贾文	男	北京

图 10-5　学生档案报表实例

图 10-6　"向导选取"对话框

2）选取要使用的向导

如果要创建的报表的数据源只有一张表,则选择"报表向导"命令,再单击"确定"按钮,如果数据源为多表,则选择"一对多报表向导",再单击"确定"按钮,出现如图 10-7 所示的对话框。

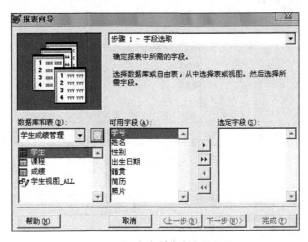

图 10-7　"报表向导"对话框步骤 1

3）选取报表所需字段

在图 10-7 中,将所需字段从"可选字段"列表框中移到"选定字段"列表框中。单击"下一步",出现如图 10-8 所示的分组对话框。

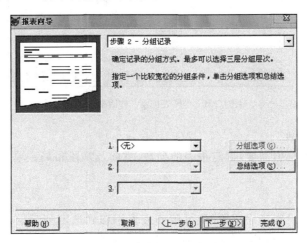

图 10-8　"报表向导"对话框步骤 2

4）确定记录分组方式

记录分组最多有三层,如图中的 1、2、3 窗口所示。也可不分组,直接单击"下一步"按钮,得到图 10-9。

5）选取报表样式

在图 10-9 中,选取所需的报表样式,单击"下一步"按钮,得到图 10-10。

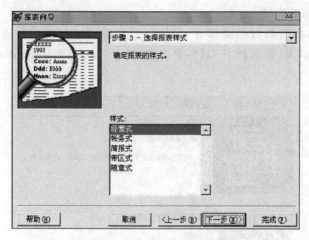

图 10-9　"报表向导"对话框步骤 3

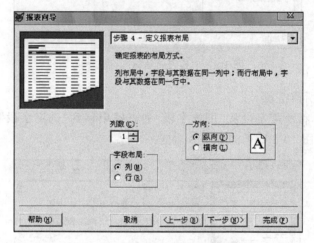

图 10-10　"报表向导"对话框步骤 4

6）定义报表布局

在图 10-10 中，根据需要，确定报表的列数、方向及字段布局。单击"下一步"按钮，得到图 10-11。

7）设定排序字段

在图 10-11 中，设定排序字段（从可用列表框添加到选定列表框，且排序字段最多可有三个索引字段）及升、降序，单击"下一步"按钮，得到图 10-12。

8）完成

在图 10-12 中，可对报表的标题及报表的处理方式进行设置，并可预览该报表。

最后，打开报表向导还有另外两种方法：在项目管理器里，选择"全部"标签，再展开"文档"项，选择"报表"命令，单击"确定"按钮；在菜单栏里，选择"工具"命令，再单击"向导"按钮，最后单击"报表"按钮。

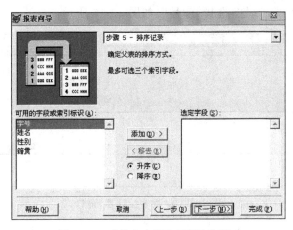

图 10-11 "报表向导"对话框步骤 5

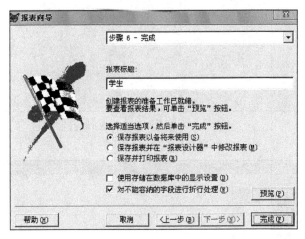

图 10-12 "报表向导"对话框步骤 6

2. 使用报表设计器创建报表

为了设计出更高要求的报表,需要使用报表设计器对已有报表进行修改或直接使用其进行报表设计。

用报表设计器设计报表的过程如下:

1) 打开报表设计器

选择"文件"→"新建"命令,弹出"新建"对话框,选择"报表",再单击"新建文件"按钮,得到如图 10-13 所示"报表设计器"。

2) 设置报表数据环境

选择"显示"命令,单击"数据环境"按钮,得到如图 10-14 所示的"数据环境设计器",在该窗口中右击,在弹出的快捷菜单中选中"添加",添加数据表作为报表的数据源,如图 10-15 所示。如果想按学号顺序打印报表,还需在"数据环境设计器"中,右击,在弹出的快捷菜单中选中"属性",在"属性"对话框(图 10-16)中,选中"对象"框中的 Cursor1,再选择"数据",选定 Order 属性,选择"学号",如图 10-16 所示。

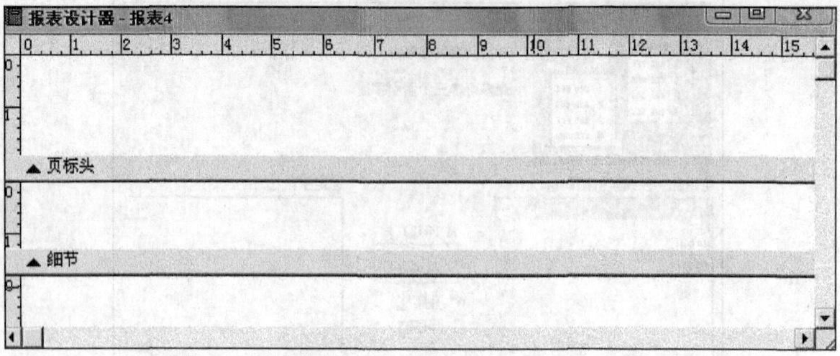

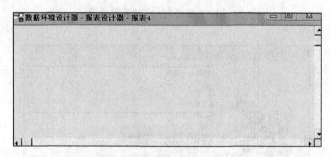

图 10-13 "报表设计器"窗口

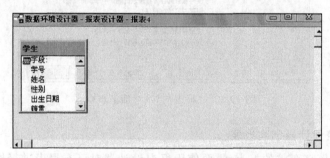

图 10-14 "数据环境设计器"窗口

图 10-15 "数据环境设计器"窗口中添加表

3）设置报表布局

如果想在报表中显示报表的标题,可单击"报表"菜单,选择"标题/总结",弹出"标题/总结"对话框(如图 10-17 所示),再选择"标题带区",最后单击"确定"按钮,即可在报表中添加"标题带区",如图 10-18 所示。

- 在"标题带区"添加一个标签控件。在"报表控件工具栏"(如图 10-19 所示,可通过单击"显示"菜单,选中"报表控件工具栏"得到)中,选中"标签"控件,再在"标题带区"中单击,就将标签控件添加到"标题带区"里了,输入该标签控件的字符"学生档案",选择"格式"→"字体"命令,可对输入字符进行格式设置。
- 在"页标头带区"添加 5 个标签控件。对添加的 5 个标签控件分别输入"学号"、"姓名"、"性别"、"年龄"和"住址"。

图 10-16　"属性"窗口

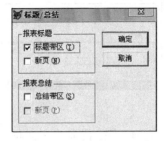

图 10-17　"标题/总结"对话框

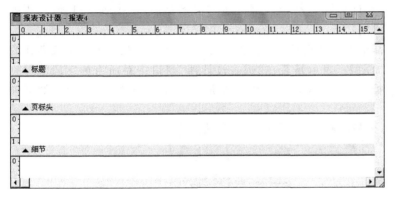

图 10-18　"报表设计器"带区

图 10-19　"报表控件"
工具栏

- 在"细节带区"添加 5 个字段域控件。在"数据环境设计器"中,单击"学号"字段名,按住鼠标左键,拖动鼠标到报表设计器的细节带区,释放鼠标,则将"学号"字段控件添加到细节带区中,调整大小即可。同样可创建"姓名"、"性别"、"年龄"和"住址"字段控件。

- 在"页注脚带区"添加域控件。在"报表控件工具栏"中,选中域控件 ab1,再在"页注脚带区"中单击,则弹出"报表表达式"窗口,单击"表达式"右侧的三点按钮,得到"表达式生成器"对话框,单击"变量"下拉列表中的 pageno(也可选择日期 DATE()函数),单击"确定"按钮,调整该控件大小。

至此,一个简单报表已制作完成,如图 10-20 所示。

3. "快速报表"功能

除了以上介绍的通过报表向导和报表设计器制作报表的方法,VFP 系统提供的"快速报表"功能也可以创建一个格式简单的报表(通常可使用报表向导和快速报表功能生成一个简易报表,再在报表设计器中完善),其设计步骤如下:

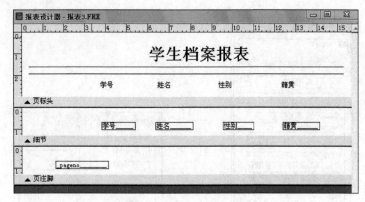

图 10-20　报表布局设计

- 在"报表设计器"窗口处于活动状态时,选择"报表"命令,选中"快速报表"。
- 在"快速报表"对话框(图 10-21)中,选择报表的布局方式,主要有"行"、"列"两种方式(如果事先没有打开数据表,则会提示要打开数据表,数据表被打开后,再弹出"快速报表"对话框)。
- "快速报表"对话框里的其他选项。"标题"表示是否在标签控件上用字段名作为标题来显示;"添加别名"表示是否在"报表设计器"窗口中对所有的字段添加别名;"添加表至数据环境中"表示是否将表添加到数据环境中,最终设计效果如图 10-22 所示。

图 10-21　"快速报表"设计对话框

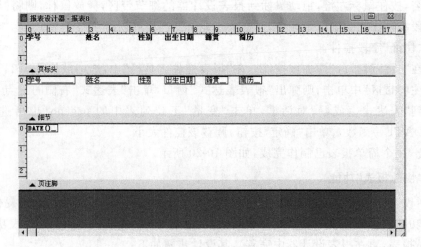

图 10-22　快速报表设计布局

10.2　报表控件的使用

为了使报表更加精致、美观，可以在制作报表的过程中使用报表控件。常用的报表控件有标签控件、线条控件、矩形控件、圆角矩形控件和域控件等，使用方法如下。

1. 标签控件

对于报表中的说明性文字或标题可用标签控件来完成。

- 单击"报表控件"工具栏(图 10-19)里的"标签"控件，在需要插入标签控件的位置单击，输入标签内容。
- 选定要更改字体的标签控件，再选中"格式"菜单里的"字体"，得到"字体"对话框，进行字体设置，单击"确定"按钮。通过"报表"菜单中的"默认字体"菜单项，可对标签控件的默认字体加以设置。

2. 线条、矩形及圆角矩形控件

1) 插入控件

单击"报表控件工具栏"中的"线条"、"矩形"或"圆角矩形"图标按钮，再在报表的需要位置拖动鼠标调整控件大小。

2) 更改样式

首先在报表中选中希望更改的图形控件，再选择"格式"菜单下的"绘图笔"子菜单，可从该子菜单中选择所需要的大小或样式。

3) 调整控件

选中该控件，拖动控件四周的任意一个控制点可以改变控件的宽度和高度(使用该方法可以调整报表控件的大小，但标签控件的大小是由字型、字体及磅值决定)。

3. 域控件

- 在数据环境设计器中添加域控件。当要添加的域控件的数据源为表或视图时，直接将相应的字段从数据环境中拖到报表中。
- 使用"报表控件工具栏"中的域控件。在"报表控件工具栏"上单击域控件图标按钮，在需要插入控件的位置通过鼠标拖动来指定控件的位置和大小，并会得到"报表表达式"对话框(如图 10-23 所示)，再单击"表达式"框右边的按钮，又会得到"表达式生成器"对话框(如图 10-24 所示)。如果"表达式生成器"对话框中的字段框为空，则说明没有设置数据源，应该向数据环境添加表或视图。如果要添加一个对应计算字段的域控件，应在"报表表达式"对话框中单击"计算"，得到"计算字段"对话框(如图 10-25 所示)，在该对话框中可设置计算字段的位置和计算方式(计算对象为表达式框中的内容)。
- 在"报表表达式"对话框中，域控件位置有三类：浮动、相对于带区顶端固定和相对于带区底端固定。"浮动"是指该域控件相对于周围域控件的大小浮动；"相对于带区顶端固定"是指该域控件在报表设计器中保持固定的位置，并维持其相对于带区顶端的位置；"相对于带区底端固定"是指该域控件在报表设计器中保持固定的位置，并维持其相对于带区底端的位置。

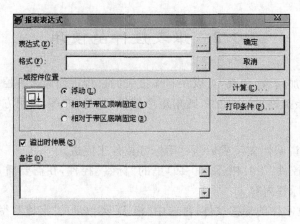

图 10-23 "报表表达式"对话框

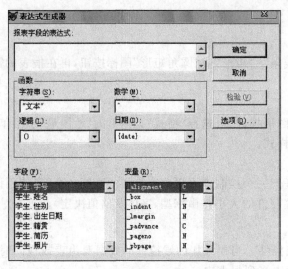

图 10-24 "表达式生成器"对话框

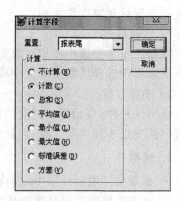

图 10-25 "计算字段"对话框

- 选择"溢出时伸展"复选框，域控件可显示到报表底部，字段或表达式中的所有数据能够全部显示。
- "备注"编辑框可以在.FRX 或.LBX 文件中添加注释。

4. 设置打印条件

在"报表表达式"中选择"打印条件"，打开"打印条件"对话框（如图 10-26 所示），可进行对象的打印条件的设置。

- "打印重复值"单选框。"是"表示打印该字段的重复值，"否"表示不打印该字段的重复值。
- "有条件打印"复选框。"在新页/列的第一个完整信息带内打印"表示在同一页或同一列中不打印重复值，换页或换列后遇到第一条新记录时打印重复值；"当此组改变时打印"表示在不打印重复值且报表已进行数据分组时，右边下拉列表中显示的分组发生变化时,打印此字段。

- 当细节带区的数据溢出到新页或新列时,应选择"当细节区数据溢出到新页/新列时打印"。

- 如果没有对象在打印,同时也没有其他对象位于同一水平位置上,可选择"若是空白行则删除"。

- 可在"仅当下列表达式为真时打印"下的表达式输入框里输入或生产表达式,以该表达式的值为真或假来决定当前字段的打印输出与否。

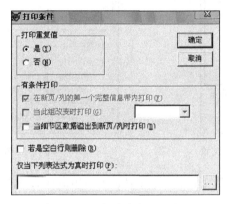

图 10-26　打印条件对话框

10.3　报表的数据分组

一个报表可以基于相应的分组表达式设置一个或多个数据分组,步骤如下:

1)为数据环境设置索引

- 打开"数据环境"设计器,在其上单击鼠标右键,在弹出的快捷菜单中选择"属性"命令,得到"属性"窗口。

- 在"属性"窗口的顶端列表框里选择 Cursor1。

- 选择数据,选中 ORDER 属性并输入索引名,如图 10-27 所示。

2)设计单级分组报表

- 选择"报表"菜单中的"数据分组"命令,或单级"报表设计器"工具栏上的"数据分组"按钮,亦可用鼠标右击"报表设计器",从弹出的快捷菜单上单击"数据分组"命令,得到"数据分组"对话框(如图 10-28 所示)。

- 在第一个"分组表达式"框内输入分组表达式,或在"表达式生成器"对话框中创建表达式。

- 在"组属性"区域内选择需要的属性。

- "每组从新的一列上开始"复选框表示当组的内容改变时,是否从新的一列开始打印。

- "每组从新的一页上开始"复选框表示当组的内容改变时,是否从新的一页开始打印。

图 10-27　索引名的设置

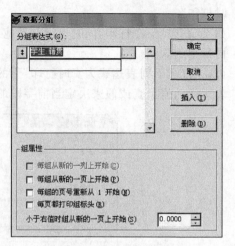

图 10-28　"数据分组"对话框

- "每组的页号重新从 1 开始"复选框表示当组的内容改变时,是否从新的一页开始打印,并将页号重置为 1。
- "每页都打印组标头"复选框表示当组的内容分布在多页上时,是否每页都打印组标头。

最终效果(按籍贯分组)如图 10-29 所示。

201010024	刘二利	男	安徽
201010027	王玉天	男	安徽
201010002	俞红双	女	北京
201010006	贾文	男	北京
201010019	向南	男	北京
201010009	郭飞	男	广东
201010022	唐春	男	广东

图 10-29　报表分组效果图

3) 设计多级数据分组报表

- 对报表的数据源建立多重索引(例如,对表的"籍贯"这一字段可以建立单重索引,对表的"籍贯"和"性别"这两个字段可以建立关键字为"籍贯＋性别"的多重索引),并给出索引名,如图 10-30 所示。
- 打开"数据分组"对话框,在第一个"分组表达式"中输入一个分组字段(如"籍贯"),在第二个"分组表达式"中输入下一个分组字段(如"性别"),并对"属性"对话框内的

ORDER 属性进行设置,如图 10-31 所示,最终多级数据分组效果如图 10-32 所示。

- 分组的修改。定义了报表中的组之后,选择"报表"菜单中的"数据分组"命令,在 "数据分组"对话框中显示原来保存的组定义。可以通过组左侧的移动按钮更改 组的次序,使用"删除"按钮可以删除组带区,包括其中的控件。

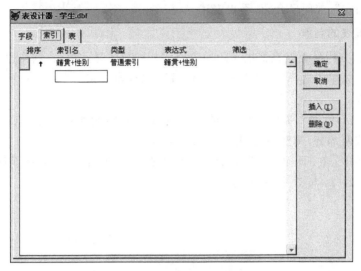

图 10-30 多重索引的设置

10-31 ORDER 属性的设置

图 10-32 多级数据分组报表效果图

10.4 其 他

1. OLE 对象

- 添加图片。单击"报表控件"工具栏中的"图片/ActiveX 绑定控件"按钮,在报表需要的位置拖动鼠标拉出图文框,弹出"报表图片"对话框。

- 调整图片。当要添加的图片与图文框的大小不符时,可进行"裁剪图片"、"缩放图片,保留形状"及"缩放图片,填充图文框"以调整图片。
- 对象位置。图片的位置有三种:"浮动"、"相对于带区顶端固定"及"相对于带区底端固定",前面已介绍,不再赘述。

2. 分栏报表的制作

顾名思义,分栏报表就是把报表的内容以多栏的形式显示出来,制作过程如下:

- 从系统菜单中选择"文件"→"页面设置"命令,弹出如图 10-33 所示的"页面设置"对话框。
- 在"列"区域,把"列数"微调器的值调整为栏目数,例如列数为 2,则将整个页面平均分成两部分,调整列之间的间隔值,如间隔为 0.4 。
- 设置顺序:在"页面设置"对话框中,单击右边的"自左向右"打印顺序按钮即可。

效果如图 10-34 与图 10-35 所示。

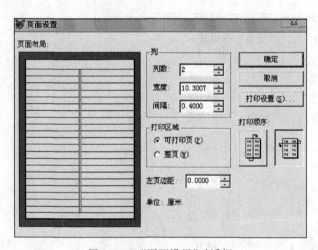

图 10-33　"页面设置"对话框

图 10-34　分栏前,单栏显示效果图

3. 一对多报表的制作

通常情况下,学生的学号不会重复,而姓名却有可能重复,这就意味着一个名字可能对应多个学号,从而形成一个一对多的报表。一对多报表的制作过程可以通过下面这个简单的例子说明:

在一个数据库里有两张表:表 1 和表 2。表 1 和表 2 里同时含有"姓名"字段,但在表2 里一个"姓名"字段对应着多个"学号"字段(即有同名现象)。

- 首先将表 1 和表 2 通过"姓名"字段建立一对多的关系,如图 10-36 所示。
- 在报表制作向导的"向导选取"里选择"一对多报表向导",单击"确定"按钮后,在图 10-37 中选择好父表(即表 1)的选定字段(这里选"姓名"),再在下一步的图 10-38

201010001	杨艳	201010007	刘兆文
201010008	刘明	201010010	夏许海龙
201010012	曹巍	201010015	王康
201010020	周雨豪	201010021	曹润彬
201010024	刘二利	201010027	王玉天
201010002	俞红双	201010006	贾文
201010019	向南	201010009	郭飞
201010022	唐春	201010011	张玉

图 10-35　分栏后,多栏显示效果图

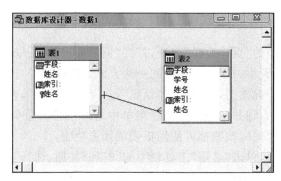

图 10-36　"数据库设计器"对话框

中选择好子表(即表 2)的选定字段(这里选"学号")。

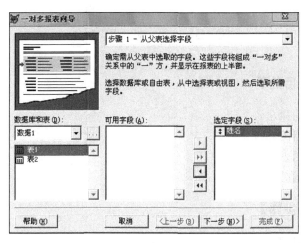

图 10-37　一对多报表向导步骤 1

- 一直单击"下一步",直至"完成"。最终效果如图 10-39 所示。

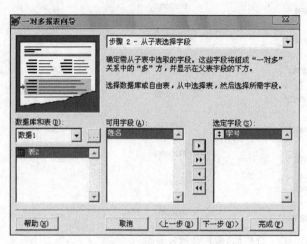

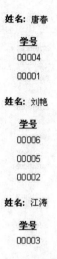

图 10-38 一对多报表向导步骤 2   图 10-39 一对多效果图

4. 报表的输出

选择"文件"菜单中的"页面设置"命令,打开"页面设置"对话框,可以对"左页边距"及"打印设置"(包括纸张大小,打印方向等)的一些方面加以设置。

为了确保报表的正确输出,可以对其"预览",选择"显示"菜单中的"预览"命令、在"报表设计器"中单击鼠标右键并从弹出的快捷菜单中选择"预览"命令以及直接单击"常用"工具栏中的"打印预览"图标按钮都可使用报表的预览功能。

打开要打印的报表,单击"常用"工具栏上的"打印"按钮、选择"文件"菜单中的"打印"命令以及在"报表设计器"中单击鼠标右键并从弹出的快捷菜单里选择"打印"命令都可弹出打印对话框以对报表进行打印。在命令窗口或程序中使用 REPORT FROM(文件名)[PREVIEW]也可打印或预览报表。

10.5 上机实验

【实验要求与目的】

(1)明确报表的概念。
(2)报表设计器的熟练使用。
(3)报表控件的熟练使用。
(4)报表的数据分组设计。

【实验内容与步骤】

1. 打开报表设计器

单击"文件"→"新建",弹出"新建对话框",选择"报表",再单击"新建文件",得到如图 10-40 所示"报表设计器"。

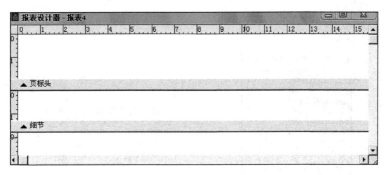

图 10-40　"报表设计器"窗口

2. 设置报表数据环境

单击"显示"菜单,选中"数据环境",得到如图 10-41 所示的"数据环境设计器",在该窗口中单击右键,在弹出的快捷菜单中选中"添加",添加数据表作为报表的数据源,如图 10-42 所示。如果想按学号顺序打印报表,还需在"数据环境设计器"中,单击右键,在弹出的快捷菜单中选中"属性",在"属性"窗口(图 10-43)中,选中"对象"框中的 Cursor1,再选择"数据",选定 Order 属性,选择"学号",如图 10-43 所示。

图 10-41　"数据环境设计器"窗口

图 10-42　添加数据表

3. 设置报表布局

如果想在报表中显示报表的标题,可单击"报表"菜单,选择"标题/总结",弹出"标题/总结"对话框,如图 10-44 所示,再选择"标题带区",最后"确定",即可在报表中添加"标题带区",如图 10-45 所示。

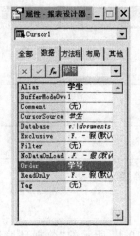

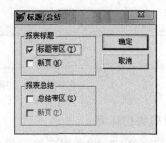

图 10-43   "属性"窗口   图 10-44   "标题/总结"对话框

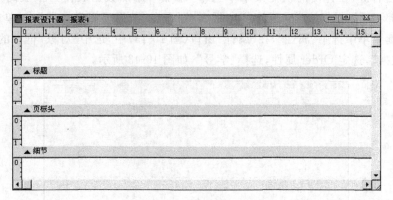

图 10-45   添加标题带区

- 在"标题带区"添加一个标签控件。在"报表控件"工具栏（如图 10-46 所示，可通过单击"显示"菜单，选中"报表控件"工具栏得到）中，选中"标签"控件，再在"标题带区"中单击，就将"标签"控件添加到"标题带区"里了，输入该标签控件的字符"学生档案"，单击"格式"→"字体"，可对输入字符进行格式设置。

- 在"页标头带区"添加 5 个标签控件。对添加的 5 个标签控件分别输入"学号"、"姓名"、"性别"、"年龄"和"住址"。

图 10-46   "报表控件"工具栏

- 在"细节带区"添加 5 个字段域控件。在"数据环境设计器"中，单击"学号"字段名，按住鼠标左键，拖动鼠标到报表设计器的细节带区，释放鼠标，则将"学号"字段控件添加到细节带区中，调整大小即可。同样可创建"姓名"、"性别"、"年龄"和"住址"字段控件。

- 在"页注脚带区"添加域控件。在"报表控件工具栏"中，选中域控件 ab1，再在"页注脚带区"中单击，则弹出"报表表达式"对话框，单击"表达式"右侧的三点按钮，得到"表达式生成器"对话框，单击"变量"下拉列表中的 pageno（也可选择日期

DATE( )函数),单击"确定",调整该控件大小。

至此,一个简单报表已制作完成,如图 10-47 所示。

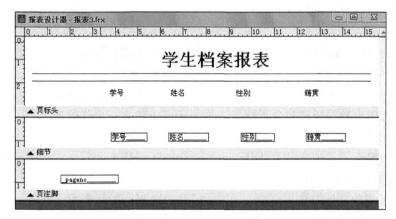

图 10-47　制作完成的简单报表

4. 进一步完善

为了使报表更加完美,可以添加其他报表控件,最后保存报表文件,进行打印预览,观察设计效果,如不满意可以重新回到报表设计器里加以更改。

【思考题】

如何在上面实验结果的基础上,对制作好的报表进行数据分组。

本 章 小 结

本章主要介绍了 VFP 报表的一些相关内容,通过本章的学习,应该明确报表的概念及分类,熟练掌握报表的三种创建方法(报表向导创建法、报表设计器创建法和快速报表创建法)以及三者的关系,正确使用报表控件。

习　　题

一、选择题

1. 当需要在报表中打印当前时间时,应插入一个(　　)。
　　A) 表达式控件　　　B) 域控件　　　　　C) 标签控件　　　　D) 文本控件

2. 不能在 VFP 报表中插入的控件是(　　)。
　　A) 表达式控件　　　B) 域控件　　　　　C) 标签控件　　　　D) 文本框

3. 报表设计器默认有(　　)个带区。
　　A) 3　　　　　　　　B) 5　　　　　　　　C) 4　　　　　　　　D) 6

4. 在创建快速报表时,默认带区包括(　　)。

A）标题、细节及总结　　　　　　　　B）组标头、细节及组注脚

C）页标头、细节及页注脚　　　　　　D）报表标题、细节及页注脚

5. 报表的数据源可以是（　　）。

A）表或视图　　　　　　　　　　　　B）表或查询

C）表、查询或视图　　　　　　　　　D）表或其他报表

6. 报表的作用是（　　）。

A）显示数据表中的数据　　　　　　　B）查询数据表中数据

C）打印出数据统计和分析结果　　　　D）建立一个临时表

7. 报表文件的扩展名为（　　）。

A）.FRX　　　　B）.DBF　　　　C）.MPR　　　　D）.PRG

8. 报表的布局是指（　　）。

A）报表的设计方法　　　　　　　　　B）报表的数据源

C）报表的打印格式　　　　　　　　　D）报表的分类

9. 对报表进行数据分组设计时，数据源不能是（　　）。

A）已索引的表　　　B）视图　　　　C）查询　　　　D）未索引的表

10. 使用报表向导定义报表时，定义报表布局的选项是（　　）。

A）列数、方向、字段布局　　　　　　B）列数、行数、字段布局

C）数、方向、字段布局　　　　　　　D）列数、行数、方向

二、填空题

1. VFP 报表的创建方法有＿＿＿＿＿、＿＿＿＿＿及＿＿＿＿＿。

2. 报表的要素是指＿＿＿＿＿、＿＿＿＿＿。

3. 报表的数据分组分为＿＿＿＿＿、＿＿＿＿＿两种。

4. 要在报表中加入一个文字说明，应插入一个＿＿＿＿＿控件。

5. 要在报表中加入页码，应使用＿＿＿＿＿变量。

三、设计题

1. 如何使用报表设计器制作一个报表？

2. 如何对一个报表进行数据分组？

第 11 章　应用程序的开发和生成

学习 Visual FoxPro 程序设计中的数据库、表单、菜单等知识,最终的目的是把这些元素有机地整合起来用以开发数据库应用程序。本章将介绍应用程序开发和应用程序的发布,并结合一个具体的开发实例来说明。

11.1　应用程序的开发流程

在数据库应用程序开发领域,已经形成了一套行之有效的开发流程。在开发应用程序之前,需要根据应用程序的需求,将其开发过程分几个阶段,在每个阶段完成特定的任务,有计划地逐步进行开发。

11.1.1　需求分析

需求分析就是要求开发人员在系统设计的过程中分析用户的需求。需求分析是开发数据库应用程序的起点,需求分析的结果是否准确直接影响后面各个阶段的实施。开发人员首先要明确用户的需求,充分理解用户对整个应用程序的要求,并将用户的要求以书面形式表现出来。

11.1.2　系统设计

在应用程序的系统设计过程中,一般要经历三个阶段,分别是概念结构设计、逻辑结构设计以及物理结构设计阶段。在这些过程中,根据用户的需求,不断调整和完善需求分析中的数据描述并将其体现在具体的 DBMS 中。

11.1.3　系统实施

在应用程序的系统实施过程中,设计人员需要运用 DBMS 提供的数据库语言,根据系统设计的结果建立数据库,编写与调试应用程序,组织数据入库,并进行试运行。

11.1.4　运行和维护

应用程序经过试运行后可投入正式使用,在运行的过程中不断对其进行评价、调整与修改,使其能更进一步地满足用户的需求,体现其价值所在。

11.2　实例——学生成绩管理系统

本节简要介绍一个应用程序的开发过程。由于篇幅所限,这里只介绍一个简单的实例,即"学生成绩管理系统",旨在帮助读者明确开发一个应用程序的过程。

11.2.1　系统功能分析

本节要设计的"学生成绩管理系统"主要用来对学生的基本情况、课程和成绩等信息进行管理,利用计算机的快速查询和运算的能力代替管理人员的手工操作,实现数据的存储、查询、维护、打印等数据处理功能。

11.2.2　功能模块

本节要设计的"学生成绩管理系统"的功能结构如图 11-1 所示,主要功能包括:对学生的基本情况、课程信息、成绩等进行浏览、添加、修改、删除等操作,并能够对学生的个人信息进行统计汇总和分类打印输出。

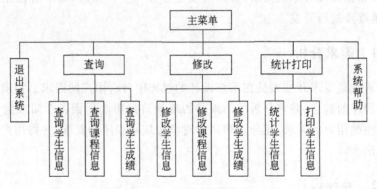

图 11-1　系统功能结构图

11.2.3　数据库设计

数据库设计是在选定的数据库管理系统(Visual FoxPro 6.0)上建立数据库的过程。在数据库程序开发环节,数据库设计是其非常重要的组成部分。

1. 概念结构设计

进行数据库设计和实施之前,根据需求,在数据分析的基础上构建出满足其需求的各种实体以及实体之间的联系。描述一个系统的概念模型通常使用实体联系图来表示,本系统的实体联系图如图 11-2 所示。

本系统所包含的实体有学生、成绩,实体之间通过选课进行联系。

学生实体所包含的属性有学号、姓名、性别、出生日期、籍贯、简历和照片。

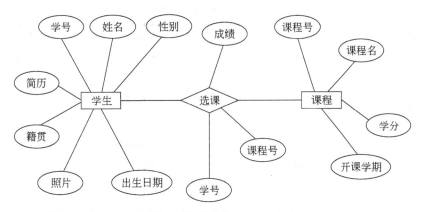

图 11-2　"学生成绩管理系统"的实体联系图

课程实体所包含的属性有课程号、课程名、学分和开课学期。

选课联系所包含的属性有学号、课程号和成绩。

2. 逻辑结构设计

逻辑结构设计是将数据库概念结构化为数据库管理系统所支持的实际数据模型,也就是数据库的逻辑结构。"学生成绩管理系统"的数据库共包括"学生"、"成绩"、"课程"三个关系,分别如表 11-1~表 11-3 所示。

表 11-1　"学生"关系

字段名称	字段类型	索引	备注
学号	字符型(9)	升序	主索引
姓名	字符型(8)		
性别	字符型(2)		
出生日期	日期型		
籍贯	字符型(4)		
简历	备注型		
照片	通用型		

表 11-2　"成绩"关系

字段名称	字 段 类 型	索引	备 注
学号	字符型(9)	升序	普通索引
课程号	字符型(4)	升序	普通索引
成绩	数值型(3,0)		

表 11-3　"课程"关系

字段名称	字段类型	索 引	备 注
课程号	字符型(4)	升序	主索引
课程名	字符型(20)		
学分	数值型(4,1)		
开课学期	字符型(1)		

在 Visual FoxPro 6.0 中建立数据库,在其中建立数据表以及各表之间的联系,包括主索引和普通索引等,如图 11-3 所示。

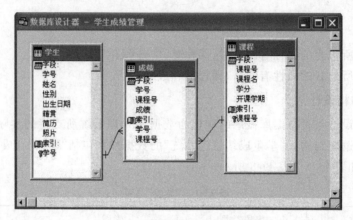

图 11-3　数据表及其之间的联系

11.2.4　界面设计

一个完整的数据库应用程序大致由数据库、用户界面、报表等元素组成。本节根据各功能模块的不同,利用设计器、生成器以及向导的作用,生成不同功能的用户界面。

1. 起始界面

起始界面 from_start.scx 中包含两个元素,第一个是表单,要求美观大方,能表达系统的主要特色;第二个是主菜单,要求功能完善,以上所有的功能都要求实现,如图 11-4 所示。

在主菜单中,"查询记录"菜单内包含三个子菜单,分别为"学生信息查询"、"学生课程查询"、"学生成绩查询"。"修改记录"菜单内包含三个子菜单,分别为"学生信息修改"、"学生课程修改"、"学生成绩修改"。"统计"菜单内只有一个子菜单,就是"学生信息统计","系统"菜单内包含两个子菜单,分别是"帮助"和"退出"。主菜单在表单上运行,具体的设置方法请参考第 8 章的菜单设计。

2. 查询界面

查询界面共有三个,学生信息查询 form_xs1,学生成绩查询 form_cj1,学生课程查询 form_kc1,分别对应于系统功能中的三个查询操作。学生信息查询表单 form_xs1 如

图 11-5 所示。

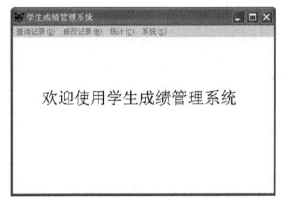

图 11-4　起始界面

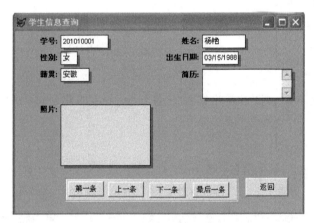

图 11-5　学生信息查询表单

学生信息查询表单中主要包含三个元素。

第一部分来自于该表单的数据环境,设定该表单的数据环境为"学生"表,把所有的字段拖动到表单中即可。

第二部分是一个命令按钮,标题为"返回"。该命令按钮对应 Click 事件的过程如下:

```
Thisform.release
```

第三部分是一个命令按钮组,包含 4 个命令按钮,标题分别是"第一条"、"上一条"、"下一条"、"最后一条"。

(1)"第一条"命令按钮对应 Click 事件的过程如下:

```
Go top
Thisform.refresh
```

(2)"上一条"命令按钮对应 Click 事件的过程如下:

```
If not bof()
```

```
    Skip-1
Else
    Messagebox("已到第一条记录!")
    Go top
Endif
Thisform.refresh
```

（3）"下一条"命令按钮对应 Click 事件的过程如下：

```
If not eof()
    Skip
Else
    Messagebox("已到最后一条记录!")
    Go bottom
Endif
Thisform.refresh
```

（4）"最后一条"命令按钮对应 Click 事件的过程如下：

```
Go bottom
Thisform.refresh
```

学生成绩查询 form_cj1 和学生课程查询 form_kc1 的建立过程和以上类似，读者请参考学生信息查询 form_xs1 的建立过程。

3. 修改界面

修改界面共有三个，学生信息修改 from_xs2，学生成绩修改 form_cj2，学生课程修改 form_kc2，分别对应于系统功能中的三个修改操作。学生信息修改 from_xs2 如图 11-6 所示。

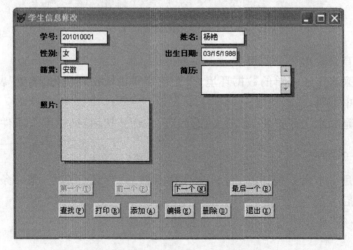

图 11-6　学生信息修改表单

学生信息修改表单和查询表单相比，多了一些添加、编辑、删除等按钮，可以实现学生信息的各种修改功能。

因为系统有可供调用的类库，所以也可以不写代码直接拖动系统的控件来完成以上

的功能,步骤如下:

(1) 首先,需要添加类库中的类。在 Visual FoxPro 6.0 安装目录下找到 Wizards 文件夹,把文件 WIZBTNS.VCX 和文件 WIZBTNS.VCT 复制到当前系统的默认目录下。

(2) 在控件工具栏内添加该类库,使用里面的 txtbtns 控件即可完成以上功能。注意:需调整选项按钮组内选项按钮的位置。

学生成绩修改 form_cj2 和学生课程修改 form_kc2 的建立过程和以上类似,读者请参考学生信息修改 form_xs2 的建立过程。

4. 统计界面

统计界面主要的作用是根据学号显示学生相关信息以及该生的课程和成绩信息,是一个综合性的界面,所以采用了表格作为其中主要的元素,如图 11-7 所示。

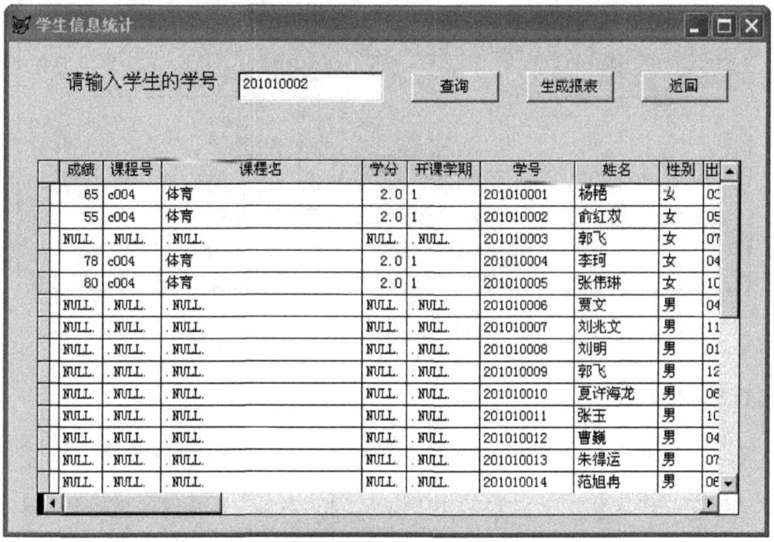

图 11-7 学生信息统计界面

在学生信息统计界面中,其数据环境依赖于"学生"、"课程"、"成绩"三张表的信息,故在数据库中可以新建一个视图作为该界面的数据源,如图 11-8 所示。

图 11-8 中的统计数据视图涵盖了"学生"、"课程"、"成绩"三张表的信息,表与表之间采用 full join 连接方式,依据学号进行升序排序。

图 11-7 中的"查询"按钮的 Click 事件代码如下:

```
if alltrim(thisform.text1.value)==""
thisform.grid1.recordsource="select * from tj"
else
    thisform.grid1.recordsource=;
    "select * from tj where 学号=alltrim(thisform.text1.value) "
endif
thisform.refresh
```

"返回"按钮的 Click 事件代码如下:

```
Thisform.release
```

"生成报表"按钮的 Click 事件代码如下：

```
create view tj2 as;
select * from tj where 学号=alltrim(thisform.text1.value)
report form tj.frx preview
```

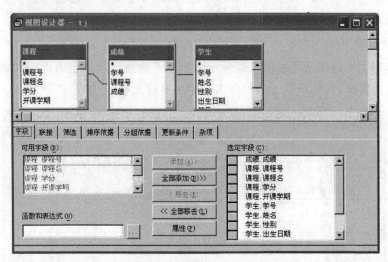

图 11-8   统计数据视图

5. 输出打印报表

"新建"一个学生信息统计报表，以 tj2 视图作为数据源，结构如图 11-9 所示。

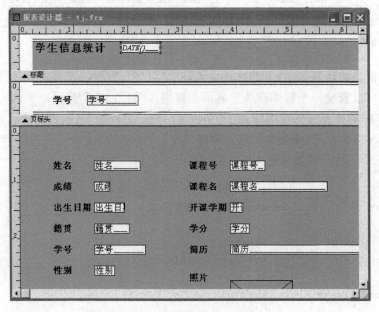

图 11-9   学生信息统计报表

至此,功能部分都已完善,在 Visual FoxPro 6.0 的环境下测试程序,完成数据库应用程序的开发部分。11.3 节将介绍数据库应用程序的发布,在发布运行的过程中不断地重新调整应用程序的功能,期望得到更接近用户需求的应用程序。

11.3　应用程序的生成

在生成应用程序的时候,可以使用项目管理器将应用程序的各个部分(包括数据库、数据表、表单、菜单、报表等)组织起来,用集成化的方法建立应用程序的项目。本节主要介绍在 Visual FoxPro 6.0 中利用项目管理器整合相关的数据并完成应用程序的最终生成和发布。

11.3.1　应用程序生成的基本步骤

使用项目管理器生成应用程序的步骤大致如下:
(1) 创建项目并填写项目信息。
(2) 在项目管理器中添加应用程序所需要的文件。
(3) 创建主文件并设置。
(4) 连编应用程序。
(5) 发布应用程序。

11.3.2　创建项目文件

在 Visual FoxPro 6.0 主界面中新建项目文件"学生成绩管理",如图 11-10 所示。

图 11-10　"学生成绩管理"项目管理器

在系统菜单里找到"项目"下拉菜单,打开"项目信息"菜单项,会弹出项目信息的对话框,在对话框中填写相应的项目信息,如图 11-11 所示。

项目信息中的相关数据是对数据库应用程序的一些说明,方便开发者和使用者在相关的情况下查看。

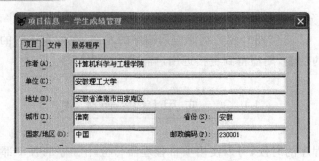

图 11-11 "项目信息"对话框

11.3.3 添加所需文件

在项目管理器中添加应用程序开发时所使用到的数据库、表单、菜单、报表等文件。在添加文件的过程中还要注意"排除"和"包含"选项。通常,不需要用户在应用程序中更新的文件被标记为"包含",例如一些表单、菜单等;需要用户在应用程序中更新的文件被标记为"排除",例如数据表。可以通过快捷菜单调整每个文件的"包含"和"排除"选项。

11.3.4 创建主文件并设置

应用程序会包含很多个文件,例如表单、菜单等,在应用程序起始,最开始运行的文件就是主文件。在 Visual FoxPro 6.0 中通常采用"程序"作为主文件,在该程序中,可以设定一些系统运行的相关参数,例如事件的循环等。

新建一个 main. PRG 的程序文件,在其中输入以下内容:

```
do form form_start          * 运行起始表单
read events                 * 事件循环开始
```

注意:应用程序必须建立一个事件循环,否则程序界面会很快消失。在 main. PRG 中使用 read events 命令后,可以在菜单的"退出"菜单项中使用 clear events 来结束循环。

将主文件 main. PRG 添加进项目管理器中后,右击,设置主文件。设置后,该文件在项目管理器中加粗显示,如图 11-12 所示。

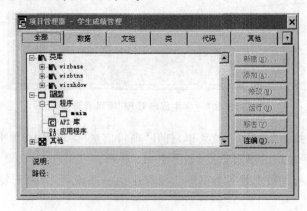

图 11-12 设置主文件示意图

11.3.5　连编应用程序

完成以上操作后，即可单击图 11-12 中右下角的"连编"按钮，弹出"连编选项"对话框，如图 11-13 所示。

Visual FoxPro 6.0 的应用程序连编结果有两种形式：

- 应用程序(.APP)，需要在 Visual FoxPro 的环境下才能运行。在 Visual FoxPro 环境打开的情况下，在命令窗口输入："DO 学生成绩管理.APP"即可运行应用程序。
- 可执行文件(.EXE)，可以脱离 Visual FoxPro 的环境运行，一般选择这种文件形式进行连编操作。在 Windows 环境下，直接双击"学生成绩管理.EXE"即可运行该应用程序。

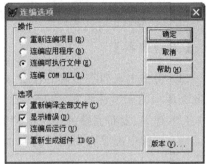

图 11-13　"连编项目"对话框

11.3.6　发布应用程序

应用程序发布就是制作一个安装文件包，这样就可以把自己制作的应用程序以"打包"的形式发布出去，使得其他用户可以在别的机器上使用该安装包安装已开发的应用程序并使用它。

发布的过程使用"向导"可以轻松完成，其步骤如下：

打开菜单"工具"→"向导"→"安装"，弹出安装向导的第一步，进入"定位文件"对话框。选择自己的发布树(应用程序的默认目录)，单击"下一步"按钮，进入"指定组件"对话框。用户指定必须包含的文件，前两项"Visual FoxPro 运行时刻组件"和"Microsoft Graphics 8.0 运行时刻"勾上，单击"下一步"按钮，进入"磁盘映像"对话框。该对话框中指定将要输出的安装包放在本地磁盘的位置，复选框选择后两项之一即可。单击"下一步"按钮，进入"安装选项"对话框，输入相关信息，单击"下一步"按钮，进入"默认目标目录"对话框。该对话框指定的是安装包文件运行后在机器中的状态，包括"默认目标目录"和"程序组"。单击"下一步"按钮，进入"改变文件位置"对话框，再单击"下一步"按钮即可完成。

11.4　上机实验

【实验目的】

利用项目管理器开发和完善学生成绩管理系统。

【实验要求】

(1) 掌握应用程序开发的流程。

(2) 熟悉项目管理器的操作。

(3) 完善学生成绩管理系统,连编并发布应用程序。

【实验内容】

(1) 将书中未列举完成的相关表单、菜单等元素补充完整,完善各种元素的内容,包括数据库中的完整性约束、表单界面的美化等操作。

(2) 连编、发布完整的学生成绩管理系统。

(3) 尝试更改并完善用户的需求,根据需求的改变调整应用程序。

【实验步骤】

(1) 根据需求,构建实体-联系模型,画出学生成绩管理系统的实体联系图,如图 11-2 所示。

(2) 构建关系。根据上述实体联系图,构建出相对应的关系模型,如表 11-1～表 11-3 所示。在学生成绩管理系统中共包含三个关系,分别是"学生"、"成绩"和"课程"。

(3) 在 Visual FoxPro 6.0 中,指定默认目录(例如 SET DEFAULT TO D:\学生成绩管理系统)后,依据以上关系,建立数据库"学生成绩管理系统",在数据库中建立三张数据表,如图 11-14 所示。

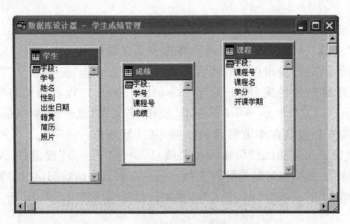

图 11-14   "学生成绩管理系统"数据库

根据实训要求,需要对数据库的表进行完整性约束的设定。

① 实体完整性约束

例如对"学生"表的"学号"字段设定主索引来实现实体的完整性约束。

② 参照完整性约束

需要表与表之间建立联系,然后编辑表与表之间的参照完整性,如图 11-15 所示。

按照一定的规则,例如在"更新规则"中,设定"学生"表和"成绩"表之间的规则为

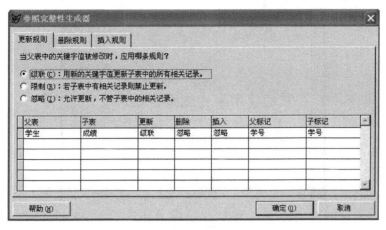

图 11-15　参照完整性设置

"级联"。

③ 自定义完整性

通常自定义完整性大多数设定的是表中字段的域的范围,也称为"域完整性"。例如在学生表中设定"性别"字段的域完整性,如图 11-16 所示。

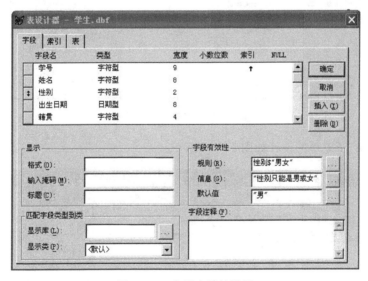

图 11-16　字段有效性设置

三种规则,按照需求设定完成后,即可进行表数据的录入工作。录入完毕后,数据库的元数据基本建立完毕。

(4) 界面设计。

接下来的操作是针对每个不同的功能设定不同的用户界面,起始界面 form_start 和主菜单相结合,负责整个应用程序的总体框架的实现,其余的各个界面分别完成一项主要功能。起始界面如图 11-17 所示。

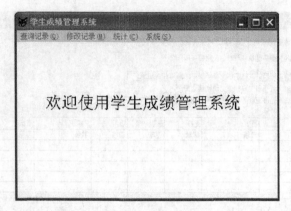

图 11-17   起始界面

在起始界面中的菜单文件为 smenu.mnx，其中菜单栏的设计如图 11-18 所示。

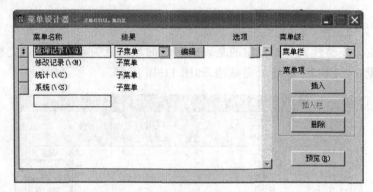

图 11-18   菜单栏的设计

"查询记录"子菜单的设计如图 11-19 所示。

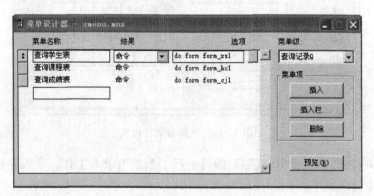

图 11-19   "查询记录"子菜单

"修改记录"子菜单的设计如图 11-20 所示。

"统计"子菜单的设计如图 11-21 所示。

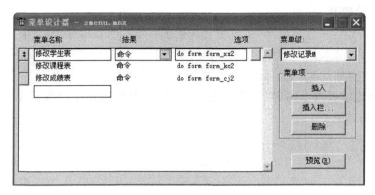

图 11-20 "修改记录"子菜单

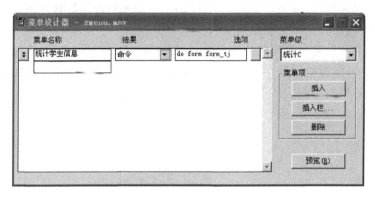

图 11-21 "统计"子菜单

"系统"子菜单的设计如图 11-22 所示。

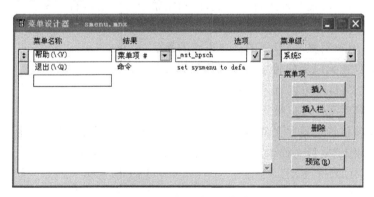

图 11-22 "系统"子菜单

　　菜单文件建立后,生成菜单程序文件,然后添加到起始界面中即可。

　　参考教材中的方法和步骤,建立查询功能的表单 form_xs1,form_kc1,form_cj1 文件,建立修改功能的表单 form_xs2,form_kc2,form_cj2 文件,建立统计学生信息的表单 form_tj,建立视图 tj 和 tj2,建立报表文件 tj。

（5）项目管理器。

在默认目录下,建立项目"学生成绩管理系统",填写项目信息,添加项目所需的文件,编写主程序文件,连编应用程序,生成可执行文件。

（6）使用"向导"发布应用程序。

（7）在熟练掌握以上内容后,尝试更改需求,调整应用程序的数据库设计和界面设计,完善程序的功能。

本 章 小 结

本章首先介绍了应用程序开发的步骤,然后结合实例——学生成绩管理系统来说明应用程序开发的流程,最后通过 Visual FoxPro 6.0 的项目管理器整合相关元素完成应用程序的生成,并利用"向导"来发布该应用程序。

应用程序的开发遵循着固定的流程,初学者需要掌握好每个步骤,从比较简单的数据库应用程序入手,掌握应用程序的开发和生成的方法,逐步增加难度,最终也能进入得心应手的境界去开发实用的应用程序。

习　　题

一、选择题

1. 连编应用程序不能生成的文件类型是(　　　)。

　　A).APP 文件　　　B).EXE 文件　　　C) COM DLL 文件　D).PRG 文件

2. 在(　　　)中设置系统运行的参数,以确定整个系统的运行环境。

　　A) 主文件　　　　　B) 数据库　　　　　C) 表　　　　　　D) 表单

3. 有关连编应用程序,下面的描述正确的是(　　　)。

　　A) 项目连编以后应将主文件视作只读文件

　　B) 一个项目中可以有多个主文件

　　C) 数据库文件可以被指定为主文件

　　D) 在项目管理器中文件名设置为"排除"的文件在项目连编以后是只读文件

4. 根据"职工"项目文件生成 emp_sys.EXE 应用程序的命令是(　　　)。

　　A) BUILD　　　EXE　　　emp_sys　　　　　FROM 职工

　　B) DUILD　　　APP　　　emp_sys.EXE　　FROM 职工

　　C) LINK　　　　EXE　　　emp_sys　　　　　FROM 职工

　　D) LINK　　　　APP　　　emp_sys　　　　　FROM 职工

5. 如果添加到项目中的文件标识为"排除",表示(　　　)。

　　A) 此类文件不是应用程序的一部分

　　B) 生成应用程序时不包括此类文件

　　C) 生成应用程序时包括此类文件,用户可以修改

D) 生成应用程序时包括此类文件,用户不能修改

二、填空题

1. 在 Visual FoxPro 中,为了便于管理应把应用程序中的文件都组织到_____中。

2. 可以在项目管理器的_____选项卡下建立命令文件。

3. 菜单文件添加在项目管理器的_____选项卡中。

4. 在项目管理器的一个项目中,只有一个文件的文件名为粗体,表明该文件是_____。

5. 应用程序的环境建立之后,将显示初始化的用户界面,这时需要建立一个事件循环来等待用户的交互动作,该命令是_____。

附录 A 无纸化模拟考试试卷一

一、选择题（每小题 1 分，共 40 分）

下列各题 A)、B)、C)、D)四个选项中，只有一个选项是正确的。请将正确的选项填涂在答题卡相应位置上，答在试卷上不得分。

(1) 下列数据结构中，属于非线性结构的是（　　　）。

　　A) 双向链表　　　　B) 循环链表　　　　C) 二叉链表　　　　D) 循环队列

(2) 在下列链表中，能够从任意一个节点出发直接访问到所有节点的是（　　　）。

　　A) 单链表　　　　B) 循环链表　　　　C) 双向链表　　　　D) 二叉链表

(3) 下列与栈结构有关联的是（　　　）。

　　A) 数组的定义域使用　　　　　　　B) 操作系统的进程调度

　　C) 函数的递归调用　　　　　　　　D) 选择结构的执行

(4) 下面对软件特点的描述不正确的是（　　　）。

　　A) 软件是一种逻辑实体，具有抽象性

　　B) 软件开发、运行对计算机系统具有依赖性

　　C) 软件开发涉及软件知识产权、法律及心理等社会因素

　　D) 软件运行存在磨损和老化问题

(5) 下面属于黑盒测试方法的是（　　　）。

　　A) 基本路径测试　　B) 等价类划分　　C) 判定覆盖测试　　D) 语句覆盖测试

(6) 下面不属于软件设计阶段任务的是（　　　）。

　　A) 软件的功能确定　　　　　　　　B) 软件的总体结构设计

　　C) 软件的数据设计　　　　　　　　D) 软件的过程设计

(7) 数据库管理系统是（　　　）。

　　A) 操作系统的一部分　　　　　　　B) 系统软件

　　C) 一种编译系统　　　　　　　　　D) 一种通信软件系统

(8) 在 E-R 图中，表示实体的图元是（　　　）。

　　A) 矩形　　　　　　B) 椭圆　　　　　　C) 菱形　　　　　　D) 圆

(9) 有两个关系 R 和 T 如下：

	R		
A	B	C
a	1	2
b	4	4
c	2	3
d	3	2

T	
A	C
a	2
b	4
c	3
d	2

则由关系 R 得到关系 T 的操作是(　　)。

　　　A) 选择　　　　　　　B) 交　　　　　　　C) 投影　　　　　　　D) 并

　　(10) 对图书进行编目时,图书有以下属性:ISBN 书号,书名,作者,出版社,出版日期,能作为关键字的是(　　)。

　　　A) ISBN 书号　　　　　　　　　　　B) 书名

　　　C) 作者,出版社　　　　　　　　　　D) 出版社,出版日期

　　(11) 在 Visual FoxPro 中,扩展名为 .DBC 的文件是(　　)。

　　　A) 项目文件　　　B) 数据库文件　　　C) 表文件　　　D) 索引文件

　　(12) 下面函数中,函数值类型为字符型的是(　　)。

　　　A) AT("abc","xyz")　　　　　　　　B) VAL("123")

　　　C) DATE()　　　　　　　　　　　　D) TIME()

　　(13) 下面语句的运行结果是(　　)。

```
STORE -5.8 TO x
? INT(x),CEILING(x),ROUND(x,0)
```

　　　A) −5 −5 −5　　　B) −5 −5 −6　　　C) −5 −6 −5　　　D) −6 −6 −6

　　(14) 要将当前表当前记录数据复制到数组中,可以使用的命令是(　　)。

　　　A) GATHER TO　　　　　　　　　　B) SCATTER TO

　　　C) GATHER FROM　　　　　　　　　D) SCATTER FROM

　　(15) CREATE filename 命令的功能是(　　)。

　　　A) 创建项目文件　　　　　　　　　　B) 创建数据库文件

　　　C) 创建表文件　　　　　　　　　　　D) 创建任意类型的文件

　　(16) 创建索引文件的命令是(　　)。

　　　A) ORDER　　　　　　　　　　　　B) INEDX

　　　C) SET INDEX TO　　　　　　　　　D) SET ORDER TO

　　(17) 已知客户表已经用下列命令打开:

```
SELECT 3
USE 客户 ALIAS kh
```

若当前工作区为 5 号工作区,要选择客户表所在的工作区为当前工作区,错误的命令是(　　)。

A) SELECT 客户   B) SELECT kh

C) SELECT 3   D) SELECT C

(18) 在 Visual FoxPro 中,用于修改记录数据的 SQL 语句是(   )。

    A) ALTER   B) UPDATE   C) MODIFY   D) CHANGE

(19) 为保证数据的实体完整性,可以为数据表建立(   )。

    A) 主索引   B) 主索引或候选索引

    C) 主索引、候选索引或唯一索引   D) 主索引或唯一索引

(20) 在 Visual FoxPro 中,以下叙述错误的是(   )。

    A) 一个数据库可以包含多个表   B) 一个数据库可以包含多个视图

    C) 一个表被存储为一个文件   D) 一个视图被存储为一个文件

(21) Visual FoxPro 参照完整性规则不包括(   )。

    A) 查询规则   B) 插入规则   C) 更新规则   D) 删除规则

(22) 删除视图 myview 的命令是(   )。

    A) REMOVE myview   B) REMOVE VIEW myview

    C) DROP myview   D) DROP VIEW myview

(23) 执行查询文件 myquery. QPR 的命令是(   )。

    A) DO myquery   B) DO myquery. QPR

    C) DO QUERY myquery   D) RUN QUERY myquery

(24) ZAP 命令的功能是(   )。

    A) 物理删除表中带删除标记的记录   B) 物理删除表中所有的记录

    C) 删除表文件   D) 压缩表文件

(25) "项目管理器"的"数据"界面用于显示和管理(   )。

    A) 数据库和视图   B) 数据库、视图和自由表

    C) 数据库、视图、自由表和查询   D) 数据库、视图、自由表和表单

(26) 查询和视图有很多相似之处,下列描述中正确的是(   )。

    A) 视图可以像基本表一样使用

    B) 查询可以像基本表一样使用

    C) 查询和视图都可以像基本表一样使用

    D) 查询和视图都不可以像基本表一样使用

(27) 释放当前表单的正确代码是(   )。

    A) ThisForm. Release   B) ThisForm. Remove

    C) Release. ThisForm   D) Remove. ThisForm

(28) 假设表单中有一个文本框,现在通过"属性"窗口为其 Value 属性设置初值,下面输入项中类型不是数值型的是(   )。

    A) 0   B) =0   C) 1+2   D) =1+2

(29) 下面程序的运行结果是(   )。

```
SET TALK OFF
PRIVATE x
```

```
LOCAL y
STORE 10 TO x,y
DO proc
?x,y
RETURN
PROCEDURE proc
    x=x+100
RETURN
```

  A) 10 10   B) 110 10   C) 10 110   D) 110 210

(30) 以下不属于 SQL 数据操作命令的是(　　)。

  A) MODIFY B) INSERT C) UPDATE D) DELETE

(31) 在关系模型中,每个关系模式中的关键字(　　)。

  A) 可由多个任意属性组成

  B) 最多由一个属性组成

  C) 可由一个或多个其值能唯一标识关系中任何元组的属性组成

  D) 以上说法都不对

(32) Visual FoxPro 是一种(　　)。

  A) 数据库系统   B) 数据库管理系统

  C) 数据库   D) 数据库应用系统

(33) 在 Visual FoxPro 中调用表单 mf1 的正确命令是(　　)。

  A) DO mf1   B) DO FROM mf1

  C) DO FORM mf1   D) RUN mf1

(34) SQL 的 SELECT 语句中,"HAVING＜条件表达式＞"用来筛选满足条件的(　　)。

  A) 列   B) 行   C) 关系   D) 分组

(35)～(40)题使用以下数据表:

客户:客户号(C,6),姓名(C,8),性别(C,2),出生日期(D)

商品:商品号(C,5),商品名(C,40),单价(N,8,2),库存量(N,3,0)

订单:订单号(C,4),客户号(C,6),签订日期(D)

订单项:订单号(C,4),商品号(C,5),数量(N,2,0)

(35) 将商品号为 C1007 的商品单价改为 135 元,正确的 SQL 语句是(　　)。

  A) UPDATE 商品 SET 单价＝135 WHERE 商品号="C1007"

  B) UPDATE 商品 SET 单价 WITH 135 WHERE 商品号="C1007"

  C) UPDATE FROM 商品 SET 单价＝135 WHERE 商品号="C1007"

  D) UPDATE FROM 商品 SET 单价 WITH 135 WHERE 商品号="C1007"

(36) 往客户表中插入一条记录,正确的 SQL 语句是(　　)。

  A) APPEND 客户 VALUES("081001","张三","男",{^1980-1-5})

  B) INSERT 客户 VALUES("081001","张三","男",{^1980-1-5})

  C) APPEND INTO 客户 VALUES("081001","张三","男",{^1980-1-5})

D) INSERT INTO 客户 VALUES("081001", "张三", "男",{^1980-1-5})

(37) 查询 1970 年 10 月 1 日至 1980 年 10 月 1 日之间出生的客户,正确的 SQL 语句是(   )。

A) SELECT * FROM 客户 WHERE 出生日期≥={^1980-10-1} AND 出生日期≤={^1970-10-1}

B) SELECT * FROM 客户 WHERE 出生日期 BETWEEN {^1980-10-1} AND {^1970-10-1}

C) SELECT * FROM 客户 WHERE 出生日期≥={^1970-10-1} AND 出生日期≤={^1980-10-1}

D) SELECT * FROM 客户 WHERE 出生日期 BETWEEN {^1970-10-1} TO {^1980-10-1}

(38) 查询 2011 年签订的订单信息,正确的 SQL 语句是(   )。

A) SELECT 订单号,姓名 AS 客户名,签订日期 FROM 订单,客户
ON 订单.客户号=客户.客户号 AND YEAR(签订日期)=2011 ORDER BY 订单号

B) SELECT 订单号,姓名 AS 客户名,签订日期 FROM 订单 JOIN 客户
ON 订单.客户号=客户.客户号 WHERE YEAR(签订日期)=2011 ORDER BY 订单号

C) SELECT 订单号,姓名 AS 客户名,签订日期 FROM 订单 JOIN 客户
WHERE 订单.客户号=客户.客户号 AND YEAR(签订日期)=2011 ORDER BY 订单号

D) SELECT 订单号,姓名 AS 客户名,签订日期 FROM 订单,客户
ON 订单.客户号=客户.客户号 WHERE YEAR(签订日期)=2011 ORDER BY 订单号

(39) 根据客户表和订单表查询 2011 年没有签订任何订单的客户信息,错误的 SQL 语句是(   )。

A) SELECT * FROM 客户 WHERE 客户号 NOT IN
(SELECT 客户号 FROM 订单 WHERE YEAR(签订日期)=2011)

B) SELECT * FROM 客户 WHERE NOT EXIST
(SELECT * FROM 订单 WHERE 客户号=客户.客户号 AND YEAR(签订日期)=2011)

C) SELECT * FROM 客户 WHERE 客户号!=ANY
(SELECT 客户号 FROM 订单 WHERE YEAR(签订日期)=2011)

D) SELECT * FROM 客户 WHERE 客户号!=ALL
(SELECT 客户号 FROM 订单 WHERE YEAR(签订日期)=2011)

(40) 查询金额在 10 000 元以上的订单,正确的 SQL 语句是(   )。

A) SELECT 订单号,单价*数量 AS 金额 FROM 商品 JOIN 订单项
ON 商品.商品号=订单项.商品号 GROUP BY 订单号 HAVING 金

额＞＝10000

B) SELECT 订单号,sum(单价 * 数量) AS 金额 FROM 商品 JOIN 订单项 ON 商品.商品号＝订单项.商品号 GROUP BY 订单号 HAVING 金额＞＝10000

C) SELECT 订单号,单价 * 数量 AS 金额 FROM 商品 JOIN 订单项 ON 商品.商品号＝订单项.商品号 GROUP BY 订单号 WHERE 金额＞＝10000

D) SELECT 订单号,sum(单价 * 数量) AS 金额 FROM 商品 JOIN 订单项 ON 商品.商品号＝订单项.商品号 GROUP BY 订单号 WHERE 金额＞＝10000

二、基本操作题(18 分)

(1) 用 SQL INSERT 语句插入元组("p7","PN7",1020)到"零件信息"表(注意不要重复插入操作),并将相应的 SQL 语句存储在文件 one. prg 中。

(2) 用 SQL DELETE 语句从"零件信息"表中删除单价小于 600 的所用记录,并将相应的 SQL 语句存储在文件 two. prg 中。

(3) 用 SQL UPDATE 语句将"零件信息"表中零件号为 p4 的零件的单价改为 1090,并将相应的语句存储在文件 three. prg 中。

(4) 打开菜单文件 mymenu. mnx,然后生成可执行的菜单程序 mymen. prg。

三、简单应用题(24 分)

(1) MODIL. PRG 程序文件中 SQL SELECT 的功能是查询哪些零件(零件名称)目前用于三个项目,并将结果按升序存入文本文件 result. txt。给出的 SQL SELECT 语句在第一、第三、第五行各有一个错误,请改正运行程序(不得增加)。

(2) 根据项目信息(一方)和使用零件(多方)两个表,利用一对多报表向导建立一个报表,报表内容包括项目号、项目名、项目负责人、(联系)电话、使用的零件号和数量 6 个字段,按项目号升序排列,报表样式为经营式,在总结区域(细节和总结)包含零件使用数量的合计,报表标题为"项目使用零件信息",报表文件名为 report。

四、综合应用题(18 分)

(1) 根据"项目信息"、"零件信息"、"使用零件"三个表建立一个查询(注意表之间的连接字段),该查询包括项目号,项目名,零件名称和(使用)数量 4 个字段,并要求先按项目号升序排序,再按零件名称降序排序,保存的查询文件名为 chaxun。

(2) 建立一个表单,表单名和文件名均为 myform,表单中含有一个表格控件 Grid1,该表格控件的数据源于前面的查询 chaxun,然后在表格控件下面添加一个"退出"命令按钮 command1,要求命令按钮与表格控件左对齐,并且宽度相同,单击该按钮时关闭表单。

答案解析及同源考点归纳

一、选择题（每小题 1 分，共 40 分）

（1）C。**解析**：对于线性结构，除了首节点和尾节点外，每一个节点只有一个前驱节点和一个后继节点。线性表、栈、队列都是线性结构，循环链表和双向链表是线性表的链式存储结构；二叉链表是二叉树的存储结构，而二叉树是非线性结构，因为二叉树有些节点有两个后继节点，不符合线性结构的定义。

（2）B。**解析**：由于线性单链表的每个节点只有一个指针域，由这个指针只能找到其后件节点，但不能找到其前件节点。也就是说，只能顺着指针向链尾方向进行扫描，因此必须从头指针开始，才能访问到所有的节点。循环链表最后一个节点的指针域指向表头节点，所有节点的指针构成了一个环状链，只要指出表中任何一个节点的位置就可以从它出发访问到表中其他所有的节点。双向链表中的每个节点设置有两个指针，一个指向其前件，一个指向其后件，这样从任意一个节点开始，既可以向前查找，也可以向后查找，在节点的访问过程中一般从当前节点向链尾方向扫描，如果没有找到，则从链尾向头节点方向扫描，这样部分节点就要被遍历两次，因此不符合题意。二叉链表是二叉树的一种链式存储结构，每个节点有两个指针域，分别指向左右子节点，可见，二叉链表只能由根节点向叶子节点的方向遍历。

（3）C。**解析**：递归调用就是在当前的函数中调用当前的函数并传给相应的参数，这是一个动作，这一动作是层层进行的，直到满足一般情况的时候，才停止递归调用，开始从最后一个递归调用返回。函数的调用原则和数据结构栈的实现是相一致的。也说明函数调用是通过栈实现的。

（4）D。**解析**：软件是一种逻辑实体，而不是物理实体。既然不是物理实体，软件在运行、使用期间就不存在磨损、老化问题。

📖 **同源考点归纳＞＞软件工程基础**

主要考察的是软件的基本概念和特点、软件生命周期及其各阶段的任务、软件工程原则等内容。

软件是计算机系统中与硬件相互依存的另一部分，是包括程序、数据及其相关文档的完整集合。

软件按照功能可以分为应用软件、系统软件和支撑软件（又称为工具软件），根据条件判断所属哪种软件。

① 应用软件是为解决各类实际问题而设计的程序系统，例如：文字处理、表格处理、电子演示、电子邮件收发、绘图软件、图像处理软件等。

② 系统软件是计算机用来管理、控制和维护计算机软、硬件资源，使其充分发挥作用，提高效率，并能使用户可以方便地使用计算机的程序集合，主要包括操作系统、

数据库管理系统、网络通信管理程序和其他常用的服务程序等。

③ 支撑软件是介于上面两种软件之间,协助用户开发软件的工具性软件,例如需求分析工具软件、设计工具软件、编码工具软件、测试工具软件等。

软件的生命周期一般包括可行性研究与需求分析、设计、实现、测试、交付使用以及维护等活动。各阶段的任务在这里就不一一介绍了,请参考相关书籍。

软件工程是将系统化的、规范的、可量度的方法应用于软件开发、运行和维护的过程,即将工程化应用于软件中。这些主要思想都是强调在软件开发过程中需要应用工程化原则。软件工程包括三个要素:方法、工具和过程。方法是完成软件工程项目的技术手段;工具支持软件的开发、管理和文档生成;过程支持软件开发的各个环节的控制、管理。

软件工程的目标是,在给定成本、进度的前提下,开发出具有有效性、可靠性、可理解性、可维护性、可重用性、可适应性、可移植性、可追踪性和可互操作性且满足用户需求的产品。软件工程基本原则包括抽象、信息隐蔽、模块化、局部化、确定性、一致性、完备性和可验证性。

同源试题实战

建议考生练习以下同类试题以巩固上述考点。

2012.03 —(7)　2011.03 —(4)　2010.09 —(4)　2010.03. —(3)

2010.03. — (6)2007.09. —(1)　2009.03. —(5)

(5) B。**解析**:等价类划分法是一种典型的、重要的黑盒测试方法,它将程序所有可能的输入数据(有效的和无效的)划分成若干个等价类,然后从每个等价类中选取数据作为测试用例。其他黑盒测试方法还有边界值分析法、错误推测法、因果图法。

(6) A。**解析**:软件设计是一个把软件需求转换为软件表示的过程。从技术观点看,软件设计包括软件结构设计、数据设计、接口设计、过程设计。软件的功能确定是需求分析阶段的任务。

(7) B。**解析**:数据库管理系统负责数据库中的数据组织、数据操纵、数据维护、控制及保护和数据服务等,它是一种系统软件。系统软件是指控制和协调计算机及外部设备,支持应用软件开发和运行的系统,是无须用户干预的各种程序的集合。系统软件使得计算机使用者和其他软件将计算机当作一个整体而不需要顾及底层的每个硬件是如何工作的。系统软件主要包括以下几个方面:

- 操作系统软件。
- 各种语言的解释程序和编译程序。
- 各种服务性程序。
- 各种数据库管理系统。

(8) A。**解析**:实体、属性和联系是 E-R 模型的三要素,在 E-R 图中分别用矩形、椭圆和菱形表示。

(9) C。**解析**:关系 T 由关系 R 的 A、C 两列组成,显然这是投影运算的结果。投影是从表中选出指定的属性值组成新表,是单目运算。

(10) A。**解析**:关键字是能唯一标识元组的最小属性集。一本书的 ISBN 号是唯一的,能够唯一地标识这本书,可以作为关键字。书名可能会重复,一个作者也可能写了几本不同的书,作者名也可能重复,同一出版社的图书品种多种多样,在同一日期出版的书也很多,这些属性都不能唯一地标识一本书,因此不能作为关键字。

(11) B。**解析**:项目文件的扩展名为.PJX,表文件的扩展名为.DBF,索引文件的扩展名为.DCX。

📖 **同源考点归纳＞＞文件的扩展名**

文件扩展名是操作系统用来标志文件格式的一种机制。在一个文件中的扩展名的大小写,系统的大小写是不予区分的。在 VFP 中常考的文件扩展名大体分布在以下 8 个过程中:

1. VFP 的程序建立

程序文件是命令文件,它的扩展名为.PRG。编译后会产生主文件名与源文件名相同,扩展名为.FXP 的目标文件。

2. 数据库表设计

在建立 VFP 数据库时,会生成三个用户一般不能直接使用的同名不同类型文件,分别为数据库,扩展名为.DBC;数据库备注文件,扩展名为.DCT;数据库索引文件,扩展名为.DCX。数据库是由数据库表(简称"表")的集合构成的,表的扩展名为.DBF。如果表有备注或通用型大字段,则有表备注文件,扩展名为.FPT。如果表中有索引,则会生成表索引文件,扩展名为.CDX。

3. 查询和视图

查询是以文本文件的形式保存在磁盘上的,该文件的扩展名为.QPR。

4. 表单设计过程

设计的表单将被保存在一个表单文件和一个表单备注文件里。表单文件的扩展名为.SCX,表单备注文件的扩展名为.SCT。

5. 类库管理

类库管理需要保存新类的类库。类库文件扩展名为.VCX,对应的类备注文件扩展名为.VCT。

6. 菜单设计过程

设计的菜单将被保存在一个菜单"定义"文件和一个菜单备注文件里。菜单文件的扩展名是.MNX,菜单备注文件的扩展名是.MNT。菜单文件是个表,不可以执行,于是必须生成可执行的菜单程序文件(.MPR)。运行菜单程序时,系统自动编译菜单程序文件,产生用于运行的编译后的菜单程序目标文件(.MPX)。

7. 报表设计过程

设计的报表将被保存在一个报表文件和报表备注文件中。其中报表文件存储报表设计的详细说明,同名的报表备注文件存储输出格式等。报表文件的扩展名为.FRX。报表备注文件的扩展名为.FRT。

8. 应用程序的开发和生成

用 VFP 管理或开发数据库应用系统时,会产生以上各种类型的文件,项目管理器用来管理属于同一项目的以上文件。与此同时,会生成一个项目文件和一个项目备注文件。项目文件的扩展名为.PJX。项目备注文件的扩展名为.PJT。对整个项目连编后有两种文件:应用程序文件,扩展名为.APP 和可执行文件,扩展名为.EXE。

同源试题实战

建议考生练习以下同类试题以巩固上述考点。

题库 7.一(11) 题库 8.一(17) 题库 8.一(20) 题库 10.一(14)

题库 10.一(16) 题库 11.一(14)

(12) D。**解析**:AT()是求子串位置的函数,函数值为数值型。格式为:AT(<字符串表达式 1>,<字符串表达式 2>[,<数值表达式>]),如果<字符表达式 1>是<字符表达式 2>的子串,则返回<字符表达式 1>值的首字符在<字符表达式 2>值中的位置;若不是子串,则返回 0。VAL()将由数字符号(包括正负号、小数点)组成的字符型数据转换成相应的数值型数据。DATE()返回当前系统日期,函数值为日期型。TIME()以 24 小时制的 hh:mm:ss 格式返回当前系统时间,函数值为字符型。

(13) B。**解析**:INT()返回指定数值表达式的整数部分。CEILING()返回大于或等于指定数值表达式的最小整数。ROUND 函数的格式为:ROUND(<数值表达式 1>,<数值表达式 2>),返回指定表达式在指定位置四舍五入后的结果,<数值表达式 2>指明四舍五入的位置。若<数值表达式 2>大于等于 0,那么它表示的是要保留的小数位数;若<数值表达式 2>小于 0,那么它表示的是整数部分的舍入位数。

(14) B。**解析**:将表的当前记录复制到数组中有两种格式:

格式 1:

SCATTER [FIELDS <字段名表>] [MEMO] TO <数组名>[BLANK]

格式 2:

SCATTER [FIELDS LIKE <通配符> | FIELDS EXCEPT<通配符>] [MEMO] TO <数组名>[BLANK]

(15) C。**解析**:建立数据库的命令是:CREATE DATABASE[DatabaseName | ?]。CREATE 命令用于建立表。如果没有使用 OPEN DATABASE 打开数据库,直接使用 CREATE 命令建立的表为自由表,这种表不是数据库中的表。

(16) B。**解析**:建立索引的命令是 INDEX,命令格式如下:

```
INDEX ON eExpression TO IDXFileName | TAG TagName [ OF CDXFileName]
[ FOR lExpression]  [ COMPACT]
[ ASCENDING | DESCENDING]
[ UNIQUE | CANDIDATE]
[ ADDITIVE ]
```

(17) A。**解析**：工作区指用来标识一张打开的表的区域。一个工作区在某一时刻只能打开一张表，但可以同时在多个工作区打开多张表，一张表可以在多个工作区中多次被打开。每个工作区都有一个编号。FoxPro默认总是在第一个工作区中工作，如果没有指定工作区，实际都是在第一个工作区打开表和操作表的。用SELECT命令把任何一个工作区设置为当前工作区。指定工作区的命令是：SELECT <工作区号> | <别名>。每个表打开后都有两个默认的别名，一个是表名自身，一个是工作区所对应的别名，其中在前10个工作区中指定的默认别名是工作区字母A～J，工作区11～32 767中指定的别名是W11到W32 767。另外，还可以在USE命令中用ALIAS短语指定别名，格式为USE <表名> ALIAS <别名>。本题中已将客户表指定别名kh，SELECT命令中只能用kh，不用"客户"。

(18) B。**解析**：本题需要注意，CHANGE是VFP中可以交互修改记录的命令，但不是SQL语句。MODIFY DATABASE是用于修改数据库的VFP命令。在SQL语句中，ALTER TABLE用于修改表的结构。

(19) B。**解析**：实体完整性是保证表中记录唯一的特性，即在一个表中不允许有重复的记录。在Visual FoxPro中利用主关键字或候选关键字来保证表中的记录唯一，即保证实体唯一性。在Visual FoxPro中将主关键字称做主索引，将候选关键字称做候选索引。

(20) D。**解析**：在Visual FoxPro中，视图是一个定制的虚拟表，可引用一个或多个表，或者引用其他视图。视图不是独立存在的基本表，它是由基本表派生出来的。当关闭数据库后视图中的数据将消失，当再次打开数据库时视图从基本表中重新检索数据。

(21) A。**解析**：参照完整性与表之间的关联有关，它的大概含义是：当插入、删除或修改一个表中的数据时，通过参照引用相互关联的另一个表中的数据，来检查对表的数据操作是否正确。

(22) D。**解析**：视图可以被删除，删除视图的命令格式是：DROP VIEW <视图名>。

(23) B。**解析**：以命令方式执行查询时，命令格式是：DO <查询文件名>，此时要注意，必须给出查询文件的扩展名.QPR。

(24) B。**解析**：使用ZAP命令可以物理删除表中的全部记录（不管是否有删除标记），该命令只是删除全部记录，并没有删除表，执行完该命令后表结构依然存在。

(25) C。**解析**："项目管理器"窗口是Visual FoxPro开发人员的工作平台，它包括6个界面："全部""数据""文档""类""代码""其他"。"数据"界面包含了一个项目中的所有数据——数据库、自由表、查询和视图，该界面为数据提供了一个组织良好的分层结构视图。

(26) A。**解析**：查询是从指定的表或视图中提取满足条件的记录，然后按照想得到的输出类型定向输出查询结果。视图是操作表的一种手段，可通过视图查询表，通过视图也可以更新表。总的来说，视图一经建立就基本可以像基本表一样使用，适用于基本表的命令基本都可以用于视图。但视图不可以用MODIFY STRUCTURE命令修改结构。

(27) A。**解析**：Visual FoxPro中的类一般可分为两种类型：容器类和控件类。相应地,可分别生成容器(对象)和控件(对象)。容器可以被认为是一种特殊的控件,它能包容其他的控件或容器。表单就是一种容器。每个 Visual FoxPro 类都有自己的一组属性、方法和事件。访问对象属性以及调用对象方法的基本格式如下:<对象引用>.<对象属性>,<对象引用>.<对象方法>[(…)]。Release 是将表单从内存中释放(清除)的方法,因此释放当前表单的正确代码是 ThisForm. Release。

(28) C。**解析**:Value 属性值用于指定文本框的当前状态,可以通过该属性为文本框指定初始值。

(29) B。**解析**:本题中建立了私有变量 x 和局部变量 y。私有变量的作用域是建立它的模块和下属的各层模块,局部变量则只能在建立它的模块中使用,不能在上层或下层模块中使用。因此,x 从建立到程序结束时都有效,y 变量不可在过程 proc 中使用。STORE 10 TO x,y 语句将 x 和 y 分别赋值10,通过 DO proc 命令调用过程 proc,x 的值变为110。最后通过? x,y 语句输出 x、y 的值 110 和 10。

(30) A。**解析**:SQL 数据操作命令包括插入(INSERT)、更新(UPDATE)、删除(DELETE)。

(31) C。**解析**:关系数据模型中的关键字可以由一个或多个属性组成,能够唯一标识一个元组。

📖 同源考点归纳＞＞关系数据库术语

Visual FoxPro 是一种关系数据库管理系统。关系数据库的概念也就成为了考试的热点。其中关系和关键字作为关系数据库区别于其他数据库的最大特点成为常考概念:

① 关系:一个关系就是一张二维表,每个关系有一个关系名。在 VFP 中,一个关系存储为一个文件,文件扩展名为.DBF,称为数据库表,简称"表"。

对关系的描述称为关系模式,一个关系模式对应一个表结构,如下:

关系模式　　　　　　关系名(属性名1,属性名2,…,属性名 n)
表结构　　　　　　　表名(字段名1,字段名2,…,字段名 n)

一个关系数据库管理系统管理的就只是若干个这样的二维表。

② 关键字:属性或属性的组合。这个属性或属性的组合能够唯一地标识一个元组,我们就可以定义这个组合为关键字。在 VFP 中关键字标识为字段或字段的组合。在 Visual FoxPro 中,主关键字和候选关键字就起唯一标识一个元组的作用。关键字并不要求是表的第一列属性。

🖱 同源试题实战

建议考生练习以下同类试题以巩固上述考点。
题库 7. 一(16)　题库 9. 一(22)

---

(32) B。**解析**:Visual FoxPro 是一种数据库管理系统,可以对数据库的建立、使用

和维护进行管理。

(33) C。**解析**：调用表单的命令格式为：DO FORM ＜表单文件名＞。

(34) D。**解析**：HAVING 子句与 GROUP BY 子句同时使用，用来限定分组必须满足的条件。可见选项 D 是正确的。

(35) A。**解析**：本题考查 UPDATE 命令的使用。SQL 的数据更新命令 UPDATE 的格式如下：

```
UPDATE ＜表文件名＞SET ＜字段名 1＞=＜表达式＞[,＜字段名 2＞=＜表达式＞…] [WHERE ＜条件＞]
```

其中 SET 子句用于指定列和修改的值，WHERE 用于指定更新的行，如果省略 WHERE 子句，则表示表中所有行。

(36) D。**解析**：本题考查 INSERT 命令的使用。插入记录的命令格式为：

```
INSERT INTO ＜表名＞[＜字段名表＞] VALUES(＜表达式表＞)
```

该命令用表达式表中的各表达式值赋值给＜字段名表＞中相应的各字段。＜字段名表＞缺省时，按表文件字段的顺序依次赋值。

(37) C。**解析**：本题考查 SELECT 语言的条件设置方法。本题的条件是出生日期在 1970 年 10 月 1 日～1980 年 10 月 1 日，如果用 AND 表达式，则为：出生日期＞＝{^1970-10-1}AND 出生日期＜＝{^1980-10-1}；如果用 BETWEEN 表达式，则为：BETWEEN {^1970-10-1} AND {^1980-10-1}。

(38) B。**解析**：本题考查超链接查询。VFP 中超链接查询的语句为：

```
SELECT…
FROM ＜表名 1＞INNER | LEFT | RIGHT | FULL JOIN ＜表名 2＞
ON ＜连接条件＞
WHERE…
```

INNER JOIN 等价于 JOIN，为普通连接；LEFT JOIN 为左连接；RIGHT JOIN 为右连接；FULL JOIN 称为全连接。

(39) C。**解析**："SELECT 客户号 FROM 订单 WHERE YEAR(签订日期)＝2011" 子查询用于查询 2011 年签订过订单的客户号。客户号不在子查询结果范围的客户信息要输出。IN、NOT IN 分别表示在、不在指定范围内。ANY、ALL 也是与查询有关的两次，对于 ANY，在进行比较时，只要子查询有一行能使结果为真，则结果为真；而 ALL 则要求子查询的所有行都使结果为真时，结果才为真。很显然，选项 C 和选项 D 的结果不同。对于选项 C，只要客户号与子查询结果中的某个客户号不同，便会输出该客户号对应的客户信息，不满足题目要求。

(40) B。**解析**：本题主要考查查询中的分组与计算。分组利用 GROUP BY 子句，还可以用 HAVING 进一步限定分组的条件，由此可以排除选项 C 和选项 D。本题要求查询金额在 10 000 元以上的订单，而每张订单由不同的订单项组成，一张订单的金额和各个订单项金额的总和，因此需要用 SUM() 函数计算订单的金额，故选择 B。

二、基本操作题（18 分）

(1) 零件信息表只有三个字段，向表中插入一条完整记录可用"INSERT INTO 表名

VALUES(值列表)"。

　　首先选择"文件"→"新建"命令,在弹出的对话框中单击"程序"单选按钮,然后单击"新建文件"按钮新建一个程序文件,在程序文件中输入命令:

```
**********************************************
INSERT INTO 零件信息   VALUES("P7","PN7",1020)
**********************************************
```

　　单击"保存"按钮,把该程序文件保存成名为 one. prg 的文件。

　　(2) 删除记录的 SQL 命令格式如下:

DELETE FROM <表名>WHERE <条件>

　　故本题使用的 SQL SELECT 命令如下:

DELETE FROM 零件信息 WHERE 单价<600

　　首先单击"文件"→"新建"→"程序"→"新建文件"新建一个程序文件,在程序文件中输入命令:

```
**********************************
DELETE FROM 零件信息 WHERE 单价<600
**********************************
```

　　单击"保存"按钮,把该程序文件保存成名为 two. prg 的文件。

　　(3) 新建一个命令程序。修改记录的 SQL 命令格式如下:

UPDATE <表名>SET <字段名>=<表达式>　WHERE <条件>

　　故此题使用的命令为

```
************************************************
UPDATE 零件信息 SET 单价=1090 WHERE 零件号="p4"
************************************************
```

　　单击"保存"按钮,把该程序文件保存成名为 three. prg 的文件

　　(4) 执行"文件"菜单中的"打开"命令,在打开对话框的"文件"类型列表框中选中"菜单",找到 mymenu. mnx 文件后单击"确定"按钮,菜单被打开。执行"菜单"菜单中的"生成"命令,在"输出文件"后面的文本框中输入文件名 mymenu. mpr 后单击"生成"按钮。

三、简单应用题(24 分)

本题中 MODI1. PRG 程序的内容如下:

```
************************************************
SELECT 零件名称 FROM 零件信息 WHERE 零件号=;
(SELECT 零件号 FROM 使用零件;
Order BY 项目号 HAVING COUNT(项目号)=3);
ORDER BY 零件名称 ;
INTO FILE results
```

****

(1) 由于子查询的返回值可能有多个,因此第一行不可以用"=",只能用集合运算符 IN、=ANY 或 =SOME 来实现。在子查询中求出每种零件应用在几个项目中,应根据零件号进行分组,故每三行中的"GROUP BY 项目号"应改为"GROUP BY 零件号"。最后的结果保存到文本文件中去,应使用"TO 文件名"短语,不能用 INTO。

改错后正确的程序如下:

****

```
SELECT 零件名称 FROM 零件信息 WHERE 零件号=ANY;
(SELECT 零件号 FROM 使用零件;
GROUP BY 零件号 HAVING COUNT(项目号)=3);
ORDER BY 零件名称 ;
TO FILE results
```

****

(2) 步骤 1:选择"文件"→"新建"命令,在弹出的对话框中单击"报表"单选按钮,然后单击"向导"按钮,将会出现"向导选取"对话框。选中"一对多报表向导",单击"确定"按钮,出现"步骤 1-从父表中选择字段"对话框。在该对话框"数据库和表"文本框后面的按钮上单击,在出现的"打开"对话框中找到表"项目信息"后单击"确定"按钮,把项目信息表中的所有可用字段移到选定字段列表框中,然后单击"下一步"按钮,出现"步骤 2-从子表中选择字段"对话框。

步骤 2:用同样的方法打开子表"使用零件",把可用字段零件号和数量字段移动到"选定字段"列表框中,然后单击"下一步"按钮,出现"步骤 3-为表建立联系"对话框。采用默认的项目号相等进行联接,然后单击"下一步"按钮,出现"步骤 4-排序记录"对话框。在"可用字段或索引标识"列表框中选中项目号字段,把它移动到"选定字段"列表框中,单击"升序"单选选钮,单击"下一步"按钮,出现"步骤 5-选择报表样式"对话框。在该对话框中选中"经营式",再单击"总结选项"按钮,在出现的"总结选项"对话框中设计总结信息,对本对话框的设置如图 A1 所示,设置好后单击"确定"按钮。然后单击"下一步"按钮,将出现"步骤 6-完成"对话框。在该对话框中设置报表标题为"项目使用零件信息"后单击"完成"按钮,将会出现"另存为"对话框,输入文件名 REPORT。

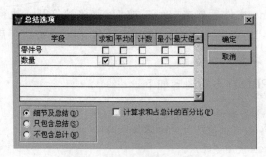

图 A1 "总结选项"对话框

四、综合应用题（18 分）

（1）表的连接和选定字段情况如图 A2 所示。

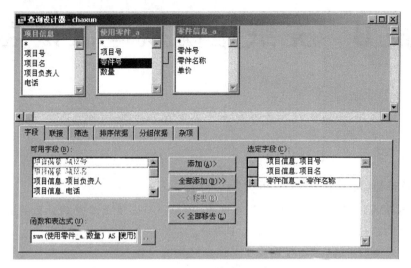

图 A2 表的连接和选定字段情况

注意：此时应单击"添加"按钮把"函数与表达式"文本框中的信息添加到选定字段列表框中。排序依据设定后如图 A3 所示。

最后生成的 SQL-SELECT 语句如下：

SELECT 项目信息.项目号, 项目信息.项目名, 零件信息_a.零件名称,;

图 A3 排序依据设定后

　　sum(使用零件_a.数量)AS 使用数量;

　FROM　项目信息 INNER JOIN 使用零件 使用零件_a;

　　INNER JOIN 零件信息 零件信息_a;

　　　ON　使用零件_a.零件号=零件信息_a.零件号;

　　　ON　项目信息.项目号=使用零件_a.项目号;

ORDER BY 项目信息.项目号, 零件信息_a.零件名称 DESC

（2）新建一个表单，设置它的 name 属性值为 myform，保存表单，给文件起名 myform。执行"显示"菜单中的"数据环境"命令，把 chaxun.qpr 加到数据环境中。然后在表单中添加一个表格控件，设置它的 RecordSourceType 属性值为 3（查询），设置它的 RecordSource 属性值为 chaxun。在表单下面添加一个按钮控件，设置它的 Caption 属性为"退出"。同时单击表格和命令按钮，并打开"布局"工具栏，单击"布局"工具栏上的"左边对齐"和"相同宽度"按钮。双击该命令按钮，在出现的代码窗口中输入下面的语句：

```
Thisform.release
```

附录 B　无纸化模拟考试试卷二

一、选择题（每小题 1 分，共 40 分）

下列各题 A）、B）、C）、D）四个选项中，只有一个选项是正确的。请将正确选项填涂在答题卡相应的位置上，答在试卷上不得分。

（1）下列链表中，其逻辑结构属于非线性结构的是（　　）。

　　A）二叉链表　　　　B）循环链表　　　　C）双向链表　　　　D）带链的栈

（2）设循环队列的存储空间为 Q（1：35），初始状态为 front＝rear＝35。现经过一系列入队与退队运算后，front＝15，rear＝15，则循环队列的元素个数为（　　）。

　　A）15　　　　　　　B）16　　　　　　　C）20　　　　　　　D）0 或 35

（3）下列关于栈的叙述中，正确的是（　　）。

　　A）栈底元素一定是最后入栈的元素　　　B）栈顶元素一定是最先入栈的元素

　　C）栈操作遵循先进后出的原则　　　　　D）以上三种说法都不对

（4）在关系数据库中，用来表示实体间联系的是（　　）。

　　A）属性　　　　　　B）二维表　　　　　C）网状结构　　　　D）树状结构

（5）公司中有多个部门和多名职员，每个职员只能属于一个部门，一个部门可以有多名职员，则实体部门和职员间的联系是（　　）。

　　A）1：1 联系　　　B）m：1 联系　　　C）1：m 联系　　　D）m：n 联系

（6）有两个关系 R 和 S 如下：

R

A	B	C
a	1	2
b	2	1
c	3	1

S

A	B	C
c	3	1

则由关系 R 得到关系 S 的操作是（　　）。

　　A）选择　　　　　　B）投影　　　　　　C）自然连接　　　　D）并

（7）数据字典（DD）所定义的对象包含于（　　）。

A）数据流图（DFD 图）　　　　　　　　B）程序流程图

C）软件结构图　　　　　　　　　　　　D）方框图

(8) 软件需求规格说明书的作用不包括（　　　）。

A）软件验收的依据

B）用户与开发人员对软件要做什么的共同理解

C）软件设计的依据

D）软件可行性研究的依据

(9) 下列属于黑盒测试方法的是（　　　）。

A）语句覆盖　　　　B）逻辑覆盖　　　　C）边界值分析　　　　D）路径分析

(10) 下列不属于软件设计阶段任务的是（　　　）。

A）软件总体设计　　　　　　　　　　　B）算法设计

C）制订软件确定测试计划　　　　　　　D）数据库设计

(11) 不属于数据管理技术发展三个阶段的是（　　　）。

A）文件系统管理阶段　　　　　　　　　B）高级文件管理阶段

C）手工管理阶段　　　　　　　　　　　D）数据库系统阶段

(12) 以下哪个术语描述的是属性的取值范围？（　　　）

A）字段　　　　　　B）域　　　　　　C）关键字　　　　　　D）元组

(13) 创建新项目的命令是（　　　）。

A）CREATE NEW ITEM　　　　　　　　B）CREATE ITEM

C）CREATE NEW　　　　　　　　　　　D）CREATE PROJECT

(14) 在项目管理器的"数据"界面中按大类划分可以管理（　　　）。

A）数据库、自由表和查询　　　　　　　B）数据库

C）数据库和自由表　　　　　　　　　　D）数据库和查询

(15) 产生扩展名为 QPR 文件的设计器是（　　　）。

A）视图设计器　　　B）查询设计器　　　C）表单设计器　　　D）菜单设计器

(16) 在设计表单时定义、修改表单数据环境的设计器是（　　　）。

A）数据库设计器　　　　　　　　　　　B）数据环境设计器

C）报表设计器　　　　　　　　　　　　D）数据设计器

(17) 以下正确的赋值语句是（　　　）。

A）A1,A2,A3＝10　　　　　　　　　　B）SET 10 TO A1,A2,A3

C）LOCAL 10 TO A1,A2,A3　　　　　　D）STORE 10 TO A1,A2,A3

(18) 将当前表中当前记录的值存储到指定数组的命令是（　　　）。

A）GATHER　　　　　　　　　　　　　B）COPY TO ARRAY

C）SCATTER　　　　　　　　　　　　　D）STORE TO ARRAY

(19) 表达式 AT("IS","THIS IS A BOOK")的运算结果是（　　　）。

A）.T.　　　　　　　B）3　　　　　　　C）1　　　　　　　D）出错

(20) 在 Visual FoxPro 中,建立数据库会自动产生扩展名为（　　　）。

A）.DBC 的一个文件　　　　　　　　　B）.DBC、.DCT 和.DCX 三个文件

C）.DBC 和.DCT 两个文件　　　　　　D）.DBC 和.DCX 两个文件

（21）以下关于字段有效性规则叙述正确的是（　　）。

A）自由表和数据库表都可以设置　　　B）只有自由表可以设置

C）只有数据库表可以设置　　　　　　D）自由表和数据库表都不可以设置

（22）建立表之间临时关联的命令是（　　）。

A）CREATE RELATION TO…　　　　B）SET RELATION TO…

C）TEMP RELATION TO…　　　　　D）CREATE TEMP TO…

（23）在 Visual FoxPro 的 SQL 查询中，为了计算某数值字段的平均值应使用函数（　　）。

A）AVG　　　　　B）SUM　　　　　C）MAX　　　　　D）MIN

（24）在 Visual FoxPro 的 SQL 查询中，用于分组的短语是（　　）。

A）ORDER BY　　　　　　　　　　B）HAVING BY

C）GROUP BY　　　　　　　　　　D）COMPUTE BY

（25）在 Visual FoxPro 中 SQL 支持集合的并运算，其运算符是（　　）。

A）UNION　　　　B）AND　　　　　C）JOIN　　　　　D）PLUS

（26）在 Visual FoxPro 的 SQL 查询中，为了将查询结果存储到临时表应该使用短语（　　）。

A）INTO TEMP　　　　　　　　　　B）INTO DBF

C）INTO TABLE　　　　　　　　　　D）INTO CURSOR

（27）以下不属于 SQL 数据库操作的语句是（　　）。

A）UPDATE　　　　B）APPEND　　　C）INSERT　　　　D）DELETE

（28）如果已经建立了主关键字为仓库号的仓库关系，现在用以下命令建立职工关系：

```
CREATE TABLE 职工 (职工号 C(5)PRIMARY KEY,
                仓库号 C(5)REFERENCE 仓库,
                工资 I)
```

则仓库和职工之间的联系通常为（　　）。

A）多对多联系　　B）多对一联系　　　C）一对一联系　　D）一对多联系

（29）查询和视图有很多相似之处，下列描述中正确的是（　　）。

A）视图一经建立就可以像基本表一样使用

B）查询一经建立就可以像基本表一样使用

C）查询和视图都不能像基本表一样使用

D）查询和视图都能像基本表一样使用

（30）在 DO WHILE-ENDDO 循环结构中 LOOP 语句的作用是（　　）。

A）退出循环，返回到程序开始处

B）终止循环，将控制转移到本循环结构 ENDDO 后面的第一条语句继续执行

C）该语句在 DO WHILE-ENDDO 循环结构中不起任何作用

D) 转移到 DO WHILE 语句行,开始下一次判断和循环

(31) 在表单上说明复选框是否可用的属性是( )。

    A) Visible   B) Value   C) Enabled   D) Alignment

(32) 为了在报表的某个区域显示当前日期,应该插入一个( )。

    A) 域控件   B) 日期控件   C) 标签控件   D) 表达式控件

(33) 设有关系 SC(SNO,CNO,GRADE),其中 SNO、CNO 分别表示学号、课程号(两者均为字符型),GRADE 表示成绩(数值型),若要把学号为 S101 的同学,选修课程号为 C11,成绩为 98 分的记录插到表 SC 中,正确的语句是( )。

    A) INSERT INTO SC(SNO,CNO,GRADE) VALUES ('S101', 'C11', '98')

    B) INSERT INTO SC(SNO,CNO,GRADE) VALUES (S101, C11, 98)

    C) INSERT ('S101', 'C11', '98') INTO SC

    D) INSERT INTO SC VALUES ('S101', 'C11',98)

(34) 以下有关 SELECT 语句的叙述中错误的是( )。

    A) SELECT 语句中可以使用别名

    B) SELECT 语句中只能包含表中的列及其构成的表达式

    C) SELECT 语句规定了结果集中的顺序

    D) 如果 FROM 短语引用的两个表有同名的列,则 SELECT 短语引用它们时必须使用表名前缀加以限定

(35) 在 SQL 语句中,与表达式"年龄 BETWEEN 12 AND 46"功能相同的表达式是( )。

    A) 年龄>=12 OR<=46   B) 年龄>=12 AND<=46

    C) 年龄>=12 OR 年龄<=46   D) 年龄>=12 AND 年龄<=46

(36) 在 Visual FoxPro 中,假定数据库表 S(学号,姓名,性别,年龄)和 SC(学号,课程号,成绩)之间使用"学号"建立了表之间的永久联系,在参照完整性的更新规则、删除规则和插入规则中选择设置了"限制",如果表 S 所有的记录在表 SC 中都有相关联的记录,则( )。

    A) 允许修改表 S 中的学号字段值   B) 允许删除表 S 中的记录

    C) 不允许修改表 S 中的学号字段值   D) 不允许在表 S 中增加新的记录

(37) 在 Visual FoxPro 中,对于字段值为空值(NULL)叙述正确的是( )。

    A) 空值等同于空字符串   B) 空值表示字段还没有确定值

    C) 不支持字段值为空值   D) 空值等同于数值 0

(38)~(40)题使用以下两个表:

部门(部门号,部门名,负责人,电话)

职工(部门号,职工号,姓名,性别,出生日期)

(38) 可以正确查询 1964 年 8 月 23 日出生的职工信息的 SQL SELECT 命令是( )。

    A) SELECT * FROM 职工 WHERE 出生日期=1964-8-23

    B) SELECT * FROM 职工 WHERE 出生日期="1964-8-23"

    C) SELECT ＊ FROM 职工 WHERE 出生日期＝{^1964-8-23}

    D) SELECT ＊ FROM 职工 WHERE 出生日期＝("1964-8-23")

（39）可以正确查询每个部门年龄最长者的信息（要求得到的信息包括部门名和最长者的出生日期）的 SQL SELECT 命令是（   ）。

    A) SELECT 部门名,MAX(出生日期)FROM 部门 JOIN 职工;

        ON 部门. 部门号＝职工. 部门号 GROUP BY 部门名

    B) SELECT 部门名,MIN(出生日期)FROM 部门 JOIN 职工;

        ON 部门. 部门号＝职工. 部门号 GROUP BY 部门名

    C) SELECT 部门名,MIN(出生日期)FROM 部门 JOIN 职工;

        WHERE 部门. 部门号＝职工. 部门号 GROUP BY 部门名

    D) SELECT 部门名,MAX(出生日期)FROM 部门 JOIN 职工;

        WHERE 部门. 部门号＝职工. 部门号 GROUP BY 部门名

（40）可以正确查询所有目前年龄在 35 岁以上的职工信息（姓名、性别和年龄）的 SQL SELECT 命令是（   ）。

    A) SELECT 姓名,性别,YEAR(DATE())-YEAR(出生日期) 年龄 FROM 职工;

        WHERE 年龄＞35

    B) SELECT 姓名,性别,YEAR(DATE())-YEAR(出生日期) 年龄 FROM 职工;

        WHERE YEAR(出生日期)＞35

    C) SELECT 姓名,性别,年龄＝YEAR(DATE())-YEAR(出生日期) FROM 职工;

        WHERE YEAR(DATE())-YEAR(出生日期)＞35

    D) SELECT 姓名,性别, YEAR(DATE())-YEAR(出生日期) 年龄 FROM 职工;

        WHERE YEAR(DATE())-YEAR(出生日期)＞35

二、基本操作题（18 分）

（1）打开 ecommerce 数据库,并将考生文件夹下的自由表 OrderItem 添加到数据库中。

（2）为 OrderItem 表创建一个主索引,索引名为 PK,索引表达式为"会员号＋商品号",再创建两个普通索引,一个索引名和索引表达式为"会员号",另一个索引名和索引表达式均是"商品号"。

（3）通过会员号字段建立客户表和订单表的永久关系。

（4）为以上建立的联系设置参照完整性,更新规则为"级联",删除规则为"限制",插入规则为"限制"。

三、简单应用题（24 分）

（1）建立查询 qq。查询会员的会员号（来自 customer 表）、姓名（来自 customer）、会员购买的商品名（来自 article 表）、单价（来自 orderItem 表）、数量、金额,结果不要排序,查询去向是表 ss,查询保存为 qq. Qpr

（2）利用向导建立一个表单 myform 的表单,要求选择客户表中所有字段,表单为阴影形式,按钮为图形按钮,按会员号升序排序,表单标题为"客户基本数据输入维护"。

四、综合应用题(18分)

(1) 打开 ecommerce 数据库,设计一个 myformma 的表单,表单的标题为"客户商品订单基本信息浏览",表单上设计一个包含三个选项卡的页框和一个"退出"按钮。要求:为表单建立数据环境,按顺序向数据环境添加 article 表、custom 表和 orderItem 表。

(2) 按从左向右的顺序三个选项卡的标签名称为"客户表"、"商品表"和"订单表",每个选项卡上有一个表格控件,分别显示对应表的内容。

(3) 单击"退出"按钮关闭表单。

答案解析及同源考点归纳

一、选择题(每小题 1 分,共 40 分)

(1) A。**解析**:对于线性结构,除了首节点和尾节点外,每一个节点只有一个前驱节点和一个后继节点。线性表、栈、队列都是线性结构,循环链表和双向链表是线性表的链式存储结构;带链的栈是栈的链式存储结构。二叉链表是二叉树的存储结构,而二叉树是非线性结构,因为二叉树有些节点有两个后继节点。

(2) D。**解析**:循环队列中,front 为队首指针,指向队首元素的前一个位置;rear 为队尾指针,指向队尾元素。由题目可知,循环队列最多存储 35 个元素。front＝rear＝15时,循环队列可能为空,也可能为满。

📖 **同源考点归纳＞＞循环队列**

一般情况下,循环队列用一维数组来作为队列的顺序存储空间,另外再设立两个指示器:一个为指向队头元素位置的指示器 front,另一个为指向队尾元素位置的指示器 rear。循环队列将头尾相连,形成环状结构。用 s 来表示循环队列的状态,若循环队列的初始状态为空,则有 $s=0$,且 front＝rear＝m。若 $s=1$,则循环队列为非空。

循环队列的基本操作有:

① 入队操作。rear＝rear＋1,并当 rear＝$m+1$ 时置 rear＝1;然后将新元素插入队尾指针指向的位置。

② 出队操作。front＝front＋1,并当 front＝$m+1$ 时置 front＝1;然后将队头指针指向的元素赋给指定的变量。

🖱 **同类试题链接**

建议考生练习以下同类试题以巩固上述考点。

题库 3.一(1)　题库 8.一(3)　题库 10.一(2)

---

(3) C。**解析**:栈是一种先进后出的线性表,也就是说,最先入栈的元素在栈底,最后出栈;而最后入栈的元素在栈顶,最先出栈。

(4) B。**解析**:关系数据库使用的是关系模型,用二维表来表示实体间的联系。属性是客观事物的一些特性,在二维表中对应于列。

(5) C。**解析**:实体间的联系有一对一($1 : 1$)、一对多($1 : m$)和多对多($m : n$),没有多对一($m : 1$)。题目中,一个部门可以有多名职员,而每个职员只能属于一个部门,显然,部门和职员间是一对多的联系。

(6) A。**解析**:由关系 R 得到关系 S 是一个一元运算,而自然连接和并都是多元运算,可以排除选项 C 和选项 D。关系 S 由关系 R 的第三个元组组成,很显然这是对关系 R 进行选择运算的结果。投影运算则是要从关系 R 中选择某些列。可以简单地理解为,选择运算是对行的操作,投影运算是对列的操作。

(7) A。**解析**:数据字典用于对数据流图中出现的被命名的图形元素进行确切的解释,是结构化分析中使用的工具。

(8) D。**解析**:需求规格说明书是需求分析的成果,其作用是:便于开发人员进行理解和交流;反映用户问题的结构,可作为软件开发工作的基础和依据;可作为确认测试和验收的依据。可行性研究是在需求分析之前进行的,软件需求规格说明书不可能作为可行性研究的依据。

(9) C。**解析**:黑盒测试用于对软件的功能进行测试和验证,无须考虑程序内部的逻辑结构。黑盒测试的方法主要包括:等价类划分法、边界值分析法、错误推测法、因果图等。语句覆盖、逻辑覆盖、路径分析均是白盒测试的方法。

(10) C。**解析**:软件概要设计阶段的任务有:软件系统的结构的设计,数据结构和数据库设计,编写概要设计文档,概要设计文档评审。确认测试是依据需求规格说明书来验证软件的功能和性能的,也就是说,确认测试计划是在需求分析阶段就制订了的。

(11) B。**解析**:数据管理技术经历了人工管理、文件系统、数据库系统、分布式数据库系统和面向对象数据库系统等几个阶段。

(12) B。**解析**:在关系数据库中,二维表中垂直方向的列称为属性,每一列有一个属性名,在 Visual FoxPro 中表示为字段名。域描述了属性的取值范围。关键字是属性或属性的组合,关键字的值能够唯一地标识一个元组。元组是二维表水平方向的行,每一行就是一个元组。元组对应存储文件中的一个具体记录。

📖 **同源考点归纳＞＞关系数据库**

1. 关系模型中的关系术语

(1) 关系:一个关系就是一张二维表,每个关系有一个关系名。在 Visual FoxPro 中,一个关系存储为一个文件,文件扩展名为 .DBF,称为"表"。

(2) 元组:在一个二维表中,水平方向的行称为元组,每一行是一个元组。元组对应存储文件中的一个具体记录。

(3) 属性:二维表中垂直方向的列称为属性,每一列有一个属性名,在 Visual FoxPro 中表示为字段名。

(4) 域:属性的取值范围,即不同元组对同一个属性的取值所限定的范围。

（5）关键字：属性或属性的组合，其值能够唯一标识一个元组。

（6）外部关键字：表中的一个字段不是本表的主关键字或候选关键字，而是另一个表的主关键字或候选关键字。

2. 关系运算

（1）传统的集合运算：进行并、差、交集合运算的两个关系必须具有相同的关系模式，即相同结构。

（2）专门的关系运算：在 Visual FoxPro 中，查询是高度非过程化的，用户只需要明确提出"要干什么"，而不需要指出"怎么去干"。系统将自动对查询过程进行优化，可以实现对多个相关联的表的高速存取。

- 选择：在关系 R 中选择满足给定条件的诸元组。
- 投影：对于关系内的域指定可引入新的运算叫投影运算。
- 连接：连接运算也称为 θ 连接运算，这是一种二元运算，通过它可以将两个关系合并成一个大关系。它是从两个关系的笛卡儿积中选取属性间满足一定条件的元组。

同类试题链接

建议考生练习以下同类试题以巩固上述考点。

2011.09.—(12)　2010.03.—(19)　2008.09.—(13)

（13）D。**解析**：项目、工程的英文为 project，很容易想到创建项目的命令为 CREATE PROJECT。Item 虽然也有项目的意思，但是并列项中项目的意思，如列表中的项目。

（14）A。**解析**："数据"界面包含了一个项目中的所有数据——数据库、自由表、查询和视图。

（15）B。**解析**：查询设计器：创建和修改在本地表中运行的查询，查询文件的扩展名为. QPR。视图设计器：在远程数据源上运行查询；创建可更新的查询，即视图，但视图设计完后，视图的结果保存在数据库中，不会生成以. QPR 为扩展名的文件。表单设计器：创建并修改表单和表单集，表单文件的扩展名为. SCX。菜单设计器：创建菜单栏或弹出式子菜单，菜单文件的扩展名可为. MNX 和. MNT。

（16）B。**解析**：数据环境定义了表单或报表使用的数据源，包括表、视图和关系，可以用数据环境设计器来修改。数据库设计器用于管理数据库中包含的全部表、视图和关系。报表设计器用于创建和修改打印数据的报表。

（17）D。**解析**：给变量赋值有两种格式。

格式 1：

STORE <表达式>To <内存变量名表>

格式 2：

<内存变量名>=<表达式>

使用格式 1,可同时将一个表达式的值赋给多个变量,而使用格式 2,只能一个一个变量地赋值,如 $A1=10,A2=10,A3=10$。

(18) C。**解析**:将表的当前记录复制到数组有两种格式。

格式 1:

SCATTER [FIELDS <字段名表>] [MEMO] TO <数组名>[BLANK]

格式 2:

SCATTER [FIELDS LIKE <通配符>| FIELDS EXCEPT <通配符>]) [MEMO] TO <数组名>[BLANK]

(19) B。**解析**:AT 是子串位置函数,格式为:AT(<字符表达式 1>,<字符表达式 2>[,<数值表达式>]),如果<字符表达式 1>是<字符表达式 2>的子串,则返回<字符表达式 1>的首字符在<字符表达式 2>中的位置;若不是子串,则返回 0。本题中,IS 是 THIS IS A BOOK 的子串,第一次出现的位置是 3。

(20) B。**解析**:Visual FoxPro 在建立数据库时会自动建立扩展名为. DBC、. DCT 和. DCX 的三个文件,用户不可能对这些文件进行修改。

📖 同源考点归纳＞＞**VFP 数据库与表的建立**

在 Visual FoxPro 中建立数据库时,相应的数据库名称实际是扩展名为. DBC 的数据库文件名,与之相关的还会自动建立一个扩展名为. DCT 的数据库备注(memo)文件和一个扩展名为. DCX 的数据库索引文件。也就是建立数据库后,用户可以在磁盘上看到文件名相同,但扩展名分别为. DBC、. DCT 和. DCX 的三个文件。这三个文件是为 Visual FoxPro 管理数据库所使用的,用户一般不能直接使用这些文件。

VFP 可以通过命令窗口或在程序中直接创建数据库。命令格式为:

CREATE DATABASE [DatabaseName | ?]

如果不指定数据库名称或使用问号都会弹出"创建"对话框,请用户输入数据库名称。

打开数据库的命令格式为:

OPEN DATABASE [FileName | ?]

[EXCLUSIVE | SHARED]

[NOUPDATE]

[VALIDATE]

修改数据库的命令格式为:

MODIFY DATABASE [DatabaseName | ?] [NOWAIT] [NOEDIT]

删除数据库的命令格式为:

DELETE DATABASE DatabaseName | ?[DELETETABLES] [RECYCLE]

使用 CREATE 命令建立表。新建立的表处于打开状态，此时可以直接进行录入及修改表结构等操作，如果以后再对表进行操作，应先使用 USE 命令打开表。USE 命令的基本格式是：

```
USE TableName
```

如果当前不在数据库设计器中，则首先要用 USE 命令打开要修改的表，然后使用命令 MODIFY STRUCTURE 打开表设计器，该命令没有参数，其功能是修改当前表的结构。

🖱 **同类试题链接**

建议考生练习以下同类试题以巩固上述考点。

题库 4.一(19) 题库 7.一(12) 题库 7.--(16) 题库 8.一(26)

(21) C。**解析**：约束规则也称做字段有效性规则，在插入或修改字段值时被激活，主要用于数据输入正确性的检验。例如，如果要求员工工资为 2000～4000 元，可以设置有效性规则"工资＝＞2000 . AND. 工资＜＝4000"，如果输入工资不在该范围，则会弹出出错提示。

通过如图 B1 和图 B2 所示的数据库表设计器的界面和自由表设计器的界面可以发现，自由表不能建立字段级规则和约束等。

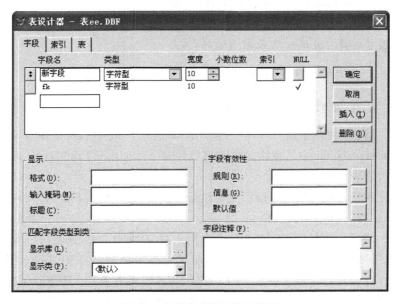

图 B1 数据库表设计器的界面

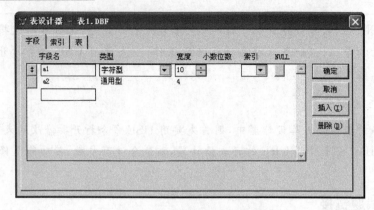

图B2   自由表设计器的界面

(22) B。**解析**：临时联系是用 SET RELATION 命令建立的。SET RELATION 命令的格式是：

```
SET RELATION TO eExpressionl INTO nWorkAreal | cTableAliasl
```

如，用"SET RALATION TO 学号 INTO 成绩"语句可通过学号索引建立当前表和成绩表之间的临时关系。

(23) A。**解析**：SUM 用于求和，MAX 用于求最大值，MIN 用于求最小值。

(24) C。**解析**：ORDER BY 短语用来对查询的结果进行排序。GROUP BY 短语用于对查询结果进行分组；HAVING 短语必须跟随 GROUP BY 使用，它用来限定分组必须满足的条件；SQL 查询语句中没有 COMPUTER BY 短语。

(25) A。**解析**：SQL 支持集合的并（UNION）运算，即可以将两个 SELECT 语句的查询结果通过并运算合并成一个查询结果，如

```
SELECT * FROM 成绩表 WHERE 姓名="李明";
UNION;
SELECT * FROM 成绩表 WHERE 姓名="刘致远"
```

(26) D。**解析**：使用短语 INTO CURSOR CursorName 可以将查询结果存放到临时数据库文件 CursorName 中。使用短语 INTO DBF | TABLE TableName 可以将查询结果存放到永久表中（.DBF 文件）。

(27) B。**解析**：SQL 数据库操作主要包括数据的插入、更新和删除，对应的语句分别为 INSERT、UPDATE、DELETE。

(28) D。**解析**：CREATE TABLE 命令用来建立"职工"表，该表有三个字段：职工号、仓库号和工资，PRIMARY KEY 说明了职工号是主关键字，REFERENCE 说明通过引用仓库的仓库号与仓库建立联系。REFERENCE 使用方法是：REFERENCES<表名2> [TAG <索引标识名>]，当前表与<表名2>建立永久联接关系，<表名2>是父表的表名，如果以父表的主索引关键字建立永久关系，TAG<索引标识名>可以省略，否则不能省略，且父表不能是自由表。通常，一个仓库可以有多名员工，但一名员工只在一个仓库工作，仓库和职工之间的联系为一对多。

（29）C。**解析**：查询是从指定的表或视图中提取满足条件的记录,然后按照想得到的输出类型定向输出查询结果。显然,查询只能查看表中的数据,无法操作表中的数据。视图兼有"表"和"查询"的特点,通过视图既可以查询表,通过视图也可以更新表,但也仅限于更新,不能进行插入和删除操作。

（30）D。**解析**：如果循环体包含 LOOP 语句,那么当遇到 LOOP 时,就结束循环体的本次执行,不再执行其后面的语句,而是转回 DO WHILE 处重新判断条件。EXIT 语句用于终止循环,将控制转移到本循环结构 ENDDO 后面的第一条语句继续执行。

（31）C。**解析**：Visual 属性设置复选框是否可见,Value 属性用于设置复选框的状态,Alignment 用于设置复选框的对齐方式。

📖 **同源考点归纳＞＞控件**

1. 标签

标签主要用于显示一段固定的文本信息字符串,它没有数据源,把要显示的字符串直接赋予标签的"标题(Caption)"属性即可。

标签控件常用的属性有：

- Caption 属性用于指定标签的标题。
- Alignment 属性用于指定标题在标签区域内显示的对齐方式。

2. 命令按钮

通常使用命令按钮进行某一个操作。例如关闭表单、移动记录指针、打印报表等。

命令按钮常用的属性有：

- Caption。在按钮上显示的标题。
- Enabled。指定对象能否响应由用户引发的事件,默认值为.T.。
- Visible。指定对象是可见还是隐藏。

3. 文本框

文本框通常是以表的一个字段或一个内存变量作为自己的数据源。

文本框控件常用的属性有：

- PasswordChar。指定显示用户输入的是字符还是显示占位符。
- Value。返回文本框的当前内容。

4. 复选框

通常用于表示一个单独的逻辑型字段或逻辑变量。一个复选框用于标记两值状态,真(.T.)或假(.F.)。当处于"真"状态时,复选框内显示一个对钩;否则,复选框内为空白。

- Caption 属性：指定显示在复选框旁边的文字。
- ControlSource 属性：指定与复选框建立联系的数据源。
- Value 属性：指明复选框的当前状态。

5. 列表框

列表框主要用于创建一个可滚动的列表,允许用户从列表中选择所包含的选项。

- List 属性:存取列表框中数据条目的字符串数组。
- ListCount 属性:指明列表框中数据条目的数目。
- ColumnCount 属性:指定列表框的列数。
- Value 属性:返回列表框中被选中的条目。
- Selected 属性:指定列表框内的某个条目是否处于选定状态。
- MultiSelect 属性:指定能否在列表框内进行多重选定。

6. 命令组

命令按钮组能够把执行一系列相关操作的命令按钮编成一组。

7. 选项组

选项组又称选项按钮组,是包含选项按钮的一种容器。一个选项组中往往包含若干个选项按钮,但用户只能从中选择一个按钮。

选项组在设计时常用的一些属性如下。

- ControlSource。指定与选项组建立联系的数据源。
- ButtonCount。组中选项按钮的数目。
- Value。用于指定选项组中哪个选项按钮被选中。

🖰 同类试题链接

建议考生练习以下同类试题以巩固上述考点。

题库 3.—(18)　题库 3.—(26)　题库 4.—(28)　题库 4.—(29)
题库 5.—(29)　题库 8.—(11)　题库 11.—(25)

(32) A。**解析**:报表控件主要有标签控件、域控件、线条控件、矩形控件和圆角控件,没有日期控件。域控件有三种类型:字符型、数值型和日期型,选择日期型,使用 SET DATE 定义的格式或英国日期格式显示日期数据。

(33) D。**解析**:SQL 中插入记录的格式为"INSERT INTO 表名(字段名列表) VALUES(字段值)",当插入的不是完整的记录时,可用字段名列表指定字段。字段值为数值型时不需要加引号。

(34) B。**解析**:SELECT 语句中除了包含表中的列及其构成的表达式外,还可以包含常量等其他元素。

(35) D。**解析**:BETWEEN…AND 的意思是在"…和…之间",这个查询的条件等价于:(字段名>=下限)AND(字段名<=上限)。

(36) C。**解析**:更新规则中如果选择"限制",若子表中有相关的记录,则禁止修改父表中的连接字段值;删除规则中如果选择"限制",若子表中有相关的记录,则禁止删除父表中的记录;插入规则中如果选择"限制",若父表中没有相匹配的连接字段值,则禁止插入子记录。

(37) B。**解析**:在 Visual FoxPro 中,空值表示字段还没有确定值,不等同于 0 和空字符串,Visual FoxPro 字段值支持空值。

（38）C。**解析**：本题关键在于掌握日期型数据的表示方法，使用严格格式的日期型常量时，日期要放在或括号里，且花括号内的第一个字符必须是脱字符（^）。

（39）B。**解析**：最长者出生得最小，出生日期最小，因此需要用 MIN 函数来获取最长者的日期，可以排除 A、D 选项。在用 JOIN 进行超连接运算时，需要使用 ON 来指定连接条件。因此正确答案为 C。

（40）D。**解析**：根据题目可知，职工表中没有直接给出年龄字段，需要用当前年份减去出生年份来计算，即 YEAR(DATE())－YEAR(出生日期)，并将"年龄"作为别名，别名直接写在关系名的后面。

二、基本操作题（18 分）

（1）单击"文件"→"打开"命令，在对话框中选择"文件类型"为"数据库"，单击 ecommerce 数据库文件后单击"确定"按钮，将打开该数据库，并出现"数据库设计器"窗口。在数据库设计器中单击右键，在出现的快捷菜单中选择"添加表"命令，在"打开"对话框中选中 OrderItem 表后单击"确定"按钮，该表将会添加到数据库中。

（2）在 OrderItem 表上单击右键，选择"修改"命令，将出现表设计器，选中"索引"，在索引名下的文本框中输入 PK，在类型下面的列表框中选择"主索引"，在表达式下面的文本框中输入"会员号＋商品号"。同样可创建其他两个索引，不同的只是在类型列表框中选择"普通索引"。

（3）把 Customer 表中的主索引标志"会员号"拖动到 OrderItem 表的索引标志"会员号"上，然后放开鼠标，永久关系自动建立。

（4）在关系连线上单击右键，在出现的快捷菜单中选择"编辑参照完整性"命令，将会出现"参照完整性生成器"窗口，单击"更新规则"选项，单击"级联"单选按钮，单击"删除规则"，单击"限制"单选按钮，单击"插入规则"，单击"限制"单选按钮。

三、简单应用题（24 分）

（1）在"函数和表达式"下面的文本框中输入的内容为"Orderitem. 单价 * Orderitem. 数量 as 金额"，此时还需单击"添加"按钮把该表达式添加到选定字段列表框中。

然后在查询设计器的上半部分单击右键，在弹出的快捷菜单中选择"输出设置"命令，弹出"查询去向"对话框，在该对话框中选中"表"，设置表名为 SS 后单击"确定"按钮。保存时把该查询文件命名为 qq。最后生成的 SQL SELECT 语句如下：

```
SELECT Customer.会员号, Customer.姓名, Article.商品名, Article.单价,;
    Orderitem.数量, Orderitem.单价 * Orderitem.数量  as 金额;
    FROM  ecommerce!customer INNER JOIN ecommerce!orderitem;
    INNER JOIN ecommerce!article ;
    ON  Orderitem.商品号=Article.商品号 ;
    ON  Customer.会员号=Orderitem.会员号;
    INTO TABLE ss.dbf
```

（2）步骤 1：选择"文件"→"新建"命令，在弹出的对话框中单击"表单"单选按钮，然后单击"向导"按钮将出现"向导选取"对话框；选择"表单向导"，然后单击"确定"按钮，出现表单向导的"步骤 1-字段选取"对话框。在该对话框中选取表 Customer，将该表的字段全部添加到"选定字段"列表框中，单击"下一步"按钮，将会出现"步骤 2-选择表单样式"

对话框。在该对话框中选取表单样式为"阴影式",在"按钮类型"框中单击"图片按钮"单选按钮,然后单击"下一步"按钮,将会出现"步骤 3-排序次序"对话框。在该对话框中的"可用的字段或索引标识"列表框中选中"会员号",然后把它添加到"选定字段"列表框中并单击"升序"单选按钮。

步骤 2:单击"下一步"按钮,将会出现"步骤 4-完成"对话框。在该对话框中输入标题信息为"客户基本数据输入维护",单击"完成"按钮,出现"另存为"对话框。在该对话框中输入保存的文件名 myform。

四、综合应用题(18 分)

选择"文件"→"新建"命令,在弹出的对话框中单击"表单"单选按钮,然后单击"新建文件"按钮新建一个表单,在属性窗口中选 name 属性,设置它的值为 myforma,选中caption 属性,设置它的值为"窗户商品订单基本信息浏览"。在表单上添加一个页框控件,把它的 PageCount 属性设置为 3,再向表单中添加一个按钮,设置它的 Caption 属性为"退出"。保存表单,文件名为 myforma。

执行"显示"菜单中的"数据环境"命令,将会出现数据环境设计器,分别把题目要求的三个表添加到数据环境设计器中。

在页框控件上右击,在弹出的快捷菜单中选择"编辑"命令,在页框的周围将会出现绿色的框线,此时可以设置页框控件包含的页对象的属性。单击第一页的标签,设置它的Caption 属性值为"客户表",然后从数据环境中把 Customer 表拖到第一页上,将自动生成一个表格控件,用来显示 Customer 表的内容。单击第二页的标题,使第二页显示出来,设置它的 Caption 属性值为"商品表",然后从数据环境中把 article 表拖到第二页上,将自动生成一个表格控件,用来显示 article 表的内容。单击第三页的标题,使第三页显示出来,设置它的 Caption 属性值为"订单表",然后从数据环境中把 OrderItem 表拖到第三页上,将自动生成一个表格控件,用来显示 OrderItem 表的内容,结果如图 B3 所示。

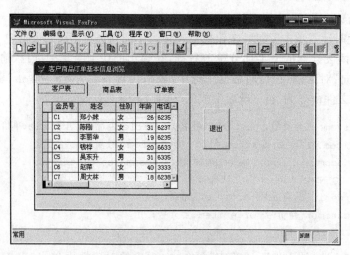

图 B3　OrderItem 表的内容

双击"退出"按钮,在出现的"代码"编写窗口中输入代码 ThisForm. release。
单击"保存"按钮,以文件名 myforma 保存。

参 考 文 献

[1] 萨师煊,王珊.数据库系统概论(第二版)[M].北京:高等教育出版社,1991.

[2] 朱欣娟.Visual FoxPro 6.0 入门与实践[M].西安:西安电子科技大学出版社,1999.

[3] 王永国.Visual FoxPro 程序设计[M].北京:高等教育出版社,2009.

[4] 全国计算机等级考试专家组.全国计算机等级考试二级教程:Visual FoxPro 程序设计[M].北京:人民邮电出版社,2002.

[5] 史济民,汤观全.Visual FoxPro 及其应用系统开发[M].北京:清华大学出版社,2004.